Sarah Spiekermann-Hoff
Value-Based Engineering

Weitere empfehlenswerte Titel

Innovation and Collaboration in the Digital Era.
The Role of Emotional Intelligence for Innovation Leadership and Collaborative
Innovation
Jara Pascual, 2021
ISBN 978-3-11-066511-6
e-ISBN (PDF) 978-3-11-066538-3

Empathic Entrepreneurial Engineering.
The Missing Ingredient
David Fernandez Rivas, 2022
ISBN 978-3-11-074662-4
e-ISBN (PDF) 978-3-11-074682-2

How to create high-performing innovation teams
Mikael Johnsson, 2022
ISBN 978-3-11-073711-0
e-ISBN (PDF) 978-3-11-073193-4

Technology Development.
Lessons from Industrial Chemistry and Process Science
Ron Stites, 2022
ISBN 978-3-11-045171-9
e-ISBN (PDF) 978-3-11-045163-4

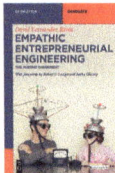

Sarah Spiekermann-Hoff

Value-Based Engineering

Ein Leitfaden für die Entwicklung ethischer Technologie

DE GRUYTER

Autorin
Prof. Dr. Sarah Spiekermann-Hoff
Vienna University of
Economics and Business (WU)
Welthandelsplatz 1
1020 Wien
Österreich
sarah.spiekermann-hoff@wu.ac.at

ISBN 978-3-11-163356-5
e-ISBN (PDF) 978-3-11-163393-0
e-ISBN (EPUB) 978-3-11-163409-8

Library of Congress Control Number: 2025936677

Bibliografische Information der Deutschen Nationalbibliothek
Die Deutsche Nationalbibliothek verzeichnet diese Publikation in der Deutschen Nationalbibliografie;
detaillierte bibliografische Daten sind im Internet über http://dnb.dnb.de abrufbar.

© 2026 Walter de Gruyter GmbH, Berlin/Boston, Genthiner Straße 13, 10785 Berlin
Einbandabbildung: Marie-Therese Sekwenz
Satz: Integra Software Services Pvt. Ltd.

www.degruyterbrill.com
Fragen zur allgemeinen Produktsicherheit:
productsafety@degruyterbrill.com

Vorwort zur deutschen Auflage

Seit die erste Auflage dieses meines Buches zum Value-Based Engineering im Jahr 2023 erschienen ist, hat sich die Technikwelt dramatisch verändert: Open AI lancierte GPT und brachte damit eine ethisch und wertetechnisch immens herausfordernde Technologie in die Welt. Viele Player riefen nach einer sechsmonatigen Quarantäne für Künstliche Intelligenz (KI), in der zunächst die ethischen Grundlagen der KI für den Massenmarkteinsatz geklärt werden sollten. Doch natürlich rast das Innovationsrad der IT-Industrie ungeachtet aller Bedenken weiter. Keine Grenzen und keine Einschränkungen werden seitens der Tech-Konzerne gewünscht; zumal im politischen Moment der Machtergreifung, wo sich 2025 unter Donald Trump ein neues Zeitalter ungebremster Innovation zu entfalten scheint.

Gleichzeitig ist der Moment der KI ein ungeheuer günstiger, um mit Value-Based Engineering zu beginnen und zumindest in Europa die IT-Architekturen und IT-Prozesse, ja die Innovationskultur nochmal neu aufzusetzen. Kaum eine Firma kann sich den Potenzialen von KI und deren Bedeutung für die eigene Organisation entziehen. Alle müssen ihre IT nochmal neu anfassen. Und genau hier können sie Value-Based Engineering nutzen einen neuen, besseren Weg zu gehen. Digitale Souveränität kann etwa mit Value-Based Engineering sukzessive durchdacht werden. Werte können besser erkundet und im Technologiedesign berücksichtigt werden, so dass die „Value-Proposition" europäischer IT endlich wettbewerbsfähig wird, und zwar mit dem, womit Europa und insbesondere die deutschsprachigen Länder immer schon gepunktet haben: mit Qualität.

Value-Based Engineering ist eine Qualitätsstrategie für IT. Es würde – wenn breit angewendet – unsere Gesellschaft in eine andere Richtung führen als der bisherige Überwachungskapitalismus der dominierenden Tech-Konzerne. Es würde die Vision ermöglichen, die ich in meinem Buch *Digitale Ethik* skizziert habe.

Seit der ersten Auflage in Englisch hat sich sehr viel Positives in Sachen Value-Based Engineering getan. In Sommer 2023 erhielt das Value-Based Engineering den österreichischen Game Changer Award für das hier auch teilweise beschriebene Yoma Projekt mit UNICEF. Im April 2024 startete Austrian Standards die Personenakkreditierung „VBE Amabassador", welches das in diesem Buch vermittelte Wissen abprüft. Im Herbst 2024 nahm die Stadt Wien das Value-Based Engineering offiziell in die IT-Zukunftsstrategie 2030 der Stadt auf, damit es die Wiener Methode für den Digitalen Humanismus werde. Und im November 2024 wurde die VBE-Academy gegrün-

https://doi.org/10.1515/9783111633930-202

det, die sich nun international darum bemüht, IT-Professionals und Innovationsmanager darin zu coachen, wie Value-Based Engineering richtig angewendet wird, so dass
die eigenen IT-Projekte gelingen, sie eine bessere Technikwelt produzieren, alle Stakeholder mitnehmen und uns zurückführen in eine Zukunft, in der wir IT vertrauen
können.

Sarah Spiekermann-Hoff, Wien, den 01. Juli 2025

Vorwort zur ersten Ausgabe

Die Idee zu dieser Publikation entstand 2014, als ich vor über zehn Jahren mein erstes Lehrbuch für Studenten über ethische IT-Innovation vorbereitete. Damals sahen nur wenige, wie dringend wir einen durchdachteren und ethisch sensibleren Ansatz für die Gestaltung von IT-Systemen entwickeln müssen. Natürlich war vielen kritischen Köpfen an Universitäten und technikorientierten NGOs klar, dass IT-Systeme besser in Sachen Datenschutz und Sicherheit werden müssen. Die Datenschutzgrundverordnung der EU (DSGVO) war auf dem Weg. Aber über die DSGVO hinaus gab es kaum Initiativen, die erfolgreich einen gründlicheren Schutz der menschlichen Werte forderten. Dies hat sich seit 2014 drastisch geändert. Seit Edward Snowdens Enthüllungen über das Ausmaß der globalen digitalen Überwachung (Ende 2013), der Aufdeckung der Manipulation der Trump-Wahl durch Cambridge Analytica (2018) und dem einflussreichen Dokumentarfilm *The Social Dilemma* (2020) haben sich viele namhafte Aktivisten, Whistleblower, einzelne Tech-Pioniere, Unternehmensführer und Politiker kritisch über das schiere Ausmaß geäußert, in dem unsere IT-Innovationen die Demokratie bedrohen, die politische und wirtschaftliche Kontrolle untergraben, die Art der Kriegsführung verändern und den menschlichen Lebensstil, die Persönlichkeit und die Gesundheit beeinflussen. Es ist eine politische Debatte über Künstliche Intelligenz (KI) sowie undurchsichtige, nicht rechenschaftspflichtige und unkontrollierbare KI-Systeme entstanden, die die Werte, die uns als Gesellschaft wichtig sind, gefährden könnten. Darüber hinaus hat das drohende Schreckgespenst des Klimawandels dazu geführt, dass Finanzinvestoren, Versicherungsgesellschaften und andere Wirtschaftskräfte die Notwendigkeit einer umweltfreundlicheren und sozialeren Steuerung des IT-Betriebs erkannt haben.

Aber wie sollen IT-Unternehmen Systeme bauen, die dieser neuen Forderung nach mehr Werten, Rechten und Sorgfalt gerecht werden? Im Jahr 2014 wurde mir klar, dass es nicht einfach ist, IT-Systeme wertorientiert, ja sogar ‚ethisch‘ zu entwickeln. Zu dieser Zeit hatte ich bereits 10 Jahre lang IT-Systemdesign und -Analyse an der Universität gelehrt. Ich hatte Human Computer Interaction (HCI), Usability Engineering und User Experience Design unterrichtet. Aber gängige Systementwicklungsmethoden, HCI- oder UX-Ansätze schienen keinen vernünftigen methodischen Ansatz bereitzuhalten, um Wertfragen oder Bürgerrechte systematisch zu adressieren. In den Standardlehrbüchern für Software-Engineering werden die sozialen Herausforderungen von IT-Systemen bis heute weitgehend ignoriert. Der einzige Strohhalm, an den ich mich damals klammern konnte, war die Arbeit, die Batya Friedman und andere seit den späten 1990er Jahren im Rahmen der Forschungsrichtung Value Sensitive Design (VSD) geleistet hatten. Die von der VSD-Gemeinschaft im Laufe der Jahre gesammelten Fallstudien sowie ihre konzeptionelle Arbeit über Werte im Systemdesign inspirierten mich zu meiner eigenen Arbeit am Value-Based Engineering, wie sie in diesem Buch zusammengefasst ist. Tatsächlich habe ich in meinem Lehrbuch über ethische IT-Innovation aus dem Jahr 2014 versucht, einen „Ethical System Develop-

https://doi.org/10.1515/9783111633930-203

ment Life Cycle" zu entwerfen, in dem ich den Value Sensitive Design-Ansatz mit partizipativem Design und Risikomanagement kombiniert habe. Aber bei diesem ersten Versuch war ich nicht in der Lage, das Kernproblem des wertebasierten Designs zu lösen, und zwar die Frage, wie es geht, systematisch von den Wertprinzipien zu den Systemanforderungen zu gelangen. Oder anders gesagt: wie aus hehren Wertprinzipien wie Liebe, Würde, Freiheit oder Fairness praktisch, systematisch und nachvollziehbar konkrete IT-Systemmerkmale abgeleitet werden können. Es hat zehn Jahre gedauert und viele Case Studies erfordert, bis ich eine verlässliche Antwort auf dieses Problem gefunden habe, die Sie nun in diesem Band veröffentlicht finden.

Wie habe ich die Antwort gefunden und Value-Based Engineering seit 2014 entwickelt? Ich war nicht ganz allein. Zusammen mit einer Arbeitsgruppe von IEEE-Mitgliedern habe ich mich an einem fünfjährigen Standardisierungsprojekt namens „P7000" beteiligt. Ich war Mitinitiatorin, stellvertretende Vorsitzende und intellektuelle Leiterin dieses Projekts, dessen Ziel es war, zwischen 2016 und 2021 den weltweit ersten Modellprozess für den Umgang mit ethischen Bedenken bei der Systementwicklung zu erarbeiten. Angesichts des enormen Ehrgeizes, der diesem Ziel zugrunde liegt, sollte es nicht überraschen, dass es zu endlosen und heftigen Diskussionen in der Arbeitsgruppe kam. Ich kann mit Sicherheit sagen, dass Diskussionen über Ethik und Werte und wie ihnen am besten gerecht zu werden ist, zu den emotionalsten Themen gehören. Sie berühren sehr persönliche Überzeugungen und Philosophien darüber, wie ein Mensch die Welt sieht und Dinge tut. Aber ethische Präferenzen waren nicht der einzige Brennpunkt. Die Mitglieder der IEEE-Arbeitsgruppe diskutierten zum Beispiel auch vehement darüber, was das Wort „Design" eigentlich bedeutet, ob ethische Systeme eine „Null-Fehler-Toleranz" haben sollten, was „Werte" sind und wie sie in ein System gelangen können, da sie unsichtbare Phänomene sind. Sie debattierten darüber, wie das Gewinnstreben von Unternehmen überhaupt mit der Ethik in Einklang gebracht werden kann, wie das Topmanagement stärker in eine Werte-Mission eingebunden werden kann, wie die Arbeitsbedingungen für Ingenieure mehr Raum für die Behandlung ethischer Fragen bieten können, wie die Kluft zwischen Ingenieuren und Managern überbrückt werden kann („das Zwei-Domänen-Problem"), wie die Menschenrechte in einem globalen Standard respektiert werden können, wenn nicht die ganze Welt gleichermaßen an ihnen teilhat, wie ethischer Relativismus vermieden werden kann usw. Ich denke, dass die Leitung und der Abschluss des Projekts IEEE Std 7000™ eines der schmerzhaftesten und schwierigsten Unterfangen meines Lebens gewesen ist. Wie bei jedem genuin demokratischen und integrativen Entscheidungsprozess besteht die Herausforderung darin, die höchsten Qualitätsstandards zu gewährleisten und gleichzeitig allen zuzuhören und sie einzubeziehen. Aber wir haben es geschafft. IEEE Std 7000™ wurde 2021 veröffentlicht und von ISO/IEC JTC 1 übernommen und unter dem Namen Value-Based Engineering vermarktet. Seit 2022 ist er auch als ISO/IEC/IEEE 24748-7000, *Systems and Software Engineering – Life Cycle Management – Part 7000: Standard Model Process for Addressing Ethical Concerns during System Design* erhältlich. Persönlich bin ich stolz auf das Ergebnis. Ich glaube, dass Organisationen jedweder Größe gut beraten sind, IEEE Std 7000™ – oder Teile davon – zu verwenden. Ihre IT-Systeme und die gesamte Organisation um sie herum würden deutlich zuverlässiger und wertvoller agieren, als es derzeit der Fall ist. Und erste Pioniere wie die Stadt Wien haben das nun auch erkannt und die Herangehensweise in ihrer IT-Strategie verankert.

Warum werden IT-Systeme mit dem Value-Based Engineering-Ansatz besser?
Ein Augenöffner für mich waren die Fallstudien, die wir an der Wirtschaftsuniversität Wien durchgeführt haben, noch während wir den Standard entwickelten. Dabei untersuchten wir zum Beispiel, wie die Nutzung der im Standard integrierten moralphilosophischen Ansätze (z. B. die Tugendethik) IT-Innovationsprojekte für Folgen sensibilisieren, die sonst gerne übersehen werden: Wie verändern sich Menschen und soziale Beziehungen, wenn Systeme intensiv angewendet werden? Zudem stellten wir fest, dass die Reflexion von Systemwerten mit Hilfe philosophischer Ansätze eine Vielzahl positiver Wertpotenziale entbirgt, die von einer Technologie erschlossen werden können, was weit über heutige Effizienz- und Produktivitätsziele für IT-Systeme hinaus geht. Was mich am meisten beeindruckt hat, war, wie ein und dieselbe Technologie, je nachdem, wie sie gebaut wird, sowohl zum Schlechten als auch zum Guten genutzt werden kann. Wir können etwa ein IT-System für die Auslieferung von Essen (z. B. Foodora) erschaffen, das Fahrradkuriere wie isolierte, überwachte und kontrollierte Flipperkugeln in einem Automaten behandelt. Oder wir können das gleiche technische System so gestalten, dass Fahrradkuriere von einem freien und sportlichen Job profitieren, bei dem sie die Kontrolle über ihre eigene Zeit haben, ein Gefühl der Gemeinschaft erlangen können und in ihrer Privatheit geschützt bleiben. Wir können Telemedizin-Plattformen so aufbauen, dass sie nicht mehr als ein billiger Einwahlservice sind – entmenschlicht, bequem und unterstützt von einer halbgaren Selbstbedienungs-KI. Oder wir können eine solche Plattform als kooperative Online-Umgebung aufbauen, die Patienten in den entlegensten Gegenden dabei hilft, mit ihrem Arzt Lösungen zu finden, wobei die Plattform dann als Wissensunterstützungs-, Austausch- und Vernetzungsmedium zwischen Ärzten fungiert.

Die sogenannte „Value Proposition" eines Unternehmens und der IT verändern sich, wenn Value-Based Engineering als Strategietool genutzt wird, was einer soliden Entwicklung vorgeschaltet wird. Einige schlummernde Wertpotenziale, die den technischen Möglichkeiten innewohnen, werden sichtbar. Es sind Wertpotenziale, die sozial und menschenfreundlich sind und über enge Produktivitätsziele weit hinausgehen, welche heutzutage von der Mehrheit der IT-Innovationsbemühungen verfolgt werden. Die Fallstudien, zusammen mit meiner Doktorandin Kathrin Bednar durchgeführt, haben mir die Augen dafür geöffnet, dass wir mit Technologie tatsächlich eine bessere Welt schaffen könnten, wenn wir es denn wollten. Aber werden wir das tun? Wird sich jemand dafür interessieren, Value-Based Engineering zu verwenden, wenn es dadurch mehr Zeit und Mühe kostet, ein System mit Sorgfalt zu entwickeln? Zumindest gibt diese überarbeitete Fassung zusammen mit IEEE Std 7000™ den Technologieunternehmen eine klare, transparente, überprüfte und solide Methodik an die Hand, wie sie ein solches Unterfangen angehen können.

Dieses Buch liefert seinen Benutzern eine Anleitung zur Verwendung des IEEE Std 7000[TM] und zur Interpretation vieler Begriffe des Standards. Es gibt Projektteams praktische Formulare an die Hand, die sie ausfüllen können, wenn sie Systemmerkmale und Anforderungen aus Wertprinzipien ableiten. Aber es ermutigt auch den philosophisch interessierten Leser zu verstehen, was Werte sind. Im Gegensatz zu allen anderen mir bekannten zeitgenössischen Werken über Werte in der Technik enthält es, was Philosophen „Ontologie" nennen. Das heißt, das Buch erschließt dem Leser auch das Wesen der Werte, was ihm dann wiederum erlaubt, mit einer ganz einfachen und differenzierten Wert-Terminologie (oder Wert-Sprache) über IT-Systeme nachzudenken und diese zu gestalten. Konkret unterscheidet das Value-Based Engineering zwischen Wert*dispositionen* im System, die vom Ingenieur gebaut werden, die bestimmte Wert*qualitäten* ermöglichen, die wir als Nutzer an Systemen schätzen. Und diese Wertqualitäten aktualisieren ihrerseits wieder hohe absolute Werte (*Kernwerte*), die wir beispielsweise in Gesetzen oder Menschenrechtsvereinbarungen finden (siehe Kapitel 3).

Abschließend möchte ich mich noch bei einigen Personen bedanken, ohne die das vorliegende Buch und das Value-Based Engineering in dieser Güte nicht in die Welt gekommen wären. Besonders dankbar bin ich meinem Ehemann Johannes Hoff, der mich als Professor für Philosophie und Theologie in diesem Bestreben begleitet hat. Ich bin auch Lee Barford dankbar, einem Mathematiker, Theologen und Quantenphysik-Veteranen im Silicon Valley, der eine ganze Reihe ethischer Details in IEEE Std 7000[TM] mit mir diskutiert hat, die nun auch in dieses Buch eingeflossen sind. Ich möchte Lewis Gray danken, einem Berater für Software- und Systementwicklung mit Sitz in Washington, der mir mehr über Requirements Engineering beigebracht hat, als ich aus jedem Lehrbuch der Welt lernen könnte. Ebenso möchte ich Ruth Lewis danken, einer australischen IT-Beraterin, mit der ich das EVR-Konstrukt (Ethical Value Requirements) als Schlüssel zum Value-Based Engineering gemeinsam erfunden habe und die mir die Augen für die Schnittstellen zwischen Value-Based Engineering und Design Thinking geöffnet hat. Ich bin Annette Reilly, der technischen Redakteurin des IEEE Std 7000, Ali Hessami, dem Vorsitzenden der P7000-Arbeitsgruppe, sowie Gisele Waters und Alexander Novotny zu Dank verpflichtet, die das Projekt IEEE Std 7000[TM] geduldig ertragen haben, solange es dauerte, es leiteten, verbesserten und zu dem machten, was es geworden ist. Ohne sie würde es auch dieses Buch nicht geben. Ruth Lewis, Lewis Gray, Ali Hessami und Alexander Novotny haben ebenso verschiedene Abschnitte dieses Buches durchgesehen und mir unschätzbar wertvolles Feedback gegeben. Ich möchte meinen Doktoranden Till Winkler und Kathrin Bednar danken. Beide haben mir geholfen, die Komplexität von Werte-Clustern zu erfassen. Till hat auch am P7000-Projekt teilgenommen und war ein wunderbarer Gefährte, der ebenfalls Teile dieses Buches rezensiert hat. Ross Ludlam hat mir als Lektor ständig geholfen, die englische Erstfassung des Buches sprachlich zu polieren und zu verbessern. Schließlich bin ich Marie Therese Sekwenz undendlich dankbar, die dieses Buch für mich illustriert hat. Meine Idee, Bilder für fast jede Thematik zu entwickeln, wurde von alten biblischen Schriften wie dem lutherischen Psalter inspiriert, die immer Bilder zum Text hatten, damit die Leute sich die Inhalte besser merken können. In der Tat wäre es für einen geschickten Dozenten für Value-Based Engineering möglich, den Stoff dieses Buches allein anhand der Abbildungen zu vermitteln. Ohne das Talent von Marie Therese wäre dieses wunderbare visuelle Format nicht möglich gewesen.

Zu guter Letzt möchte ich mich bei den 154 Experten bedanken, die zu irgendeinem Zeitpunkt an der Erstellung des IEEE Std 7000™ beteiligt waren, darunter vor allem die 34 Arbeitsgruppenmitglieder. Siebenundsiebzig Experten haben für die Veröffentlichung des Standards im Jahr 2021 gestimmt (93 % Annahmequote). Ohne sie und die großzügige Unterstützung der IEEE Standards Association (insbesondere von Konstantinos Karachalios) und der IEEE Computer Society gäbe es weder den Standard noch dieses Buch.

Final noch ein Haftungsausschluss: In diesem Buch zitiere ich ausgiebig aus IEEE Std 7000™, aber ich möchte darauf hinweisen, dass IEEE-Standards wie IEEE Std 7000™ das Ergebnis von Gruppenarbeit und Konsensbildung sind. Es werden viele kleine Entscheidungen getroffen, und nicht alle davon werden einstimmig geteilt. Die in diesem Buch geäußerten Interpretationen des Standards geben ausschließlich meine persönliche Sichtweise darauf wieder, wie IEEE Std 7000™ in der Praxis umgesetzt werden sollte. Ich vertrete dabei keine offizielle Position der IEEE Std 7000™-Arbeitsgruppe oder der IEEE Standards Association. Wenn ich der Meinung war, dass der IEEE Std 7000™ nicht das empfiehlt, was meiner Expertise entspricht, oder eine suboptimale Definition von Begriffen enthält, habe ich dies hier ausdrücklich erwähnt und meine eigene abweichende Meinung bei Bedarf begründet.

Inhalt

Kapitel 1
Einführung

Das moderne Zeitalter ist geprägt von einem tief verwurzelten Glauben an die Vorzüge technologischer Innovationen für das menschliche Wohlergehen und die Evolution. Seit dem 13. Jahrhundert, als das Wort *innovare* erstmals von dem deutschen Mönch Albertus Magnus verwendet wurde, treibt die Menschheit der Glaube an, dass neue Produkte und neue Produktionsmittel den menschlichen Fortschritt ausmachen. „Kein Reich, keine Religion, kein Himmelskörper kann einen grundlegenderen Einfluss auf das menschliche Verhalten haben ... als diese mechanischen Erfindungen", sagte Francis Bacon (1561–1626) zu Beginn der Moderne und drückte damit eine Maxime aus, die die Welt im Sturm erobert hat. Neue Waffen, Maschinen, Transport- und Gesundheitsinfrastruktur, Uhren, die Digitalisierung und in letzter Zeit das Quantencomputing haben es der Menschheit ermöglicht, ein solches Maß an Wohlstand und Gesundheit anzuhäufen, dass jeder kritische Zweifel an unserer Innovationskultur naiv erscheint. Das Neue wird als *automatisch gut* angesehen, und viele der großen Probleme der Welt, die eigentlich durch Technologie erst verursacht werden, können nun, so hoffen wir, auch durch sie gelöst werden.

Vor diesem historischen und kulturellen Hintergrund wird die digitale Transformation von Produktion und Gesellschaft mit wenig Zweifel an ihren Vorzügen begrüßt. Die Idee, alles was lebt maximal zu digitalisieren, scheint ein natürlicher Fortschritt zu sein. Aber führen die zunehmende Automatisierung der Produktion, der Verwaltung und der Haushalte sowie die digitale Vermittlung sozialer Prozesse wirklich zu dem Grad an Fortschritt, den unser wirtschaftliches und politisches Establishment erwartet? Dieses Buch bezweifelt, dass dies *automatisch* der Fall ist. Stattdessen geht es von der Hypothese aus, dass der technologische Wandel nur dann zu Fortschritt führt, wenn er klug und reflektiert gestaltet wird und mit dem Ziel antritt, positive soziale Werte zu fördern. Der digitale Stoff ist wie Feuer oder Strom: Er birgt ein großes positives Wertpotenzial für die Menschheit. Allerdings entfaltet er diesen Dienst an der Menschheit nur, wenn er bewusst und kontrolliert eingesetzt wird. Andernfalls kann Digitalisierung den kulturellen und wirtschaftlichen Boden zerstören, den er eigentlich bereichern soll. Die Menschheit kann durch die Digitalisierung ebenso in ein Stadium des unerwarteten Rückschritts und zunehmender Unmündigkeit stolpern, wie Feuer ein Haus niederbrennen kann. Nur eine vorsichtige und kluge Gestaltung und Einbettung digitaler Dienste in Sozialsysteme schafft positive Wertschöpfung im gesellschaftlichen Sinne (Abbildung 1.1). Dieses Buch ist ein Leitfaden dafür, wie dies geschehen kann.

https://doi.org/10.1515/9783111633930-001

Technologischer Fortschritt: BIP oder Wohlstand?

Wo stehen wir heute in Bezug auf den digitalen Fortschritt? Bislang wird der Begriff der Wertschöpfung in Geldwerten gemessen. Die westlichen Wirtschaftssysteme und ihre klassische Volkswirtschaftslehre setzen den Wohlstand von Nationen immer noch maßgeblich mit dem Bruttoinlandsprodukt (BIP) gleich (Quelle: Thieme, 2024). Dieses stellt den monetären Wert dessen dar, was in einer Nation produziert wird. Und aus dieser monetären „Wert"-Perspektive hat die Digitalisierung äußerst positive Auswirkungen auf all solche Volkswirtschaften gehabt, die Waren herstellen und Dienstleistungen exportieren, denn sie schafft für Unternehmen Skaleneffekte und erlaubt ihnen, Produktionskosten einzusparen, sowie Arbeits- und Kapitalproduktivität zu steigern. Durch ERP-Systeme (wie SAP) können globale Märkte effektiver als früher von einem einzigen Unternehmenssitz aus gesteuert werden, was zu positiven BIP-Effekten in all den Ländern führt, in denen sich der Hauptsitz befindet. Auf Unternehmensebene entstehen geldwerte Vorteile, wenn Arbeitskosten durch Automatisierung gesenkt oder alternativ zu Billigstpreisen global bezogen werden können. Große Teile der Büromieten können dank Home-Office eingespart werden. Schließlich beschleunigen IT-Systeme die Anzahl der Transaktionen, die abgearbeitet werden können und damit das Volumen dessen, was gehandelt und verwaltet werden kann. Aus diesem ökonomischen Blickwinkel heraus hat die durch die Digitalisierung ausgelöste Wertschöpfung (wie in Abbildung 1.1 dargestellt) in den letzten 4 Jahrzehnten also ein teilweise überproportionales positives Wachstum erfahren.

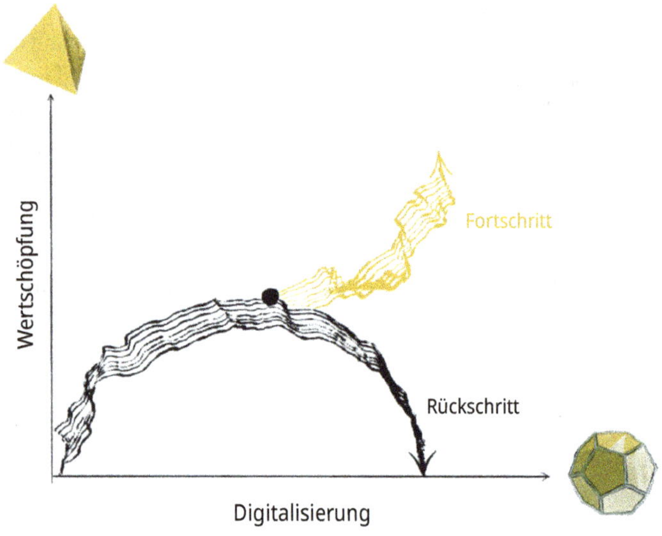

Abbildung 1.1: Fortschritt oder Rückschritt durch die Digitalisierung?

Allerdings wird die Vorstellung, dass *der Wert* der Wirtschaft langfristig auf rein monetäre Kennzahlen reduziert werden kann, zunehmend in Frage gestellt. Das vom Staat Bhutan verwendete Bruttonationalglück ist beispielsweise eines von mehreren neueren Steuerungsinstrumenten, zur Erfassung von volkswirtschaftlichem Wohlstand. Es ist Vorreiter für das weltweit wachsende Bewusstsein, dass das BIP oder andere monetäre Indikatoren keine Maßinstrumente sind, die die tatsächliche *Wertschöpfung* von Nationen getreu widerspiegeln; zumindest dann nicht, wenn unter dem Begriff der Wertschöpfung (so wie in diesem Buch) auch der Wert der Lebensbedingungen von Einzelpersonen verstanden wird wenn Wohlbefinden, Handlungsfreiheit und vorsorgendes Wirtschaften Wert konstituieren (Quelle: Biesecker & Kesting, 2003): Mindestens seit 2009 ist ein gesteigertes Bewusstsein dafür entstanden, dass das menschliche Wohlergehen und die Erhaltung der Natur genauso wichtige Werte darstellen, wenn nicht sogar höhere, als dies das BIP ausdrücken kann.[1] Es hat also ein Umdenken eingesetzt, welches politisch und wirtschaftlich anerkennt, was philosophisch schon lange klar ist: dass es bei der *Wertschöpfung* auch um die Qualitäten gehen sollte, die das menschliche und ökologische Wohlergehen und damit wahren Fortschritt fördern. Abbildung 1.1 sollte daher so verstanden werden: In der Zukunft kann ein positiver Fortschritt durch die Digitalisierung nur erreicht und weiter gesteigert werden, bzw. erhalten bleiben, wenn es zu einer Aktualisierung und Akkumulation menschlicher und sozialer Werte durch die Technik kommt, die von negativen Werten durch dieselbe Technik nicht wieder zunichte gemacht werden. Wenn es keine Steigerung des Nettogesamtwerts für die Gesellschaft gibt, kommt es zu Rückschritt durch Digitalisierung, nicht zu Fortschritt.

Wo stehen wir also heute, wenn wir Wertschöpfung durch diese neue Linse betrachten? Um diese Frage zu beantworten, muss Wertschöpfung zunächst besser definiert werden. Der World Happiness Report, der jährlich vom Sustainable Development Solutions Network (SDSN) der Vereinten Nationen veröffentlicht wird, ist ein erster Schritt in diese Richtung. Er akkumuliert verschiedene soziale Werte, die die Wohlfahrt oder das Wohlergehen (zu Englisch: ‚Happiness') von Bürgern erfassen; Werte die sowohl von den Menschen als positiv wahrgenommen als auch von Regierungsformen und nationaler Infrastruktur gefördert werden, darunter der Grad der Freiheit in der Gesellschaft, ihre gelebte wahrgenommene Großzügigkeit, die beobachtete Gesundheit der Bevölkerung, die verfügbare soziale Unterstützung, das Pro Kopf Einkommen, etc. (SDSN, 2022). Streng genommen kann jedoch die Akkumulation solcher ausgewählten Werte nur einen ersten Ausschnitt davon vermitteln, was das wirkliche Wohlbefinden auf individueller Ebene in einer Nation ausmacht, denn die Gegebenheit von Werten ist letztlich auf individueller Ebene immer kontextabhängig. So kann eine Person glücklich sein, auch wenn sie nicht frei ist; oder sie kann sehr unglücklich sein, auch wenn sie gesund ist und in einer gesunden Umgebung lebt. Aber die Bemühungen des SDSN sind dennoch bedeutungsvoll und zukunftsweisend. Der jährliche World Happiness Report ist ein wichtiges Instrument, um das Bewusstsein der Regierungen für die Art von Fortschritt zu schärfen, den die Welt streben sollte – einen Fortschritt, der durch menschliche, soziale und nachhaltige Wertschöpfung definiert sein sollte.

Dieses Buch erkennt die komplexe kontextabhängige Natur von Werten und Wertschöpfung an. Es empfiehlt Unternehmen und Regierungen in der IT-Praxis daher nicht, sich nur auf ausgewählte Wertprinzipien zu versteifen, und diese dann kontext- und technologieübergreifend durchzuziehen und zu messen, zum Beispiel Freiheit oder Gesundheit. Diese Art von „Solutionism" reicht nicht aus, um das ethische Engineering zu verstehen, das in diesem Buch vorgestellt wird. Stattdessen dienen die nächsten Kapitel als Leitfaden, der Unternehmen und staatlichen Institutionen dabei helfen soll, sich das breite Spektrum positiver und negativer Wertpotenziale und Risiken vor Augen zu führen, die mit jedem neuen IT-Service oder technischen Produkt verbunden sind, zum Beispiel mit einer Künstlichen Intelligenz (KI). Und für jeden spezifischen neuen IT-Service rät das Value-Based Engineering den Innovationsteams, separat, realistisch und lebensnah die jeweils relevanten Werteffekte zu analysieren und ihre IT Systeme an diesen auszurichten.

Die Art, wie Technologieprojekte in diesem Buch und in der Zukunft gedacht werden sollte entsprechen Entwicklungsprojekten in Gartenbau und Landschaftsarchitektur (Abbildung 1.2): Wie jede IT Landschaft ist auch jeder Garten anders und verändert sich, je nach Klima, Boden, Landschaft und Zweck. Jeder Garten hat wie jede IT Landschaft eigene Herausforderungen. Und der einzige Fortschritt, der erzielt werden kann, ist die vorhandenen Wertpotenziale des jeweils lokalen Ökosystems intelligent zu verstehen, so dass sich ein guter und schöner Ort entfalten kann, (trotz aller verbleibenden Unwägbarkeiten). Ein Garten verändert seinen Wert während der Saison und im Laufe der Zeit. Und Gärtner müssen sich – genau wie Ingenieure – anpassen. Mit diesem Verständnis ausgestattet, werden Innovationsteams (Gärtner) ermutigt, kontext- und technologiespezifische „ethische Wertanforderungen (EVRs)" optimal auszuschöpfen und zu definieren, die die kontextsensitiven Kriterien für eine achtsame und wertebasierte Gestaltung und Entwicklung von IT-Systemen (Gärten) darstellen.

Der Fortschritt oder Rückschritt am Wendepunkt in Abbildung 1.1 hängt davon ab, inwieweit es den Innovationsbemühungen gelingt, IT-Gärten für Organisationen anzulegen. Dem gegenüber stehen die kaum nachhaltigen und immer teurer und komplexer werdenden Maschinenwüsten (Abbildung 1.3), die wir in den letzten Jahren leider zu oft geschaffen haben.

IT-Gärten versus IT-Wüsten

Gegenwärtig ist bereits eine Debatte darüber entbrannt, ob Digitalisierung tatsächlich zu Gärten oder zu menschlichen, sozialen und ökologischen Wüsten führen. Auf der einen Seite verkünden liberale und radikale Posthumanisten sowie viele Tech-Gurus den Anbruch einer „Vierten Revolution" durch Technologie (Harari, 2017; Schwab, 2017). Auf der anderen Seite haben kritische Stimmen begonnen, den ehemals uner-

Abbildung 1.2: Der VBE möchte IT-Gärten anlegen.

Abbildung 1.3: Nicht wertorientierte IT-Wüsten.

schütterlichen Glauben an den menschlichen Fortschritt durch Digitalisierung zu hinterfragen (Zuboff, 2019).

Trotz aller Produktionseffizienz und positiver BIP-Effekte, erhöhter Arbeitsflexibilität, globaler Unternehmenskontrolle, Verfügbarkeit von Menschen und Kulturgütern (z. B. digitale Musik, Filme, Kunst, Spiele) haben Veteranen des Silicon Valley damit begonnen, sich von ihren ehemaligen Arbeitgebern abzuwenden und warnen öffentlich vor der „sozialen Dilemmafalle", die durch digitale Technologien geschaffen worden sind (Orlowski, 2021). Wir Menschen würden unnötig herabgestuft, wenn Online-Dienste größtenteils Geschäftsmodelle verfolgen, die Shoshana Zuboff als „Überwachungskapitalismus" (Zuboff, 2019) bezeichnet. Die meisten Online-Dienste leben heute vom Handel mit persönlichen Daten und von der Kapitalisierung der menschlichen Aufmerksamkeit sowie der Manipulierbarkeit der Nutzer. Allein in den USA verbringen 29 Millionen Bürger mehrfach in der Woche Zeit in virtuellen Welten, 10 Millionen davon täglich.[2] Die meisten Leute nutzen ihre Mobiltelefone im Durchschnitt mehr als 3 Stunden pro Tag[3] und verfallen in die Gewohnheit der Selbstunterbrechung, die ihre Fähigkeit beeinträchtigt, einen positiven Flow zu empfinden, zu lernen, sich zu konzentrieren und die reale Welt um sich herum tatsächlich *wahrzunehmen*. Viele sind in Echokammern sozialer Online-Netzwerke gefangen, die sie zu seltsamen Verhaltensweisen verleiten und auch irrationale Überzeugungen wecken: Letztere reichen von der Angst, dass alle Vögel Drohnen sind, die die Menschen ausspionieren, bis hin zu ernsteren Fake News, die die Nutzer sozialer Medien dazu bringen können, extremistische Positionen einzunehmen, zum Beispiel bei Wahlen. Das Ende unserer Demokratien wird vor diesem Hintergrund als immer ernstere Bedrohung angesehen. Diese Bedrohung ist eine, die die weniger sichtbaren, aber ebenso problematischen Entwicklungen auf psychologischer Ebene überschattet: Zu diesen gehört, dass junge Menschen zu dem heranwachsen, was Psychiater als „E-Persönlichkeiten" bezeichnen, zu Menschen, denen es an Besonnenheit, Geduld, Belastbarkeit und Bescheidenheit im Umgang mit der Welt mangelt (Aboujaoude, 2012) (Abbildung 1.4). Das Internet hat eine ganze Generation gelehrt, dass alles und jeder – Wissen, Menschen und Dienstleistungen – immer und überall mühelos für sie verfügbar sind.

Aber dieses Vertrauen in die immer unterstützende und vermeintlich verfügbare Technologie ist zunehmend fragwürdig, wenn nicht sogar gefährlich. In dem Maße, wie Software beginnt, Hardwarekomponenten zu ersetzen und zu regulieren, sind Systeme undurchsichtiger und manchmal auch weniger zuverlässig oder vorhersehbar geworden, vor allem, da sie oft zu früh auf den Markt kommen. Letzteres wurde bei den Abstürzen der Boeing 737 Max schmerzlich deutlich, wo die Piloten nicht verstanden, warum der Autopilot das Flugzeug in den Senkflug schickte. Der breite Einsatz von KI hat die Herausforderungen aufgedeckt, die mit der Verwendung historischer, manchmal schlechter Daten verbunden sind. Softwarevorhersagen und -empfehlungen werden so schnell ungenau, voreingenommen und fehleranfällig, selbst wenn der Code von ausreichender Qualität ist. Aber auch der Code selbst steht auf dem Prüfstand. Die heutigen Softwareprogramme sind oft eine Ansammlung von

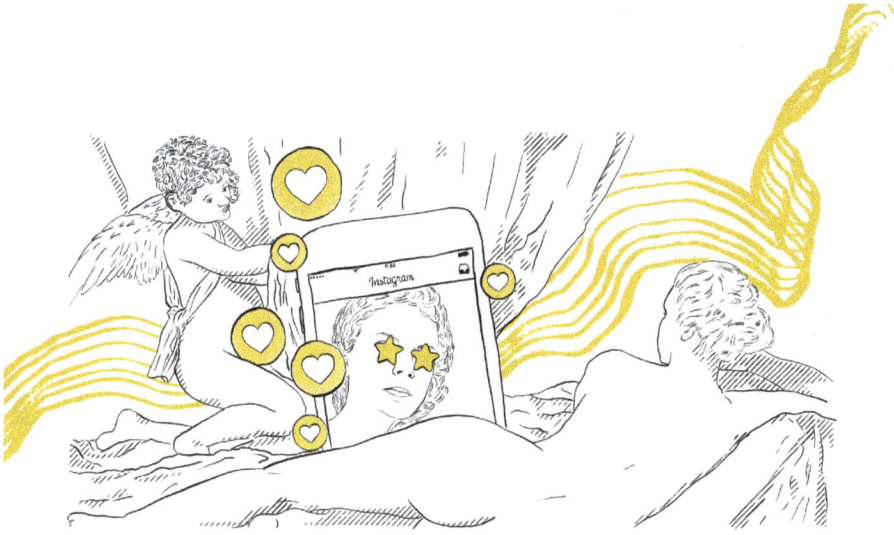

Abbildung 1.4: Blühende E-Persönlichkeiten.

vorkonfigurierten Codekomponenten und mehr oder weniger Blackbox-Algorithmen, die zu einem neuen System zusammengestöpselt werden. Diese Art der Erstellung von Softwareprogrammen bedeutet zwar eine enorme Zeit- und Geldersparnis (da die Entwickler ein System nicht von Grund auf neu aufbauen müssen), aber sie bedeutet auch weniger Kontrolle über das Gesamtsystem und eine hohe Abhängigkeit von der Verfügbarkeit und Qualität externer Dienste, ganz zu schweigen von der Komplexität der Vernetzung und den damit verbundenen Abhängigkeiten.

All dies bedeutet, dass IT-Systeme zum Zeitpunkt der Abfassung dieses Buches weniger sicher und oft auch weniger vertrauenswürdig sind als die traditionellen analogen und meist mechanischen Maschinen, deren Zuverlässigkeit die Menschheit gelehrt hat, zu glauben, dass Maschinen nicht ausfallen, es sei denn, sie sind kaputt. Jedes Jahr werden Milliarden von Datensätzen preisgegeben, oft aufgrund von falsch konfigurierten Datenbanken und Systemkomponenten.[4] Im Jahr 2020 griffen Hacker weltweit täglich über 30.000 Websites an; alle 3-8 Sekunden werden Angriffe auf öffentliche IT-Architekten gestartet,[5] Im Jahr 2025 ist diese Situation eher schlechter als besser geworden. Die sicherheitstechnische Anfälligkeit kommt zur Fehlerbehaftung digitaler Systeme hinzu. Es wird oft vergessen, dass Code fast nie perfekt ist und in komplexen Systemen wie autonomen Fahrzeugen zu 100.000en von Fehlern führen kann.[6] Bei der im US-Justizsystem eingesetzten KI wurde beispielsweise festgestellt, dass Menschen aufgrund von Software-Fehlern zu längeren Gefängnisstrafen verurteilt worden sind (Hao, 2019). Schließlich beeinflussen die Taktung und Fehleranfälligkeit der IT-Systeme in Unternehmen die Gesundheit von Mitarbeitern (Abbildung 1.5). Die Zahl der Arbeitnehmer, die unter Müdigkeit und emotionaler Erschöpfung leiden, scheint zu steigen und liegt je nach Land und Erhebungsmethode oft bei über 25 % der arbeitenden Bevölkerung (Aumayr-Pintar, Cerf, & Parent-Thirion, 2018; Shanafelt et al., 2019). Kurz: IT-Wüsten und Rückschritte scheinen auf dem Vormarsch zu sein.

Abbildung 1.5: IT-Systeme, die die geistige und körperliche Gesundheit der Menschen untergraben.

Eine Kernhypothese dieses Buches ist jedoch, dass viele dieser negativen Werteffekte vermieden werden könnten, *wenn* IT-Systeme besser konzipiert und die Innovationsprozesse, die das Systemdesign begleiten, auf menschliche und soziale Werte ausgerichtet würden. Was wir brauchen, ist eine neue Kultur der IT-Innovation, der Systementwicklung und der Systemüberprüfung vor der Markteinführung. Das muss eine IT-Innovationskultur sein, die weniger auf Geld, Effizienz und Geschwindigkeit ausgerichtet ist; die sorgfältig, kontrolliert, offen, transparent, qualitätsorientiert und vor allem von Prozessen der Vorausschau und Sorgfalt geleitet ist. Solche Prozesse der ethischen Vorausschau können viele negativen Wertpotenziale von IT-Systemen antizipieren und Strategien aufrufen, um diese abzumildern, bevor ein Produkt auf den Markt kommt. Ethische Vorausschau bringt jedoch auch die Frage mit sich, wozu ein System überhaupt gut ist, warum es da sein sollte, welche menschlichen und sozialen Werte es unterstützen sollte und wie es damit zum Fortschritt der Gesellschaft beitragen kann. In der Systementwicklung und -innovation kann auf diese Weise eine Kultur der Fürsorge etabliert werden, die auf Werten basiert. Dieses Buch ist ein Leitfaden für diesen Weg.

Was ist Value-Based Engineering?

Value-Based Engineering (VBE) ist eine neue, visionäre und auf ein neues Zukunfts-Narrativ ausgerichtete Art, IT-Innovation zu leben. Es sollte im frühestmöglichen Stadium einer Systementwicklung zum Tragen kommen und Innovationsteams durch Design- Prozesse bis hin zur eigentlichen Systementwicklung begleiten. VBE basiert auf dem weltweit ersten Standard für die Berücksichtigung ethischer Belange bei der Systementwicklung, IEEE 7000^{TM}. IEEE 7000^{TM}, auch als ISO/IEC/IEEE 24748-7000 bekannt ist, wurde im Laufe von fünf Jahren (2016–2021) entwickelt und von 95 internationalen Experten verifiziert. Im Rahmen der Standardisierung wurde auf über 1.000 Verbesserungsvorschläge weiterer internationaler Experten eingegangen. Als Ergebnis dieser inklusiven und offenen Zusammenarbeit konnten viele der weltweit bewährtesten Ansätze für eine wertorientierte Systemgestaltung berücksichtigt werden, darunter die Einbeziehung von Stakeholdern, die Wertkonzeptionalisierung und die risikobasierte Systemgestaltung. Der IEEE 7000^{TM} Standard integriert die Best Practices in fünf Prozessschritten, die für den Aufbau eines wertorientierten Systems erforderlich sind. In den kommenden Kapiteln sind diese Prozesse in drei Kapiteln zusammengefasst. Das Transparenzmanagement (beschrieben in Abschnitt 11 des IEEE 7000^{TM}) wird darüber hinaus durch fünf Berichtsformulare (Abbildungen 5.10, 5.12, 6.2, 6.5 und 6.9) abgedeckt, die entwickelt und getestet wurden, um ein VBE-Projekt zu begleiten:

1. Konzeption und Kontextanalyse
   (Abschnitt 7 von IEEE 7000^{TM}) (Kapitel 4)
2. Werteerkundung und Priorisierung
   (Abschnitt 8 von IEEE 7000^{TM}) (Kapitel 5)
3. Ethisches IT-Systemdesign
   (Abschnitte 9 und 10 von IEEE 7000^{TM}) (Kapitel 6)

Der erste Arbeitsschritt in einem VBE-Projekt besteht darin, buchstäblich den *Boden* für ein neues „System of Interest" (im Folgenden SOI) zu bereiten. Aus diesem Grund wird im Folgenden ein brauner Würfel als Symbol für diese Phase des System Engineering (Abbildung 1.6) verwendet. Innovationsteams versuchen in der so symbolisierten Phase, die Verwendung des SOI, den Kontext, in dem es eingesetzt werden soll, die beteiligten Akteure, die verschiedenen Systemkomponenten, die Datenflüsse und die Zulieferstruktur (externe Komponenten) zu verstehen.

Sobald dies verstanden ist und ein erstes „Concept of Operations" (ConOps) für das SOI skizziert ist, kann die Werteerhebung erfolgen. Dabei werden etablierte Moralphilosophien oder spirituelle Traditionen genutzt, um die schlummernden Wertpotenziale eines neuen SOI zu entbergen. Nachdem diese mit Stakeholdern gelungen ist, werden die Wertpotenziale konzeptionell analysiert, geclustert und priorisiert, um das technische Systemdesign zu informieren. Wie in Abbildung 1.6 skizziert, werden Werte in diesem Buch durch Tetraeder symbolisiert, denn genau wie Tetraeder haben

Werte verschiedene Qualitäten (Aspekte, Betrachtungsseiten), von denen nur einige für die Stakeholder jeweils sichtbar sind (für weitere Einzelheiten zur Bedeutung der Symbolik siehe Kapitel 3 und Anhang 2).

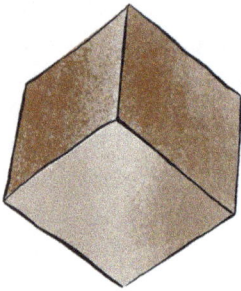

Würfel: Symbol für
die Erde eines SOI

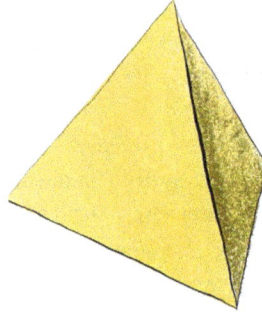

Tetraeder: Symbol für
den Wert eines SOI

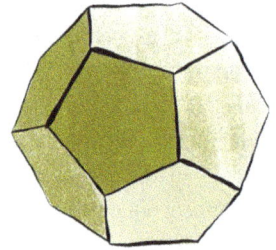

Dodekaeder: Symbol für
das SOI

Abbildung 1.6: Platonische Körper symbolisieren VBE-Konstrukte.

Der letzte Arbeitsblock, der für VBE erforderlich ist, ist die eigentliche Gestaltung und Spezifikation des SOI. Dafür werden von den moralphilosophisch identifizierten Kernwerten sogenannte „Ethische Wertanforderungen" abgeleitet und dann mit einer Risikoanalyse in konkrete Systemanforderungen übersetzt. Da Systemmerkmale letztlich viele Wertvorstellungen (Tetraeder) integrieren, wird ein Dodekaeder genutzt, um ein endgültiges SOI in der Bildsprache des VBE darzustellen (Abbildung 1.6).

Was kann von Value-Based Engineering erwartet werden?

Was können Organisationen von einem VBE-Projekt erwarten? Zum Zeitpunkt der Abfassung dieses Buches sind viele Organisationen, die sich mit ethischer oder werteorientierter IT befassen, primär von dem Wunsch getrieben, vor allem gesetzlichen Erwartungen an ihre Systeme zu erfüllen, wie etwa die KI-Verordnung der EU oder die Europäische Datenschutzgrundverordnung (DSGVO). Ebenso wird abstrakt über Unternehmenswerte nachgedacht, wie etwa Corporate Social Responsibility Guidelines oder technische Qualitäts-Prinzipien von KI. Ernsthafte finanzielle Investitionen in wertebasiertes Systemdesign scheint hingegen seltener zu erfolgen; vor alle dann wenn gesetzliche Sanktionen drohen oder wenn börsenrelevante Kriterien erfüllt werden müssen. Organisationen, die VBE nutzen können mit Sicherheit davon ausgehen, dass sie durch die Anwendung des IEEE 7000[TM] in einer guten Position sind, um ethisch ausgerichtete Digitalisierungsgesetze einzuhalten. Die VBE-Prozesse leiten Innovationsteams dazu an, die sozialen und rechtlichen Aspekte ihres SOI sehr gründlich zu prüfen und können sicherstellen, dass sie ihre eigene CSR- oder KI-Prinzipien einhalten. Auch Probleme mit dem Datenschutz werden erkannt.

Darüber hinaus geht es bei VBE jedoch keineswegs nur darum, Rechtskonformität zu erreichen, denn rechtlich vertretbar zu handeln ist nicht dasselbe wie ethisch zu handeln. IT-Systeme wertethisch zu bauen bedeutet, auf die richtige Art und Weise für menschliches Wohlergehen im Umgang mit der IT zu sorgen. Dies ist eine viel größere Vision. Es ist die Vision, Technologie für die Menschheit und nicht für die Gewinnmaximierung zu schaffen.

Eine wissenschaftlich aufgearbeitete VBE-Einsatzstudie, die diese Vision veranschaulicht hat, wurde mit Blick auf die Plattform Foodora durchgeführt: Die erste Aufgabe für diese potenziell KI-gesteuerte Essensvermittlungs- und -auslieferplattform bestand in der Entwicklung einer Produkt-Roadmap, wie sie in der heutigen IT-Planung von Unternehmen typisch ist. Diese orientiert sich an verfügbarer technischer Funktionalität, um gewinnorientierte Geschäftsmodelle zu realisieren. Wirtschaftsinformatikstudenten identifizierten dutzende Möglichkeiten, Foodoras IT-System zu gestalten: Eine KI könnte etwa die Anzahl der Routen pro Fahrradkurier optimieren und Pausenzeiten minimieren. Eine KI könnte Bestellern solche Restaurants empfehlen, die die höchsten Gewinnspannen für Foodora bieten. Die Plattform könnte die Leistung der Fahrradkuriere überwachen und Lieferaufträge vorzugsweise an die schnellsten und flexibelsten Kuriere vergeben. Darüber hinaus könnten die Bestelldaten der Plattform ein interessantes sozialpsychologisches Profil von Bestellern ergeben, das an Datenmärkte weiterveräußert werden könnte. All diese realistischen technischen Dienstleistungsmerkmale haben einzig und allein einen zentralen Wert gemeinsam, den sie optimieren – den monetären finanziellen Vorteil, der für Aktionäre entsteht. Was von den Wirtschaftsinformatikstudenten weitgehend ignoriert wurde, war, dass all diese Systemmerkmale auch negative Wertfolgen mit sich bringen, wie den Verlust von Freiheit, Autonomie und Privatsphäre der Kuriere. Stress und gesundheitliche Probleme könnten die Folge sein, wenn Fahrradkuriere von einer KI gesteuert werden und wie Flipperkugeln in einem Automaten durch die Stadt geschickt werden. Dieses Vergessen negativer menschlicher Wertfolgen, welches durch die technologiegetriebene Product-Roadmap verursacht wurde, verschwand vollständig, als dieselben Wirtschaftsinformatikstudenten in einer zweiten Arbeitsphase die VBE-Methode auf den selben Fall anwendeten. Beim ethischen Nachdenken über potenzielle Wertfolgen der Technologie wurden plötzlich Dutzende negative Plattform identifiziert ebenso wie positiv Potenziale. Und es entstand in Folge eine ganz neue Strategie und IT-Vision für Foodora (Spiekermann, 2019).

Jeder der beteiligten Wirtschaftsinformatikstudenten sah nicht nur durchschnittlich zehn Servicerisiken, die die langfristige Begeisterung von Investoren für einen solchen Dienst untergraben könnten, sondern hatte auch durchschnittlich 13 spannende Produktideen, die das positive Wertpotenzial eines solchen Dienstes vorantreiben würden (Bednar & Spiekermann, 2022). Die Studenten überlegten etwa, wie Gamification eingesetzt werden könnte, um den Spaß der Kuriere an Auslieferung von

Essen zu steigern; wie es ihrer Gesundheit, ihrem Komfort und ihrer Zufriedenheit bei der Auslieferung zugutekäme, wenn sie die Kontrolle und Autonomie bei der Routenwahl und der Privatsphäre hätten etc. Sie entwickelten neue Geschäftsmodelle, bei denen die Plattform Diätprojekte von Kunden unterstützen könnte und bei denen die Kuriere ihre Liefertätigkeit mit einem Gesundheitscoaching verbinden könnten. Sie dachten auch über die Einsamkeit der Kuriere nach, die durch die Erweiterung der Plattform um eine Community-Funktionalität gemildert werden könnte, bei der die Kuriere gemeinsam Treffpunkte nutzen, um Leerlaufzeiten zu überwinden. Sogar die Köche wurden als Stakeholder erkannt: Deren Freude und Motivation beim Kochen könnte gefördert werden, wenn ein positiver Feedback-Kanal zu den Kunden eingerichtet würde. All diese Ideen stehen dem Geldverdienen mit dem Service nicht im Wege, aber sie sorgen für ein Gleichgewicht zwischen den finanziellen und sozialen Vorteilen des Services. Die Fallstudie veranschaulicht, dass durch das VBE eine völlig neue Innovationskultur entsteht; eine Innovationskultur, die die Idee verkörpert, Technologie für die Menschheit, für die individuelle und gesellschaftliche Wohlfahrt zu entwickeln.

Die Gestaltung der Essensplattform ist nur eine von vielen fiktiven und realen Fallstudien, die mittlerweile mit VBE für Organisationen durchgeführt wurden. Bei allen konnte das gleiche Phänomen beobachtet werden: Sobald Innovationsteams aufgefordert werden, aktiv über menschliche und soziale Werte nachzudenken und daraus IT-Systemanforderungen abzuleiten, wird die Technologie anders genutzt. Sie wird in den Dienst der Menschheit gestellt.

Weitere Informationen zu den durchgeführten Fallstudien sind in wissenschaftlichen Artikeln zu finden (etwa Bednar & Spiekermann, 2022) sowie auf der Webseite der VBE Academy[7].

Herausforderungen einer profitorientierten Innovationskultur

Angesichts des Aufwands, der in ein wertebasiertes System gesteckt werden muss, wird klar, dass Organisationen, die VBE nutzen wollen, wahrscheinlich Teile ihrer Innovations- und Entwicklungsprozesse überdenken und neugestalten müssen. Dies ist kein einfaches Unterfangen in durchschnittlichen betrieblichen Kontexten, in denen der kurzfristige Shareholder Value als Unternehmensziel dominiert; wo also nicht selten der Mammon regiert (Abbildung 1.7). Wenn ein neues Produkt oder eine neue Dienstleistung auf den Markt gebracht wird, sind Gewinnmaximierung, zufriedenstellende Funktionalität und Lieferzeiten oft die Zielgrößen, nach denen Managementeinheiten gesteuert werden. Und diese Prioritäten prägen dann auch die Prozesse, Entscheidungen, Tools und Gewohnheiten, die bei der Entwicklung von IT-Systemen zum Einsatz kommen.

Wie im Nachwort zu diesem Buch (sowie in Kapitel 8) beschrieben, besteht oft kein Wunsch danach, durch die Technik etwas spezifisch Wertvolles zu erschaffen. Es ist auch in den meisten Fällen kein tiefsitzendes menschliches Bedürfnis, das eine Innova-

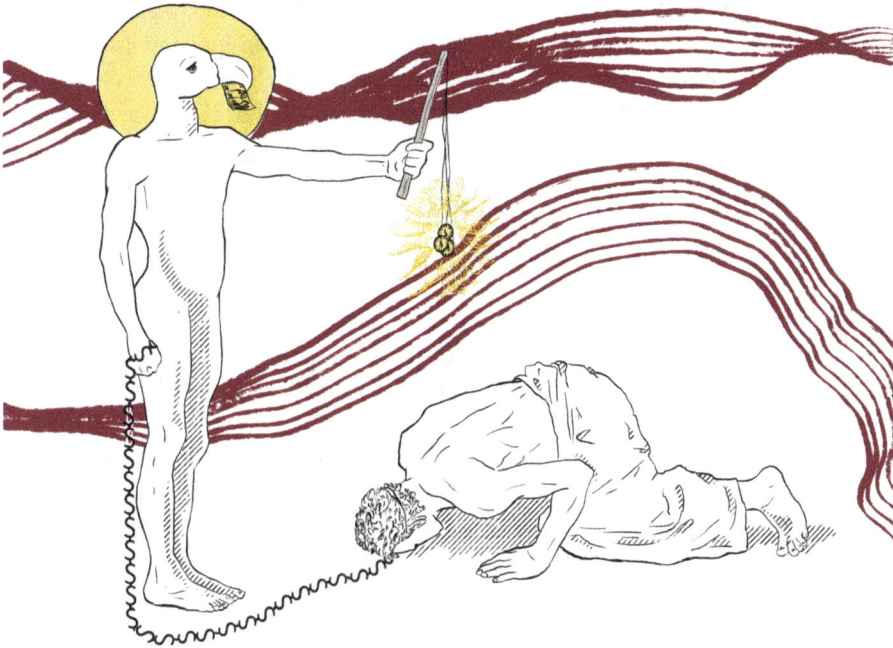

Abbildung 1.7: Der Mammon regiert die Entscheidungen der Manager.

tion in Gang setzt. Vielmehr wird Innovation heute primär von der Verfügbarkeit einer neuen IT-Funktionalität getrieben. Jedes Jahr warten rund drei Millionen neue Patente darauf, monetarisiert zu werden[8] und mit ihnen die Hype-Zyklen der IT-Branche, wie GenAI, Cloud, oder das Metaverse. Die Gesellschaft, die all diese Technologien absorbieren soll, wird als eigenständige Kraft nicht wirklich beachtet. Stattdessen wird von einer Art gesichtslosem „Nutzer"-Markt ausgegangen, den die IT-Industrie einfach nach Belieben bespielen und gestalten kann. Mit Hilfe von Marketingmaßnahmen, Freemium-Modellen oder anderen Top-down-Methoden werden die Märkte mit Innovationen überschwemmt, ganz gleich, wie nutzlos sie oft für den Kunden sind. Die Tatsache, dass mehr als die Hälfte der IT-Innovationsbemühungen scheitern[9] und auch die Hälfte aller US-Start-ups nicht länger als fünf Jahre überleben, wird ignoriert[10] und diese Verschwendung an Geld und Humankapital scheint als Kollateralschaden und Investorenrisiko akzeptiert zu werden. Dennoch sollte diese Verschwendung in ihren wahren Kosten nicht unterschätzt werden, denn die Menschen, die in diese Prozesse involviert sind, verlieren wertvolle Jahre ihres Lebens, und die Nutzer, die mit halbgaren und unnützen Dienstleistungen oder Upgrades konfrontiert werden, verschwenden ebenfalls Zeit, Nerven und Geld. Überflüssige Innovationsanstrengungen verursachen auf gesamtgesellschaftlicher Ebene ein noch nicht bezifferbares Maß an Opportunitätskosten. VBE kann diese Kosten reduzieren, da das Verfahren viele der Wertverluste vorwegnimmt, die den Erfolg eines Innovationsprojekts sonst untergraben.

Doch selbst wenn IT-Innovationen auf dem Markt erfolgreich sind, bleibt eine Frage offen: Welchen Wert tragen sie tatsächlich zum menschlichen und gesellschaftlichen Fortschritt bei? Das klassische ökonomische Argument wäre: Solange etwas Neues Einkommen generiert, ist seine Existenz und Fortführung gut – schließlich trägt die Innovation zum Wachstum des BIP bei. Die Kunden haben sich für das neue Produkt entschieden und dafür bezahlt, was ebenso als Signal gewertet wird, dass die Innovation ein menschliches oder soziales Bedürfnis befriedigt. Es kann also angenommen werden, dass sich BIP und sozialer Wert bis zu einem gewissen Grad überschneiden. Dabei darf jedoch nicht vergessen werden, dass das Einkommen aus IT-Dienstleistungen nicht mehr unbedingt durch den Verkauf von primären digitalen Produkten oder Services erzielt wird, die eine Wertschätzung im Markt signalisieren. In der Digitalwirtschaft sind die primären Dienstleistungen – wie etwa Messenger-Dienste, Informationsportale, KI etc. – meistens kostenlos, und das Einkommen der Betreiber wird durch sekundäre Quellen generiert, wie die Nutzung von Kundendaten oder den Verkauf der Aufmerksamkeit der Kunden (Abbildung 1.8). Im „Überwachungskapitalismus", wie die Digitalwirtschaft kritisch bezeichnet wurde (Zuboff, 2019), sind Marktkapitalisierung und Einkommen der Unternehmen oft über lange Strecken entkoppelt. Die technische Funktionalität wird in den Dienst der sekundären Einkommensgenerierung gestellt, was häufig negative externe Werte schafft, wie den Verlust der Privatsphäre, der Würde, der Freiheit, der Kreativität, der Gemeinschaft oder der Identität der Nutzer (Abbildung 1.8). Angesichts dieser Entwicklungen bedeutet der Fortschritt des BIP durch Digitalisierung nicht unbedingt sozialen Fortschritt, sondern oft Rückschritt.

Abbildung 1.8: Der Überwachungskapitalismus verspricht Einnahmen aus wertarmen Dienstleistungen.

VBE geht hier zurück zum Reißbrett, indem er versucht, negative externe Effekte zu unterbinden. Außerdem unterstützt VBE Organisationen dabei, höhere menschliche und soziale Werte zu identifizieren, die die Attraktivität der primären technischen Innovation fördern. Es wird eine wertorientierte Kultur geschaffen, die die Möglichkeit wiederbelebt, mit primären digitalen Dienstleistungen Geld zu verdienen.

Ob eine wertebasierte Kultur geschaffen werden kann, hängt davon ab, wie stark die Gewinnorientierung und die Ingenieurskultur eines Unternehmens ist. Die starke Gewinnorientierung beeinflusst die Prozesse, mit denen Technologie heute entwickelt wird: eine schnelle und agile Vorgehensweise, die die Entwicklungszeit auf ein Minimum verkürzt, begleitet von einer schlanken Anforderungsentwicklung mit wenig Dokumentation, und viel Outsourcing. Ein Trial-and-Error-Ansatz bei der Markteinführung (sog. *„release early, release often"*) treibt sicherlich den Unternehmensgewinn voran. Diese Art der schnellen Systementwicklung geht jedoch auch mit einem Mangel an Sorgfalt, Zeit und Vorabplanung einher – alles Dinge, die eigentlich notwendig wären. VBE fördert and dieser Stelle, was in Vergessenheit geraten zu sein scheint: dass eine gute Erhebung von Systemanforderungen zu Beginn von Innovationsprojekten sehr bedeutsam ist, bevor agile Formen der Entwicklung ernsthaft beginnen können. Wie Lao Zi (604-531 v. Chr.) einst sagte (Abbildung 1.9): „Nur wer das Ziel kennt, findet den Weg." Wenn nicht klar ist, welche menschlichen und sozialen Werte ein System neben dem monetären Vorteil fördern soll, dann ist das Ziel nicht definiert; die Frage, „warum" ein Produkt oder eine Dienstleistung entwickelt werden soll, ist unklar. Das System hat keinen menschlichen Zweck. Ein Ziel ist jedoch für jeden essenziell, der an einem Innovationsprojekt beteiligt ist. Wenn Menschen wissen, dass sie wirklich für eine gute Sache (Zweck) arbeiten und im Begriff sind, einen digitalen Dienst zu entwickeln, der einen Beitrag zur Gesellschaft leistet, dann sind sie motiviert, ihn auf den Markt zu bringen, sie sind kreativ und kündigen nicht vorschnell ihren Job für eine bessere Option. Da VBE sinnvolle Zwecke identifiziert und sicherstellt, dass IT-Produkte wertvoll sind, gibt es den Innovationsteams und Systementwicklern einen Sinn zurück.

Dennoch wird es VBE in einem Umfeld harter Gewinnorientierung, in dem Zeitdruck und verfrühte technische Freigaben die Norm sind, schwer haben. Zum Zeitpunkt der Abfassung dieses Buches leiden viele IT-Entwicklungsorganisationen unter einem wahrgenommenen Mangel an Verantwortung in ihren Entwicklungsabteilungen. Studien am Institut für Wirtschaftsinformatik & Gesellschaft der WU Wien haben gezeigt, dass 90 % der Systemingenieure, die an einer Studie über Datenschutz und Sicherheit teilnahmen, zwar die Bedeutung dieser Werte anerkennen, sich aber fast 40 % von ihnen nicht für den Schutz dieser Werte in den von ihnen gebauten IT-Services verantwortlich fühlten. Der Hauptgrund für diesen Mangel an wahrgenommener Verantwortung ist, dass ihre Arbeitgeber ihnen nicht genügend Zeit, Ausbildung und Autonomie bieten, um diese Verantwortung tatsächlich zu übernehmen (Spiekermann, Korunovska, & Langheinrich, 2018). Wie ein ehemaliger Siemens-Ingenieur es ausdrückte:

Wir sehen eine überstürzte Systemauslieferung, die zu problematischem ethischen Verhalten führen kann, wie z. B. die verfrühte Vergabe von Entwicklungsaufgaben, die Schwierigkeit, Vereinbarungen einzuhalten, das Fehlen einer umfassenden und gründlichen Bewertung von Computersystemen, die Förderung von „Fictionware" und die Tendenz, einen Mangel an Qualität unter den Teppich zu kehren. (Berenbach & Broy, 2009)

VBE will dies basierend augf ISO/IEC/IEEE24748-7000 ändern.

"Nur wer das Ziel kennt, findet den Weg."
(Lao Zi)

Abbildung 1.9: Lao Zi (571 v. Chr.).

Kapitel 2
Die zehn Prinzipien des Value-Based Engineering

Nach den Terroranschlägen vom 11. September 2011 auf die New Yorker Zwillings-
türme beschlossen die meisten Länder, Technologien für die innere Sicherheit auszu-
bauen. In diesem Sinne begannen Flughäfen weltweit, Ganzkörperscanner zu instal-
lieren, um Passagiere vor dem Einsteigen in ein Flugzeug auf Waffen oder Sprengstoff
zu untersuchen. Ziel war es, die Flugsicherheit zu erhöhen. Mehrere Scanner-Alterna-
tiven kamen auf den Markt (Abbildung 2.1), und es wurde bald klar, dass viele dieser
Scanner die Privatsphäre der Passagiere erheblich beeinträchtigen würden, wenn sie
intime Körperdetails der Menschen detailliert preisgäben. Für kurze Zeit sah es so
aus, als ob ein harter politischer Kompromiss zwischen der Privatsphäre der Passagiere und ihrer Sicherheit eingegangen werden müsste. Doch durch die Darstellung der
Passagiere als Strichmännchen oder Schemen auf den Sicherheitsbildschirmen der Kon-
trolleure stellte sich bald heraus, dass dem nicht so ist. Es entstand eine datenschutzfreundliche Technologieversion, die wir nun häufig bei unseren Flugreisen nutzen. Für
das Unternehmen L3, das diesen datenschutzfreundlichen Scanner als erstes angeboten
hat, ergab sich ein erheblicher Wettbewerbsvorteil. In einem Rechenexperiment wurde
geschätzt, dass L3 wahrscheinlich allein in Europa über eine Milliarde Euro mehr Umsatz als die Konkurrenz machen konnte, nur weil das Unternehmen die Privatsphäre
der Kunden von Anfang an ernst genommen hat (Spiekermann, 2012).

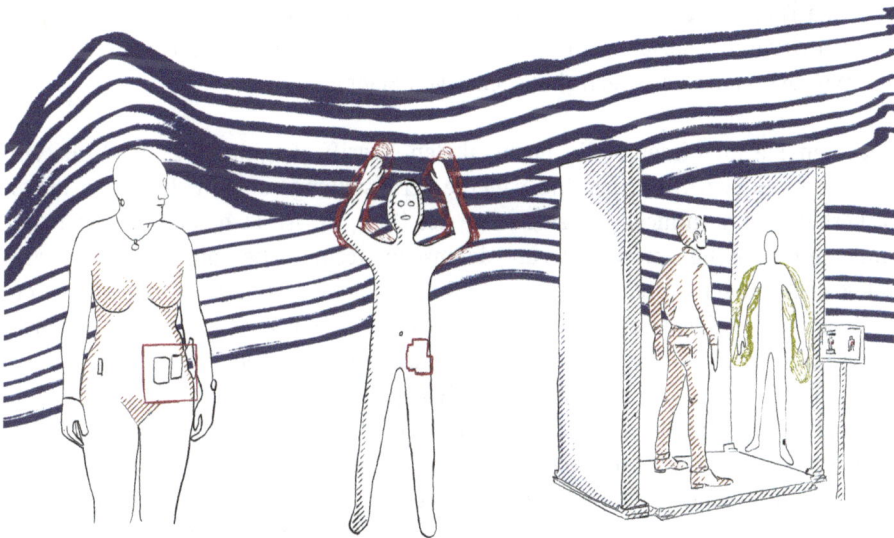

Abbildung 2.1: Technologieentwicklung bei Körperscannern an Flughäfen.

https://doi.org/10.1515/9783111633930-002

Aber sind Sie selbst schon mal durch solche Scanner gegangen? Wurden Sie gebeten, Ihre Arme hoch- und Beine wie ein Verbrecher auseinanderzustrecken? Wie hat sich das angefühlt? Eine Analyse der Passagierwahrnehmung solcher Scanner würde mit Sicherheit zeigen, dass die Körperhaltung, die wir gelernt haben, mit einer kriminellen Verurteilung zu assoziieren, einen negativen Gefühlszustand auslöst; ein Gefühl von beschämendem Unbehagen. Wir fühlen uns, als wären wir mutmaßliche Verbrecher, die in eine Kapitulationsposition gezwungen werden. Es kommt effektiv zu einem Angriff auf unsere Würde. Die Verletzung der Würde führt in der Tat zu solch negativen Gefühlen, dass das datenschutzfreundliche Design der Scanner allein nicht mehr ausreicht, um den Markt zu erobern, was zu einer dritten Lösung geführt hat, die Passagieren mittlerweile die Möglichkeit bietet, ihre Hände unten zu lassen. Wer im Jahr 2025 durch viele europäische Flughäfen geht, gewinnt den Eindruck, dass die Flughafenbetreiber all dies erkannt haben und sich zunehmend für solche Scanner entscheiden, die die Werte der Privatsphäre und Würde gleichermaßen schützen.

Das Beispiel des Flughafenscanners macht verschiedene Aspekte deutlich:

– erstens, dass das Value-Based Engineering (VBE) von Produkten greifbare wirtschaftliche Folgen haben und einen wichtigen Wettbewerbsvorteil für diejenigen schaffen kann, die die ethischen Folgen ihres Systemdesigns vorhersehen und respektieren;

– zweitens, dass Werte, die zunächst in einem unüberwindbaren Zielkonflikt zu stehen scheinen, wie in diesem Fall zwischen Privatsphäre und Sicherheit, durch gutes Technologiedesign in eine Balance gebracht werden können;

– drittens, dass Werte wie Privatsphäre und Sicherheit, die heute als technikpolitische Themen etabliert sind, nicht den Endpunkt bilden, wenn es um menschenzentrierte und sozialverträgliche Technologie geht. Weitere Werte wie etwa die Würde und das Vertrauen sind ebenso von Belang.

Beachten Sie an dieser Stelle nochmal den Begriff „Engineering" im VBE: VBE integriert den Begriff Engineering, weil die Bereitstellung von ethisch ausgerichteten Sicherheitsscannern nicht nur eine Frage des „Designs" ist. Es handelt sich vielmehr um eine technische Herausforderung datenschutzfreundliche und würdevolle Technik gleichermaßen zu bauen. Selbst wenn die Design-Skizze eines Strichmännchen-Scanners im Vergleich zu einem Nacktheitsscanner bereits ein Geniestreich ist, reicht diese Idee allein nicht aus, um eine gute Technologie zu bauen und zu betreiben. Erforderlich ist auch, dass das Gerät die Privatsphäre der Passagiere im Hintergrund respektiert, und bei der Benutzung sicher und vertrauenswürdig funktioniert. Das wiederum bedeutet, dass die technische Konstruktion der Scanner so zuverlässig ausgeführt werden muss, dass sie diesen Erwartungen gerecht wird. Wer würde sich mit einem datenschutzfreundlichen Bild auf dem Sicherheitsbildschirm am Flughafen zufriedengeben, wenn gleichzeitig die Nacktbildversion in voller Auflösung ins Internet gestellt oder an Diätfirmen weiterverkauft würde? Wer würde es vernünftig finden, diese Scanner zu benutzen, wenn sie ihre Aufgabe, Terroristen aufzuspüren, nicht erfüllten? Und wer würde sich dazu zwingen lassen wollen, Scanner zu benutzen, die aufgrund ihrer Strahlung die Gesundheit beeinträchtigen? Diese rhetorischen Fragen zeigen, dass die technischen Abläufe im Hintergrund, die Datenflüsse, die organisatorischen Richtlinien, die Betriebstests und die Risikobewertungen allesamt erforderlich sind, damit die Flughafenscanner funktionieren und ihr Einsatz aus ethischer Sicht technisch und organisatorisch unterstützt wird. Dies geht weit über reine Designfragen hinaus.[10]

Natürlich lässt sich fragen, ob all diese Werte – Privatsphäre, Würde, Zuverlässigkeit und Gesundheit – nicht eine Selbstverständlichkeit darstellen. Ist es nicht völlig verständlich, dass die Flughafenscanner und ihre Betreiber zuverlässig, sicher und datenschutzfreundlich arbeiten? Leider werden diese eigentlich selbstverständlichen Erwartungen der Menschen an die Achtung solch offensichtlicher menschlicher Werte durch die Technologieanbieter zum Zeitpunkt der Erstellung dieses Buches oft nicht erfüllt. So berichtete die Nachrichtenplattform *Politico* im Jahr 2015, dass die US-amerikanische Transport Security Association bei 96 % der verdeckten Scannertests, gefälschte Sprengstoffe und Waffen nicht entdeckt hat (Scholtes, 2015); selbst der grundlegenste funktionale Wert dieses öffentlichen Systems, seine Zuverlässigkeit und die daraus resultierende Sicherheit der Passagiere, war also nicht gegeben.

Das Fazit ist, dass Werte nur dann von Systemen materialisiert werden, wenn es einen strengen Entwicklungsprozess gibt. VBE sorgt für solche Prozesse. Da es nun in großen Teilen im "IEEE 7000™ Model Process for Ethical System Design" standardisiert ist, bietet es eine strukturierte und transparente Methode, um sicherzustellen, dass Organisationen das gesamte Wertespektrum kennen, welches ihre Stakeholder betrifft, so dass sie in der Lage sind, dies in organisatorische Prozesse und technische Roadmaps umzusetzen (IEEE, 2021a).

Value-Based Engineering ist kein Alleingang

VBE ist keine Praxis, an der eine Organisation isoliert arbeiten kann. Bei der Bereitstellung von IT-Diensten ist heute kaum noch ein Anbieter ein isoliertes Unternehmen auf der grünen Wiese. IT-Systeme bringen oft eine Vorgeschichte mit. Sie sind stark vernetzt und in der Regel mit externen Webservices integriert (Abbildung 2.2). VBE, berücksichtigt, dass es ein „System of Interest" (SOI) gibt, dass dieses aber in ein größeres „System of Systems" (SOS) eingebettet ist. Und wenn eine Organisation Werte respektieren und ethisches Verhalten in einem modernen System sicherstellen will, dann ist dies nur durch die Wahl der richtigen Partner in diese SOS möglich.

Ein einfaches Beispiel für ein SOI ist ein Webshop. Ein Webshop muss seinen Kunden eine digitale Zahlungsfunktion anbieten, aber es ist unwahrscheinlich, dass der Betreiber die Kompetenz hat, alle dafür erforderlichen Transaktionen selbst abzuwickeln. Daher delegieren Webshops die Zahlungsabwicklung in der Regel an einen Kreditkartenservice wie Mastercard oder Alipay. Es wird eine Schnittstelle zwischen dem Webshop und dem digitalen Zahlabwicklungs-Dienstleister eingerichtet. So werden die entsprechenden Kaufinformationen eines Verkaufs im Webshop an den Kreditkartendienstleister übergeben, der die Abrechnung und den Geldeinzug vornimmt. Solch eine Verteilung der Aufgaben ist eine gute Möglichkeit für jeden Systembetreiber in einer digitalen Lieferkette, sich auf seine eigenen Kernkompetenzen zu konzentrieren und Skaleneffekte im eigenen Betrieb zu realisieren.

Was passiert jedoch, wenn ein Webshop-Anbieter – nennen wir ihn Peter – herausfindet, dass alle persönlichen Daten seiner Kunden, also was sie zu welchem Preis in welcher Menge, in welcher Häufigkeit gekauft haben, wo sie wohnen usw. von seinem Dienstleister nicht nur für die Abrechnung gegen Gebühr verwendet werden, sondern von ihm gespeichert und zum eigenen Vorteil weitergenutzt werden? In seinem Bericht zum Überwachungskapitalismus berichtet der Wiener Aktivist Wolfie Christl zum Beispiel, wie das Unternehmen VISA die Angaben von „über 14 Milliarden Kauftransaktionen an den Datenbroker Oracle weitergegeben und mit demografischen, finanziellen und anderen Daten kombiniert hat, um Unternehmen dabei zu helfen, Verbraucher in der digitalen Welt besser zu kategorisieren und anzusprechen" (S. 23 in Christl, 2017). Wäre Peter, der Webshop-Anbieter, besorgt, wenn er erfährt, dass sein Kreditkartenpartner eine ähnliche Praxis der Datenweitergabe betreibt? Wenn es Peters Anliegen wäre, dass sein Webshop die Privatsphäre seiner Kunden schützt, dann würde es ihn wahrscheinlich interessieren, was VISA mit seinen Kundendaten macht. Stellen Sie sich vor, Peter würde mit Dingen wie intimem Spielzeug oder esoterischen Gadgets handeln,

Abbildung 2.2: Verantwortung für komplexe System-of-Systems.

mit denen keiner seiner Kunden in Verbindung gebracht werden möchte. Peter sollte mit Sicherheit wissen wollen, was sein Kreditkartenpartner mit den Datenspuren seiner Kunden macht.

Genau hier setzt VBE an. Im Gegensatz zu den meisten anderen Ansätzen für ethisches oder werteorientiertes Systemdesign stellt VBE immer die Frage nach der Verantwortung für das Ökosystem. Ein Unternehmen, das von sich behaupten will, dass es sein System im Einklang mit den Werten seiner Kunden oder mit ethischen Grundsätzen entwickelt hat, wird immer Gefahr laufen, zu enttäuschen, wenn es nicht sicherstellt, dass alle relevanten Partner die eigene Linie unterstützen. Daher ist das erste Prinzip von VBE die Mit-Verantwortung für die Handlungen der Wertschöpfungspartner:

> Value-Based Engineering-Organisationen übernehmen MItverantwortung für ihre technischen Wertschöpfungspartner. Sie verzichten auf Zulieferer oder externe Dienstleister, über die sie keine Kontrolle haben und auf die sie keinen Zugriff haben.

Prinzip 1: Verantwortung für das Ökosystem

Value-Based Engineering prüft die Kopplung von KI-Diensten

Value-Based Engineering ist nicht der erste Ansatz, der die Bedeutung der Verantwortung für Wertschöpfungspartner anerkennt. Wichtige ISO-Standards wie ISO/IEC 29101 (ISO/IEC, 2018), ISO/IEC/IEEE 15288 (ISO, 2015) oder die Europäische Datenschutzgrundverordnung (EU-Parlament 2016) haben erkannt, wie elementar die Kontrolle von Wertschöpfungspartnern ist, zum Beispiel aus Gründen des Datenschutzes. Es ist elementar, nicht nur die Daten zu betrachten, die in der eigenen kontrollierten IT-Umgebung verarbeitet werden, sondern auch den Datenaustausch mit anderen Partnern und was diese wiederum mit den empfangenen Daten tun.

Doch wer glaubt, dass der Datenschutz der einzige Wert ist, der in einem verantwortungsvollen Ökosystem relevant ist, der irrt. Viele Werte stehen auf dem Spiel, wenn die Partner nicht an einem Strang ziehen. Nehmen Sie den Wert der Transparenz. Sollte ein SOI-Anbieter nicht wissen, wie eine integrierte "KI-Komponente" von einem Partnerunternehmen (z.B. OpenAI) ihre Ergebnisse berechnet, bevor er sie durch seinen eigenen Dienst anbietet? (Abbildung 2.3). Wenn eine externe KI-Komponente eine Blackbox ist und gar nicht erklärt werden kann, wie sie ihre Berechnungen durchführt, sollte eine verantwortliche Organisation diese vielleicht nicht sorglos in ihre eigenen Abläufe integrieren. Wenn die Organisation wertorientiert und mit ethischem Verantwortungsbewusstsein arbeitet, müsste sie gegebenenfalls auf die Partnerschaft verzichten. Es müsste zumindest sehr genau darüber nachgedacht werden, wie die Ergebnisse der Blackbox wiederum einer systematischen Qualitätskontrolle unterzogen werden müssen oder ob es transparentere Alternativen gibt.

Lassen Sie uns diese Frage anhand eines realen Falles aus dem Universitätskontext verdeutlichen. Das Ziel der Zulassungsstelle einer Universität war es, die Bearbeitung

Abbildung 2.3: KI-Dienste als Teil eines SOS-Computernetzwerks.

der Motivationsschreiben von Studienbewerbern zu automatisieren. Da die Universität jedes Jahr Tausende von Anschreiben erhielt, erschien es attraktiv, diese von einer KI lesen und prüfen zu lassen. Das KI-Projekt der Universität speiste daher alle Bewerbungsschreiben eines Jahres in eine externe Textanalyse-KI ein, die von einem weltweit führenden KI-Anbieter betrieben wurde. Dieser externe KI-Dienst lieferte dann eine qualitative Bewertung des Motivationsgrads, den die Bewerberinnen in ihren Motivationsschreiben gezeigt hatten. Außerdem berechnete die KI die Persönlichkeitsmerkmale der Bewerber anhand der sogenannten „Big Five" Metrik. Als nun der Projektleiter zur Güte der outgesourcten KI befragt wurde, hatte er so gut wie keine Vorstellung von deren Logik. Er wusste nichts darüber, wie die externe KI die Motivation und Persönlichkeit der Bewerber berechnet. Ja, es stellte sich sogar auf Nachfrage heraus, dass die Trainingsdaten der KI aus einem völlig anderen Kontext (nämlich Social Media Plattformen) entnommen worden waren als dem, der für die Beurteilung von Bewerbungen erforderlich gewesen wäre. Zusammengenommen waren die dekontextualisierten Bewertungen der Motivationsschreiben wahrscheinlich nichts mehr als sinnloses Rauschen. Darüber hinaus gab es noch nicht einmal einen Prozess, um einschätzen zu können, ob die externen KI-Bewertungen im Kontext der Studentenbewerbung Sinn ergeben würden. Nachdem die Universität diese Zusammenhänge erkannt hatte, wurde die Idee KI zu verwenden, aufgegeben. Das Beispiel zeigt, wie wichtig es für eine verantwortungsbewusste Organisation wie eine Universität ist, die genauen Details eines Servicepartners zu kennen. Eine mit VBE-arbeitende Organisation würde die weitere Zusammenarbeit mit so einem KI-Servicebetreiber einstellen oder alternativ, im Einklang mit IEEE 7000^{TM} (IEEE, 2021a) prüfen, ob es Spielräume gäbe für eine Zusammenarbeit, etwa:

- Kooperation bei der Entwicklung von Algorithmen,
- Kooperation beim Auswahlprozess der Trainingsdaten,
- gemeinsame Qualitätssicherung der im KI-System verwendeten Daten,
- kontrollierende Einsicht in die Entwicklung der Logik der KI,
- Schaffung einer ausreichenden Transparenz der Datenverarbeitung und Nachvollziehbarkeit der Ergebnisse.

Wenn solche Formen der Zusammenarbeit mit einem KI-Provider nicht gewährleistet werden, würden VBE nutzende-Organisationen auf die Partnerschaft und weitere Investitionen verzichten (Abbildung 2.4). Dies ist ein weiteres Kernprinzip: „Value-Based Engineering nutzende Organisationen erwägen, nicht in ein System zu investieren, wenn es ethische Gründe für einen solchen Verzicht gibt."

Prinzip 2: Bereitschaft zum Verzicht auf Investitionen

Abbildung 2.4: Ethischer Verzicht auf gewinnbringende Investitionen wo es nötig ist.

Value-Based Engineering baut auf offenen und ehrlichen Stakeholder-Dialog

Das Beispiel des Hochschulzulassungssystems rückt ein drittes Prinzip in den Vordergrund, das für VBE und IEEE 7000[TM] wesentlich ist: die Einbeziehung von Stakeholdergruppen. Wie würden Studenten eine Universität (oder ein Unternehmen) wahrnehmen, wenn sie erführen, dass ihre fleißig geschriebenen Motivationsschreiben nur von einem KI-System gelesen werden? Wie fühlt sich ein junger Mensch, wenn er weiß, dass die eigene Hingabe auf diese Weise von toter Materie geprüft wird? In diesem Fall sind die Universitätsbewerber die direkt Betroffenen. VBE mit IEEE 7000[TM] empfiehlt daher, sie zu fragen, ob sie möchten, dass ihre Motivationsschreiben auf diese Art und Weise vorsortiert und analysiert werden. Welche Werte würden durch solch eine Praxis leiden? Vielleicht die Gegenseitigkeit? Die Würde? Oder der Respekt? Im Gegensatz dazu könnte aber vielleicht auch mehr Gerechtigkeit durch algorithmisch faire, unvoreingenommene Behandlung von Bewerbungen in den Prozess Einzug halten. Die Liste möglicher negativer und positiver Werte zeigt, dass die Analyse der Briefe von Universitätsbewerbern durch eine KI eine ethische Herausforderung darstellt aber auch Vorteile bringt. Es gibt unterschiedliche Ansichten und Hoffnungen. Darüber hinaus spielen auch die Einstellungen indirekt Beteiligter eine Rolle, wie in diesem Fall das Bildungsministerium oder die Professoren, die die auf diese Weise zugelassenen Studenten unterrichten sollen.

Viele Organisationen scheuen davor zurück, die Ansichten solch externer Stakeholder in einem kritischen Dialog ernsthaft gegeneinander abzuwägen. Sie fühlen sich unwohl im Umgang mit aufbegehrenden Stimmen, die ihre Spielräume untergraben könnten, Entscheidungen bezüglich des IT-Systems zu treffen.[11] Die Präferenz, aufkommende Kritik zu vermeiden, ist jedoch ein deutlicher Hinweis auf dessen ethische Ambiguität. Wenn Innovationsteams sich unwohl dabei fühlen, ihre Systemideen offen und ehrlich mit kritischen Stakeholdern zu diskutieren, sollte dies ein erstes Warnzeichen dafür sein, dass sie möglicherweise etwas zu verbergen haben. VBE löst diese negative Spannung auf. Keine Organisation, die im Dienst von Kunden oder Bürgern agiert, sollte sich wegen der eigenen Praktiken unwohl fühlen. Unbehagen ist Gift für die Motivation aller an einem Projekt beteiligten Parteien. Das dritte Prinzip von VBE-Organisationen besteht daher darin, ihre Systeme in ehrlicher und offener Weise mit direkten und indirekten Stakeholdern zu diskutieren und diese in die Konzeption und Planung mit einzubeziehen. Dies inkludiert auch kritische Stakeholder wie etwa Betriebsräte oder NGO-Vertreter (Abbildung 2.5).

Prinzip 3: Einbeziehung relevanter Stakeholder

Abbildung 2.5: Stakeholder-Dialoge inspirieren durch Ideen, Fakten und Wertanschauungen.

Value-Based Engineering nutzt Moralphilosophie und spirituelle Traditionen, um systemrelevante Werte zu entbergen

Das Verständnis des breiten Spektrums von Gedanken und Reaktionen der Stakeholder auf die eigene Systemidee oder das frühe Betriebskonzept ist äußerst wertvoll, um alle Arten von Wertverletzungen ebenso wie positive Wertpotenziale des SOI zu antizipieren. In drei Fallstudien wurde festgestellt, dass beim herkömmlichen Produkt-Roadmapping nur wenige menschliche und soziale Werte überhaupt erkannt werden (Bednar & Spiekermann, 2021). Einige, wie der Schutz der Privatsphäre und die Sicherheit, sind in letzter Zeit zwar auf dem Radar der Systementwickler verankert worden, aber Untersuchungen zeigen, dass normalerweise nicht mehr als vier bis sieben Werte in klassischen Technologie-Roadmaps aufscheinen. Wenn Stakeholder dagegen mit Hilfe der moralphilosophischen Rahmenwerke, des VBE, in ein wertebasiertes Denken einbezogen werden, nimmt die Kreativität und Wertsensibilität signifikant zu: Jeder beteiligte Stakeholder identifiziert dann zwischen 16 und 19 positive oder negative Werte pro Technologie.

Es wurde auch festgestellt, dass das Nachdenken über Werte dabei hilft, die potenziellen Risiken eines Systems zu erkennen. Innovationsteams, die Technologie-Roadmaps mit einer funktionsorientierten Denkweise fast keine negativen Folgen

ihrer Projekte sehen, erkennen diejenigen, die mit VBE arbeiten, jeweils im Durchschnitt (pro Stakeholder) zehn Systemrisiken (Bednar & Spiekermann, 2021). Die im
VBE verwendete Werteerhebung fragt jedoch nicht einfach nur nach irgendwelchen
Risiken oder Stakeholder-Präferenzen. Es handelt sich nicht um ein einfaches Brain-
storming von Vor- und Nachteilen. Die VBE-Werteerhebung orientiert sich bewusst an
etablierten moralphilosophischen Rahmenwerken und kulturellen Traditionen, die
Stakeholder mitbringen (Abbildung 2.6), denn nur eine solche solide Grundlage erlauben
es Projektteams zu beurteilen, ob ihre Innovationen „Gutes" hervorbringen werden oder
nicht. Der vierte VBE-Grundsatz lautet daher: „Value-Based Engineering-nutzende
Organisationen nutzen moralphilosophische Ansätze und spirituelle Traditionen zur
Werteerhebung."

Prinzip 4: Moralphilosophie als Schlüssel zur Wertewelt

Abbildung 2.6: Die Auswirkungen ethischer Systeme aus der Sicht der Philosophen.

Die drei ethischen Rahmenwerke, die zur Ermittlung von Werten im VBE zum Tragen
kommen, sind konkret der Utilitarismus, die Tugendethik und die Pflichtethik (und zwar
in der gleichen Reihenfolge wie hier angegeben). Zunächst werden mit Hilfe des Utilitarismus Vor- und Nachteile analysiert, die sich für die direkten und indirekten Beteiligten
ergeben könnten, wenn das System allgegenwärtig eingesetzt würde. Es ist die so utilita-

ristische Perspektive, die eine sehr breite Sicht auf die möglichen Folgen eines IT-Systems ermöglicht. Dann werden die Auswirkungen der Technologie auf die menschlichen Tugenden hinterfragt. Tugenden können als die gewohnheitsmäßigen Charaktereigenschaften einer Person angesehen werden, die ihn oder sie zu einem guten und moralischen Gemeinschaftsmitglied machen. Oder anders ausgedrückt, ist eine Tugend „der positive Wert des menschlichen Verhaltens" (S. 24 in IEEE, 2021a). Beispiele sind Bescheidenheit, Mäßigung, Freundlichkeit, Aufmerksamkeit, Zuverlässigkeit usw. Solche menschlichen Charaktereigenschaften werden oft durch zeitgemäße IT-Systeme untergraben. Es ist deshalb ein besonderes Anliegen des VBE, dass die IT-Systeme darauf angelegt werden, die menschlichen Tugenden möglichst zu stärken, anstatt sie zu untergraben. Vor diesem Hintergrund ist es wichtig, die langfristigen Verhaltenswirkungen eines IT-Systems zu antizipieren und sich vorzustellen, was passieren würde, wenn das System in großem Umfang genutzt würde. Und zuletzt stellt sich die Frage, ob es pflichtethische Prinzipien gibt, die von dem IT-System berührt werden und die von so universeller Bedeutung sind, dass sie bei der Gestaltung des Systems mit besonderer Sorgfalt behandelt werden kann.

Warum gerade diese drei moralphilosophischen Rahmenwerke? Ein Grund ist, dass diese drei zumindest in der westlichen Welt die etabliertesten sind (sie werden hier wahrscheinlich in jedem Ethikunterricht behandelt). Ein anderer wesentlicher Grund ist aber auch, dass unsere Forschung gezeigt hat, dass diese drei Philosophien sich in ihrer Fähigkeit, Werte zu identifizieren, perfekt ergänzen (Bednar & Spiekermann, 2022). Der allgemeine Utilitarismus, den wir im VBE verwenden, ermöglicht es, aus der Vogelperspektive heranzuzoomen und ein zukünftiges SOI in Zusammenhang mit seinen weiteren gesellschaftlichen Auswirkungen zu sehen. Die Tugendethik erlaubt, speziell die kulturell begründeten Erwartungen an das langfristige menschliche Verhalten zu enthüllen. Und die Pflichtethik schafft es, die persönlichen „Maximen" der Stakeholder und Führungskräfte herauszufinden, die sie aus höheren Gründen in einem System respektiert sehen möchten. Unterschiedliche Kulturen haben unterschiedliche Erwartungen und Prioritäten dahingehend, was gutes Verhalten ist, und höhere Gründe dafür, dass ein System auf eine bestimmte Weise funktionieren soll. Um generell die Achtung lokaler und regionaler Traditionen zu gewährleisten, ist es daher wichtig, vorallem eine tugendethische Reflexion durchzuführen.

In vielen Regionen der Welt gibt es darüber hinaus starke spirituelle Traditionen, in denen bestimmte Werte hochgehalten werden, die einem westlichen Denkstil fremd sein können und die durch die Reflexion von Utilitarismus, Tugendethik oder Pflichtethik nicht erfasst werden. Daher empfiehlt IEEE 7000^{TM} zu hinterfragen, ob eine Region, in der ein System eingesetzt wird, eine solche Tradition hat, und wenn ja, die langfristigen Auswirkungen eines Systems vor dem Hintergrund dieser Tradition zu diskutieren.

Beachten Sie, dass die philosophischen Rahmenwerke verwendet werden, um über die „langfristigen" (fünf bis zehn Jahre andauernden) Auswirkungen eines IT-Systems nachzudenken, das darüber hinaus „allgegenwärtig" oder „in großem Maßstab" genutzt werden könnten. Diese Praxis, sich die Auswirkungen eines Systems in großem Maßstab vorzustellen, wird auch von Value-Sensitive Design (Friedman & Hendry, 2012b) propagiert. Die Forschung legt nahe, dass die Vorstellung, dass ein System in großem Maßstab eingesetzt wird oder ein zukünftiges Monopol darstellt, die Stakeholder dazu veranlasst, noch sorgfältiger über die potenziellen Auswirkungen des Systems nachzudenken, als wenn diese Annahme bei der Wertanalyse nicht berücksichtigt wird. Viele negative Wertpotenziale kommen nämlich tatsächlich erst dann zum Tragen, wenn ein SOI eine große Anzahl von Nutzern hat oder eine dominante Marktposition einnimmt.

Value-Based Engineering ist kontextabhängig

Die Annahme einer dominanten Marktposition ist nur eine Prämisse der VBE- Wertermittlung. Die zweite ist ein unvoreingenommenes, kontextabhängiges Verständnis von systemrelevanten Wertpotenzialen am Ort der Nutzung. „Unvoreingenommen" bedeutet hier, dass VBE empfiehlt, grundsätzlich *keine* bestehenden Wertelisten oder Prinzipienkataloge für die erste Phase der Werteerhebung zu verwenden.

In den letzten Jahren wurden Prinzipienkataloge von führenden Institutionen auf der ganzen Welt veröffentlicht, die Werte wie Gerechtigkeit, Datenschutz, Gleichheit, Transparenz usw. für das Systemdesign betonen (Jobin, Ienca, & Vayena, 2019). Diese Kataloge oder Listen zeigen, dass sich Organisationen auf der ganzen Welt zunehmend dazu verpflichten, mehr Werte und Ethik in ihre IT-Systeme einzubeziehen – ein wichtiger Schritt, der in seinen Auswirkungen auf die IT-Innovationen in Unternehmen nicht unterschätzt werden sollte. Werden jedoch IT-Projekte in der Praxis betrachtet, bei denen die Innovationsteams und Ingenieure versucht haben, die Logik der Wertelisten an ihre IT anzupassen, so zeigt sich immer wieder, dass dieser generische Prinzipienansatz nur begrenzt funktioniert. Nehmen Sie etwa die Werte der Privatsphäre oder des Wohlbefindens in der Prinzipienliste der EU-Kommission für vertrauenswürdige KI (HLEG der EU-Kommission, 2020). Als ein großes Militärprojekt versuchte, den „ALTAI-Prinzipienkatalog der EU" zu nutzen, die potenzielle Probleme mit der Privatsphäre und dem Wohlbefinden vorschreibt, zeigte sich schnell, dass diese gelisteten Werte am Kontext vorbeigehen wenn es um KI in Kampfjets geht. Privatsphäre und Wohlbefinden stellen nicht die Werte dar, auf die es Kampfpiloten am meisten ankommt. Bei einem anderen Projekt für eine Modekette war das Innovationsteam so sehr auf den Schutz der Privatsphäre von Kunden fixiert, dass es völlig den Blick für deren wahre Wertanliegen verlor, zu denen nicht der Schutz der Privatsphäre auf der Verkaufsfläche gehörte, sondern die greifbar notwendige Beratungshilfe durch IT und das Bedürfnis nach mehr Komfort in Umziehkabinen. Weder Hilfe noch Komfort sind aber Werte, die in irgendeiner der 84 bekanntesten KI-Wertprinzipienlist Listen enthalten sind (Jobin et al., 2019).

Relevante Werte sind darüber hinaus in jedem Technologiefall so weit gestreut, dass vorgegebene Wertekataloge nur die Spitze des Eisbergs an potenziellen Projektrisiken abbilden. In den verschiedenen VBE-Fallstudien, die an der Wirtschaftsuniversität

Wien von meinem Institut durchgeführt wurden, wurden typischerweise um die zehn Kernwerte identifiziert, von denen sich jeder wiederum aus einem Cluster mehrerer instrumenteller Werte (Qualitäten) zusammensetzte. In einem Projekt mit UNICEF in Afrika wurden etwa zehn Wertecluster identifiziert, die auf 56 ursprünglich von den Stakeholdern genannten Wertqualitäten basierten. In einer meiner Studien zum Werte-monitoring von KI Dialogen wurden 9 Kernwerte und 32 Werqualitäten als bedeutsam identifiziert, um diese Chatbots zu optimieren. Eine Analyse der Firma Anatrophic auf Basis von 700.000 KI-Dialogen (mit Claude 3 und 3.5) zeigte, dass Claude 3.307 Werte benennen kann, wenn man alle Dialogskontexte zusammen nimmt. Werte sind grund-sätzlich kontextabhängig und unmittelbar mit dem IT-System und dem Ort verbunden, an dem es eingesetzt werden soll. Nur ein Bruchteil dieses relevanten Wertespektrums ist in offiziellen Wertprinzipienkatalogen zu finden.

Vor dem Hintergrund dieser Erkenntnisse scheint die Schlussfolgerung berech-tigt, dass die Verwendung von Wertprinzipienlisten für VBE nur bedingt sinnvoll ist. In der ersten Phase der Werteerkundung sollten sie jedenfalls nicht zur Hand genom-men werden (Le Dantec, Poole, & Wyche, 2009) (Spiekermann, 2021a). Das 5. Prinzip des VBE lautet also, dass Innovationsteams danach streben sollten, den Kontext des Einsatzes ihres IT-Systems tiefgreifend zu verstehen und dessen Werte-Auswirkungen einzeln zu antizipieren (Abbildung 2.7).

Prinzip 5: Werteprinzipien brauchen immer einen Kontext

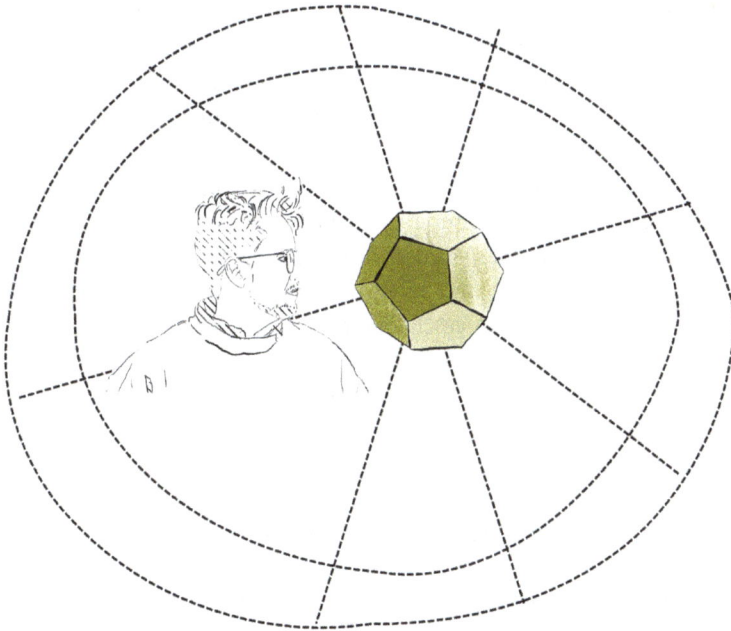

Abbildung 2.7: Der Einsatzkontext einer Technologie ist der Schlüssel zur Wertanalyse.

Trotz der Kritik an Wertprinzipienkatalogen sei jedoch darauf hingewiesen, dass sie auch eine wichtige Funktion haben. Nehmen wir noch einmal die ALTAI-Liste für KI-Technologie der EU. Die Liste besagt z.B., dass Menschen die Kontrolle über KI-Systeme haben sollten (Agency). Die Systeme sollten sicher sein. Der Datenfluss sollte geschützt sein (Datenschutz und Sicherheit). Die Neigung von Algorithmen zu bestimmten Ergebnissen, wie z. B. die Diskriminierung von Schwarzen (mangelnde Fairness), sollte transparent gemacht werden und Fehlurteile sollten natürlich vermieden werden. Alles in allem sollten Algorithmen hoffentlich im Dienste des sozialen und ökologischen Wohlergehens stehen. Es könnte argumentiert werden, dass jedes System (und nicht nur die KI) ohne diese Eigenschaften in seinem Kern so suboptimal wäre, dass es sich auf Dauer nur schwer betreiben, verkaufen und warten ließe. Wer wäre heute bereit, die Verantwortung und das Betriebsrisiko eines Systems zu tragen, bei dem diese Eigenschaften nicht gewährleistet sind? Wertprinzipien der herkömmlichen Institutionen (EU, OECD, UNO, etc.) machen ein System also nicht besonders „ethisch" oder „wertvoll". Sie machen ein System gut genug, um es zu vertretbaren betrieblichen, rechtlichen und menschlichen Risiken auf den Markt zu bringen.

Value-Based Engineering fördert Rechtskonformität

Die rechtlichen und betrieblichen Kosten eines IT-Systems leiten zu einem weiteren wichtigen Grundsatz des VBE über: Tech-Unternehmen, die global agieren wollen, sollten auch lokal denken. Sie sollten bereit sein, ihre Größenvorteile bis zu einem gewissen Grad einzuschränken, um regionale Interessen stärker zu berücksichtigen.

In den ersten 30 Jahren der Digitalisierung zwischen Mitte der 1990er Jahre und heute wurden einige fast hegemoniale „Winner-take-all"-Plattformen, Hardware- und Softwaresysteme auf den Markt gebracht. Nur einige wenige Weltmarktregionen, die ihre lokale Kontrolle über die Digitalisierung behalten wollten, wie China und Russland, schafften es, eigene regionale IT-Infrastrukturen zu etablieren und digitale Souveränität zu bewahren. Generell könnte gesagt werden, dass diejenigen, die den digitalen Markt in der westlichen Welt geschaffen haben, mit ihrem Code wichtige Verhaltensnormen, wenn nicht sogar Gesetze des Verhaltens geschaffen haben (es wird auch von „Code is Law" gesprochen). Sie haben bestimmt, wie wir das Internet und IT-Dienstleistungen nutzen. Damit haben sie quasi hegemoniale Vorgaben dafür geschaffen, wie die Dinge heute in der westlichen Welt digital ablaufen; Vorgaben, die jedoch in erster Linie dazu dienen, die Gewinnmargen dieser Unternehmen zu sichern (Transatlantic Reflection Group, 2021).

Da wir immer noch in einer kapitalistischen Gesellschaft leben, in der alles möglich ist und in der der Shareholder-Value letztlich doch alles überschattet, scheint gegen diese Winner-take-all-Situation wenig einzuwenden zu sein (außer vielleicht das Wettbewerbsrecht). Unternehmen müssen maximal gewinnorientiert operieren, so das kapitalistische Axiom. Jedes realistische Unternehmen, das heute an der Börse notiert ist, muss also darüber nachdenken, wie es seine Größenvorteile nutzen kann, und es wird versuchen, seine Prozesse zu vereinheitlichen, um die Prozesskosten zu minimieren. Vor diesem Hintergrund werden scharfe regionale Gesetze wie die EU-Datenschutzgrundverordnung oder andere Menschenrechtsabkommen von diesen Tech-Unternehmen nicht begrüßt, da sie die Skaleneffekte ihrer Geschäftsmodelle untergraben und Neuinvestitionen in eine bereits ausgerollte Infrastruktur erfordern. Eine Anpassung ihrer IT-Systeme und Geschäftsmodelle an regionale Gesetzgebung macht sie verwundbar gegenüber flexibleren und jüngeren Konkurrenten, die möglicherweise in der Lage sind, dieselben Gesetze zu geringeren Kosten besser einzuhalten. Daher überdenken und restrukturieren Tech-Unternehmen ihre Datenverarbeitungsprozesse gerne nur in Abhängigkeit von der Art der rechtlichen Sanktionen. Hier kommt es dann zu einem Dilemma, wenn soziale, menschenfreundliche, oder regionale Wertestrukturen nicht von Anfang an bei der Konzeption des IT-Systems berücksichtigt wurde. Denn im Nachgang ist es immer schwieriger diese systemtechnisch noch aufzupfropfen. Manchmal kann die Gesetzgebung sogar den Betrieb getrennter Datenverarbeitung in einer Region erforderlich machen, nur um deren rechtlichen Vorschriften zu entsprechen. Große Technologieunternehmen befinden sich daher in einer Zwickmühle. Sie haben die ethischen Implikationen ihrer IT-Systeme und Geschäftsmodelle bei deren Entwicklung unterschätzt und müssen nun entscheiden, ob sie weiterhin ihr Geld für Anwälte ausgeben, um Beschwerden von Kunden und NGOs abzuwehren (die im Business Case nie vorgesehen waren), oder ob sie eine bessere Technik anstreben, indem sie beispielsweise VBE nutzen. Beide Strategien kosten Geld.

Der sechste Grundsatz des VBE empfiehlt, dass Organisationen die ethischen Grundsätze, die im Geist von Gesetzen verankert sind, proaktiv respektieren sollten (Abbildung 2.8). Sie sollten die Tatsache anerkennen, dass viele ihrer Zielmärkte groß genug sind, um sich das Geld für die Einhaltung regionaler Gesetze zu verdienen, auch wenn es Marge kostet. Sie sollten ihre im SOI verankerten Werte nicht hegemonial über die Erwartungen ihrer lokalen Kunden stellen. Und schon gar nicht sollten sie dem Profit vor der Servicequalität den Vorrang geben.

Prinzip 6: Respekt vor Gesetzen und internationalen Abkommen

Value-Based Engineering fordert das Engagement des Top-Managements ein und strebt nach gesunden Gewinnen

In Zeiten, in denen der Shareholder-Value als Wirtschaftsmaxime immer noch überwiegt, scheint es eine gewagte Aussage zu sein, den Profit nicht über die Qualität einer Dienstleistung zu stellen. Auch 2025 gilt immer noch die berühmte Aussage von Milton Friedman (1912–2006), dass „das Geschäft des Geschäfts das Geschäft ist". Der Wirtschaftswissenschaftler war überzeugt, dass die einzige soziale Verantwortung

Abbildung 2.8: VBE schafft ein Gespür für Gerechtigkeit.

eines Unternehmens darin bestehen sollte, Gewinne zu steigern, solange nicht gegen das Gesetz verstoßen wird.

Im Einklang mit einer Vielzahl von Kritikern würden VBE-Proponenten Friedman nicht als Vordenker für eine wünschenswerte Zukunft betrachten.[12] Wie in der Menschheitsgeschichte zu beobachten ist, ändern sich die kulturellen und wirtschaftlichen Perspektiven ständig. Während Gier in den frühen 2000er Jahren noch „sexy" war („*Geiz ist geil*"), hat sich dies in den letzten 20 Jahren allmählich geändert, insbesondere nach dem Finanzmarktcrash von 2008. Seitdem ist zumindest bei eigenen Playern ein nachhaltigeres und wertebasiertes Denken akzeptiert, welches langsam, aber sicher die alte Wirtschaft der Gier abzulösen sucht. Berühmte Strategen wie Michael Porter vertreten in dieser Hinsicht, dass

> „der Zweck des Unternehmens neu definiert werden muss, nämlich geteilte Werte zu schaffen und nicht nur den Profit an sich. Dies wird die nächste Welle der Innovation und des Produktivitätswachstums in der globalen Wirtschaft antreiben ... zu lernen, wie man geteilte Werte schafft, ist unsere beste Chance, die Wirtschaft wieder zu legitimieren". (Porter & Kramer, 2011) (Abbildung 2.9)

Vor dem Hintergrund dieser neuen wirtschaftlichen Unterströmung werden Unternehmensleiter, die in Führungspositionen kommen, nun genauer beobachtet. Diejenigen,

"Der Zweck des Unternehmens
muss neu definiert werden,
nämlich geteilte Werte zu schaffen
und nicht nur den Profit an sich."
(Michael Porter)

Abbildung 2.9: Michael Porter.

die sich als zu gierig erweisen oder Tricks anwenden, um ihren Gewinn auf Kosten der Gesellschaft zu maximieren, kommen nicht mehr ganz so regelmäßig ungeschoren davon. Sie werden zunehmend persönlich für ihr Verhalten vor Gericht gestellt. Soziale Netzwerke, investigativer Journalismus, Whistleblower und NGOs decken Fehlverhalten auf. Ein einziger Fehler kann zu einem Ausmaß an Schmach führen, das bis Anfang der 2000er Jahre unbekannt war. In Zeiten immer flacher werdender Unternehmenshierarchien können sich Topmanager nicht mehr hinter einer hohen Position verstecken und versuchen, falsches Verhalten zu verdrehen oder zu legitimieren; zumindest ist es zu einer gefährlichen Strategie geworden, dies zu tun. Immer mehr Führungskräfte müssen mit gerichtlichen Verurteilungen und sogar mit Gefängnisstrafen rechnen, unabhängig von ihrer früheren Karriere oder ihrem Engagement für ihre Organisationen. Infolgedessen sehen sich Führungskräfte mit der Notwendigkeit konfrontiert, eine alte aristokratische Fähigkeit zu entwickeln: Sie müssen an sich selbst und ihrer Persönlichkeit arbeiten, um tugendhafte Führungskräfte zu werden. Der japanische Denker Ikujiro Nonaka schrieb dazu:

> „[Unternehmens-]Urteile müssen von den Werten und der Ethik des Einzelnen geleitet werden. Ohne ein Fundament von Werten können Führungskräfte nicht entscheiden, was gut oder schlecht ist" (Nonaka & Takeuchi, 2011) (Abbildung 2.10).

Er wies außerdem darauf hin:

> „... [i]n der konventionellen Wirtschaft ist das oberste Ziel jedes Unternehmens die Gewinnmaximierung. Aber in der Wissensgesellschaft muss eine Unternehmensvision über ein solches Ziel hinausgehen und auf einem absoluten Wert beruhen, der über finanzielle Kennzahlen hinausgeht." (ebd.)

"[Unternehmens-]Urteile müssen
von den Werten und der
Ethik des Einzelnen geleitet werden."
(Ikujiro Nonaka)

Abbildung 2.10: Ikujiro Nonaka.

VBE gibt Führungskräften eine Anleitung, wie sie die vielen Werte, die von den Stakeholdern als Reaktion auf das IT-Konzept genannt werden, priorisieren können. Sie werden dazu angeleitet, ihre eigenen Wertmaximen zu erkennen – das, was sie persönlich aus ethischer Sicht für bedeutsam erachten. Vor diesem Hintergrund lautet der siebte Grundsatz der VBE wie folgt:

„Die Führungskräfte einer Organisation hinterfragen ihre eigenen ethischen Prinzipien und priorisieren solche Kernwerte als zukünftige Systemprinzipien, von denen sie möchten, dass sie universell zur Anwendung kommen und für die sie bereit sind, öffentlich und persönlich einzustehen." (Abbildung 2.11)

Prinzip 7: Engagement einschlägiger Führungskräfte

Es sei an dieser Stelle nochmal gesagt, dass VBE in diesem Sinne nicht gegen unternehmerische Gewinnerzielung ist. Um es mit den Worten des ehemaligen Vorstandsvorsitzenden der Deutschen Bahn, Heinz Dürr, zu sagen: Es gehe bei einem Unternehmen darum, *einen gesunden* Gewinn zu erzielen. Ein gesunder Gewinn ist ein Zeichen dafür, dass sich ein Unternehmen mit seinen Produkten in einem nachhaltig profitablen Gleichgewicht befindet und in der Lage ist, seinen Geschäftsauftrag erfolgreich aufrechtzuerhalten, dabei gleichzeitig seinen Mitarbeitern angemessene Löhne zu zahlen und im Interesse der Gesellschaft und der Stakeholder zu agieren.

Abbildung 2.11: Führungskräfte halten das Ruder der Organisationsmoral in der Hand.

Value-Based Engineering arbeitet transparent

Wenn sich Führungskräfte und ihre Innovationsteams dazu verpflichten, gesunde Gewinne im Dienst des Gemeinwohls zu erzielen, werden sie kein Problem damit haben, diese Mission öffentlich zu machen. Sie werden nicht zögern, ihr Denken und ihre Argumente darzulegen. Ja sie werden sogar darauf erpicht sein, ihren Beitrag zum Gemeinwohl zu veröffentlichen und den Werte-Beitrag ihrer IT-Services zur Gesellschaft publik zu machen. VBE ermutigt daher seine Nutzer dazu, ein Werte-Statement für das IT System zu veröffentlichen, in der die Kernwerte zusammengefasst sind, die die Organisation für das SOI priorisiert hat.

Ein solches Werte-Statement ist nicht zu verwechseln mit einem Marketing-Slogan oder einer CSR-Liste (CSR steht für „Corporate Social Responsibility"). Oben wurde erläutert, dass wertorientierte Innovationsteams Stakeholder-Gruppen durch einen ethischen Dialog führen, der sich auf ein konkretes Produkt oder eine Dienstleistung konzentriert. Aus diesem demokratischen und offenen Ansatz heraus wird das IT-System um Werte angereichert. VBE ist somit keine abgehobene strategische Übung, wie viele CSR-Kritiker beklagt haben. Es geht auch nicht um eine Marketingbotschaft, die von einer PR-Agentur auf ein Produkt aufgeschraubt wird. Stattdessen fokussiert VBE auf konkrete Konzepte für konkrete IT-Produkte und Dienstleistungen in den frühen Phasen ihrer Herstellung. Ethisches und wertebasiertes Produktdenken ist kein PR-Versprechen, sondern ein Vorgehen, welches sehr früh und konkret in die

Produkt-Roadmap, die agilen Entwicklungssprints und die Liste der Systemziele der Entwickler eingreift.

Ein öffentliches Werte-Statement sind aber nur eine Seite der Medaille. Ebenso grundlegend ist es, den Weg der ethisch hergeleiteten Kernwerte hinein in das IT-System separat zu dokumentieren. Der IEEE 7000™-Standard bezeichnet diese Dokumentation als „Werte-Register". In diesem Werte-Register kann ein Innovationsteam für sich und etwaige Zertifizierer oder Prüfer festhalten, wie Systemeigenschaften aus Wertzielen abgeleitet worden sind.

Die beiden Artefakte der Wertegeschichte, das Werte-Statement und das Werte-Register helfen Organisationen dabei, ihre Arbeit zu strukturieren, zu erinnern und zu teilen. Vor diesem Hintergrund entfaltet sich das achte Prinzip des VBE, bei dem es um die Transparenz der Werte-Mission geht (Abbildung 2.12).

Prinzip 8: Transparenz des Werteauftrags

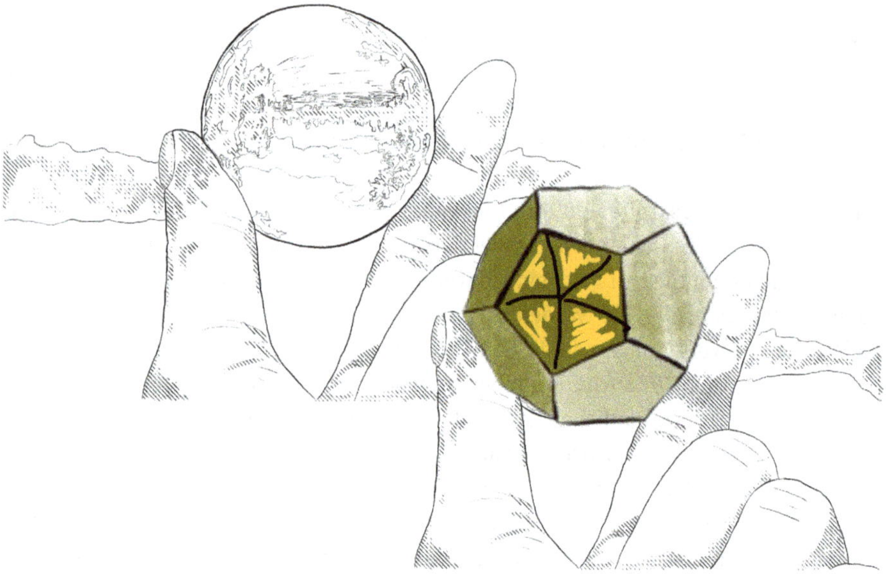

Abbildung 2.12: Der Wertauftrag von IT-Innovationen wird transparent geteilt im Werte-Statement.

Value-Based Engineering strebt eine neue Form von Wertschöpfung an

Das Werte-Register enthält einen Pfad von höheren intrinsischen Kernwerten (Prinzipien) zu Systemanforderungen für das SOI und SOS. Es ist das Transparenzinstrument, welches das Informationsmanagement in IEEE 7000™ standardisiert (IEEE, 2021a).

Aber wie sieht dieser Weg „from principles to practice" aus, und wie wird er konkret in VBE-Projekten umgesetzt?

Die meisten Unternehmen, die heute Technologien entwickeln und professionell aufgestellt sind, folgen standardisierten Prozessabläufen, die sie entweder selbst definiert oder von Branchenstandards übernommen haben. Ein Ziel der IEEE 7000™ Standardisierungsbemühungen war daher zu verstehen, wie VBE an solche Prozessrahmenwerken andocken kann, etwa ISO 15288 (ISO, 2015) oder andere etablierte Methoden des „Requirements-Engineering" (ISO/IEC/IEEE, 2017; Spiekermann, 2016). Ein gutes Requirements-Engineering beinhaltet Vorgaben dazu, wie Systeme Schritt für Schritt entwickelt werden sollten. Es definiert, was als Inputs in die Prozesse einfließt und was als Outputs und/oder Outcomes aus ihnen herauskommt, egal ob sie agil oder klassisch aufgesetzt sind. Es bestimmt, welche Akteure in welchen Rollen an der Systementwicklung wann beteiligt sein sollten und welche Aktivitäten und Aufgaben erledigt werden müssen. VBE ist so eine Requirements-Engineering. Es ist eine detaillierte, zuverlässige und wiederholbare Methode, die sich in gängige etablierte Entwicklungsprozesse integrieren lässt und dabei dem Risiko- und Qualitätsmanagement zuarbeitet.

Dennoch hat VBE eigene Blöcke an Aktivitäten die bei klassischen Verfahren fehlen. Diese bestehen in drei großen Blöcken: einer für die Konzeption und Kontexterkundung einer SOI, ein zweiter für die ethische Werterkundungs- und -priorisierungsphase und ein dritter Block von Aktivitäten, in dem das ethisch ausgerichtete Design eines SOI erstellt wird (siehe Abbildung 2.13). In diesem letzten Arbeitsblock werden die Kernwerte eines Systems in konkrete SOI-Systemanforderungen übersetzt bzw. ein Pflichtenheft erstellt.[13] Diese drei Prozessblöcke können in einer iterativen, sich wiederholenden und miteinander verknüpften Weise durchlaufen werden.

Systemkonzeption und Kontextverständnis

Bevor ein VBE-Projekt beginnen kann, müssen eine Reihe von vorbereitenden Aktivitäten verrichtet werden. Die wichtigste ist, ein Verständnis für die geplante (oder bereits vorhandene) Architektur des SOI zu gewinnen. Der Kontext der Systemnutzung und die wahrscheinlichen Herausforderungen im Zusammenhang mit der rechtlichen, sozialen und ökologischen Machbarkeit eines IT-Systems muss verstanden sein. Eine Organisation sollte dafür die Komponenten des SOI in einem Betriebskonzept grafisch darstellen, zum Beispiel mit Hilfe von Boxdiagrammen, Kontextdiagrammen, UML-Sequenzdiagrammen oder anderen innovativen Notationen, die in der Lage sind Systemabläufe und Herausforderungen darzustellen. Relevante Stakeholder werden dann identifiziert und im Hinblick auf ihre Erwartungen an das skizzierte System befragt. Datenflüsse und ethisch relevante Systemgrenzen sowie die Kontrolle der Organisation über Wertschöpfungspartner/Zulieferer werden betrachtet.

In der Gartenanalogie des VBE kann diese Phase als die Gartenplanung angesehen werden, in der sondiert wird, wie und welche Blumen und Bäume (Komponenten) in den Boden gebracht werden sollen, wie das Wasser (Daten) im Gelände fließen kann und soll und wie die Stakeholder den Garten nutzen und pflegen bzw. von ihm beeinflusst werden. Abbildung 4.1 und spätere Abbildungen in diesem Buch greifen diese Gartenmetaphorik systematisch auf. VBE fordert Innovationsteams auf, sich mit Landschaftsplanern oder Gartengestaltern zu vergleichen, die sich dadurch auszeichnen, dass sie in weiser Vorausschau die realistischen Bedingungen eines Ortes mit sämtlichen Systemabhängigkeiten durchschauen müssen. Sie tragen als Einzelne die Sorge dafür, dass sich ein System nachhaltig gesund entwickeln kann, selbst wenn Imponderabilien auftreten. Gärtner haben es ähnlich wie IT-Systemadministratoren mit komplexen Gesamtsystemen zu tun, die ihrer Umwelt auf brutale Weise ausgeliefert sind. Eine der ersten Botschaften des VBE ist, dass nicht einfach jedes System in jeden beliebigen Kontext gepflanzt werden sollte, so wie nicht jede Pflanze in jedem beliebigen Klima angebaut werden kann (siehe Abbildung 4.2). Eine zweite Botschaft, die der Gartenanalogie innewohnt, ist die Haltung, dass IT-Systeme für den Menschen da sind und nicht umgekehrt. IT-Systeme dürfen Nutzern und ihren Sozialsystemen nicht einfach zugemutet werden ohne Sorge dafür zu tragen, was sie auslösen.

Werte in der Tiefe verstehen

Sobald diese vorbereitenden Analysen abgeschlossen sind und das Innovationsteam mit den Stakeholder-Vertretern ernannt worden ist, kann die Organisation mit der ethischen Analyse des SOI beginnen. Durch die Wertanalyse werden positive und negative Werte, die für das SOI relevant sind, identifiziert und priorisiert. In dieser Phase werden die Vor- und Nachteile antizipiert, die sich für eine Vielzahl direkter und indirekter Interessengruppen ergeben könnten, wenn das System allgegenwärtig eingesetzt würde (utilitaristische Perspektive). Die Auswirkungen auf die menschlichen Nutzer und ihre Tugenden werden hinterfragt (tugendethische Perspektive), und es wird die Frage gestellt, ob pflichtethische Prinzipien tangiert sind. Alle erschlossenen Werte werden strukturiert und in Kernwertcluster gruppiert.[14]

In weiterer Folge beauftragt die SOI-Organisation die als verantwortlich zeichnenden Führungskräfte damit, die als essenziell erkannten Kernwerte des Systems in sich zu priorisieren, wobei die hierfür abgestellte(n) Person(en) idealerweise eine Top-Management Funktion innehat/-haben sollten. Diese Priorisierung ist nicht primär gewinnorientiert. Vielmehr geht es um die Herausarbeitung der eigentlichen „Value Proposition", die das System für seine Nutzer und die Organisation intern oder extern haben soll. Was ist der zentrale Sinn (zu Englisch: „purpose") des SOI? Aus dieser Frage ergibt sich fast automatisch eine abgestufte Relevanz der identifizierten Kernwerte, denen das System in Folge gerecht werden muss (siehe Kapitel 5).

Die Prioritätensetzung hat jedoch nicht nur strategische Bedeutung, sondern muss auch durch weitere Rahmenwerke ergänzt werden. Menschenrechtsvereinbarungen, bestehende Gesetzgebungen oder bereits versprochene Wertprinzipien (wie

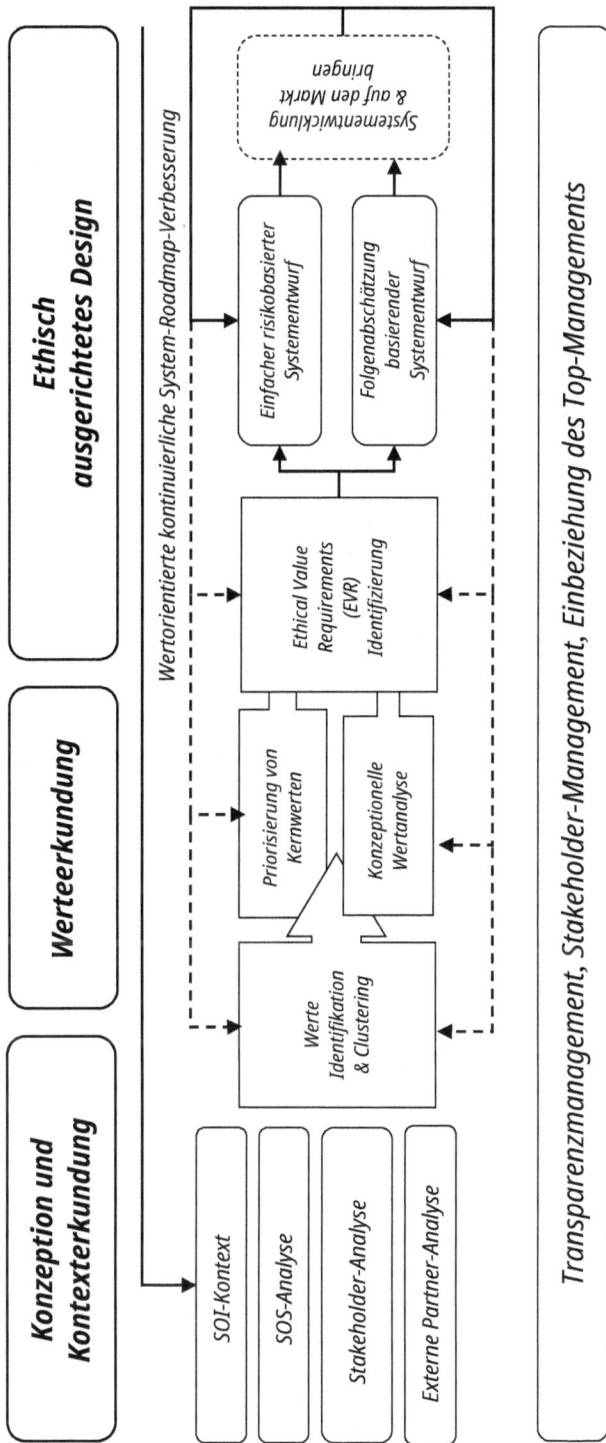

Abbildung 2.13: Überblick über den Value-Based Engineering (VBE) Prozess.

Corporate Social Responsibility Guidelines, ethische Industriestandards etc.) sollten und können hier einfließen und die Prioritäten der IT-Systemgestaltung mitbestimmen. Insgesamt sollten die hier herausgearbeiteten Werteprioritäten den Respekt widerspiegeln, den das Unternehmen für Menschen, die Gesellschaft und die Umwelt hat. Auch aus diesem Grund sind die Präsenz und aktive Partizipation einschlägiger Führungskräfte in dieser Phase unabdingbar.

Wurden die Kernwerte eines Systems priorisiert, besteht ein weiterer Schritt darin, diese genauer und in der Tiefe zu verstehen. Stakeholder sind in ihren bottom-up- und kontextsensitiven Dialogen nur bedingt in der Lage auszudrücken, inwiefern sie bestimmte Werte für elementar halten. Auch verfügen sie in der Regel nicht über das Wissen oder die Vogelperspektive, um die konzeptionellen Details eines Wertes wirklich zu verstehen. Nehmen wir das Beispiel des Datenschutzes. Stakeholder geben vielleicht an, dass sie um die Sicherheit ihrer Daten besorgt sind und die weitere Verwendung ihrer persönlichen Daten für sekundäre Zwecke kontrollieren möchten. Ein VBE-Projekt wird solche Bedenken berücksichtigen. Wenn das Projekt jedoch weitergeht und den Datenschutz als Kernwert des Systems priorisiert, dann muss es darüber hinausgehen, was die Stakeholder gesehen und gesagt haben. Sie werden sich fragen müssen, was Datenschutzexperten und Juristen im Sinne z.B. der DSGVO in einem System sehen wollen, das später als besonders datenschutzfreundlich vermarktet wird.

Durch die konzeptionelle Wertanalyse (oder nennen wir es „Expertensicht") eines Wertes kommen zusätzliche Qualitäten ins Spiel, die ein normaler Stakeholder oder ein Mitglied des Projektteams nicht unbedingt gesehen oder erwähnt hat. Im Fall des Datenschutzes könnten beispielsweise rechtliche Aspekte wie die Datenportabilität, ein „Privacy by Design" usw. als relevant erkannt werden. Aus diesem Grund führen VBE-Teams eine konzeptionelle Analyse ihrer priorisierten Kernwerte durch.[15] Dies wird in Abbildung 2.14 veranschaulicht, die zeigt, wie ein Wert (Tetraeder) konzeptionell aus mehreren Qualitätsseiten besteht, die wiederum durch mehrere Wertdispositionen konstituiert sind (durch gepunktete Grenzen gekennzeichnet).

Prinzip 9: Systemwerte in der Tiefe verstehen

Ethisch ausgerichtetes Design

Sobald die Kernwerte priorisiert und in der Tiefe mit ihren Qualitäten analysiert sind, kann mit der Ableitung von Systemanforderungen begonnen werden. Zu diesem Zweck werden alle Wertqualitäten zunächst in sogenannte „Ethische Wertanforderungen (EVRs)" übersetzt. Hier handelt es sich um Maßnahmen, die zur Verwirklichung einer Wertqualität eingeleitet werden müssen; und zwar organisatorisch und/oder technisch. Aus den technischen Maßnahmen oder EVRs werden dann wiederum die detaillierten Systemanforderungen abgeleitet. Prinzip 10 des Value-Based Engineering verlangt von VBE-Organisationen, diese Ableitung mit Hilfe einer Risikoanalyse vorzunehmen (Abbildung 2.15).

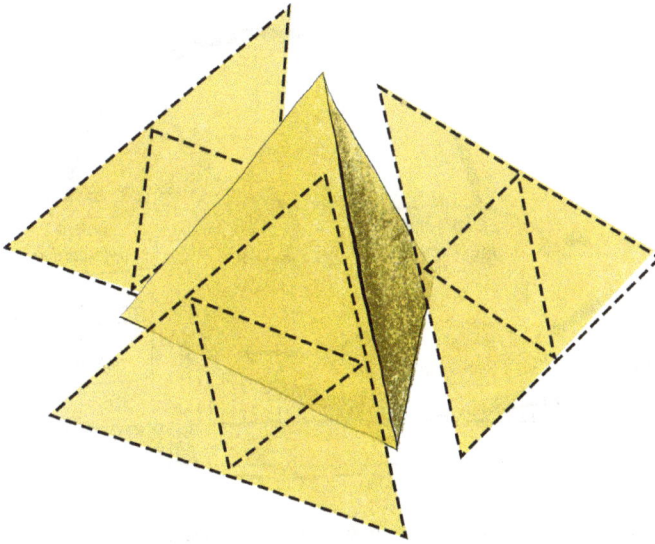

Abbildung 2.14: Ein Tetraeder symbolisiert einen Wert mit verschiedenen Wertqualitäten.

Prinzip 10: Risikoanalyse zur Bestimmung der Systemanforderungen

Normalerweise erfolgt die Ableitung der Systemanforderungen aus den EVRs mit einem einfachen risikobasierten Ansatz, das heißt mit Hilfe einer sogenannten „Threat-Control Analysis"; einem Verfahren, das aus der Sicherheitstechnik stammt. Bei der Threat-Control-Analyse wird jede EVR daraufhin untersucht, wie sie untergraben bzw. „angegriffen" werden könnte. Mit anderen Worten: Es wird gefragt, ob und worin die Gefahr bestehen könnte, dass die ethische Anforderung an das System (EVR) nicht erreicht wird. Sobald erkennbar ist, was die Realisierung einer EVR von ihrer effektiven Umsetzung abhalten könnte, wird geprüft, was diese Gefahr abmildert. Es wird untersucht, ob man die erfolgreiche Umsetzung der EVR kontrollieren kann. Kontrolle bedeutet hier, dass konkrete technische Maßnahmen oder Systemrichtlinien definiert werden. Die Erwartungen der Partner werden geklärt, ebenso wie die operativen Einschränkungen und Servicelevel der Partner. Kurz gesagt: Für jede EVR werden eine oder mehrere organisatorische und technische Systemanforderungen ermittelt. Die technischen Systemanforderungen werden dann in die bestehende funktionale Produkt-Roadmap der IT-Organisation integriert.

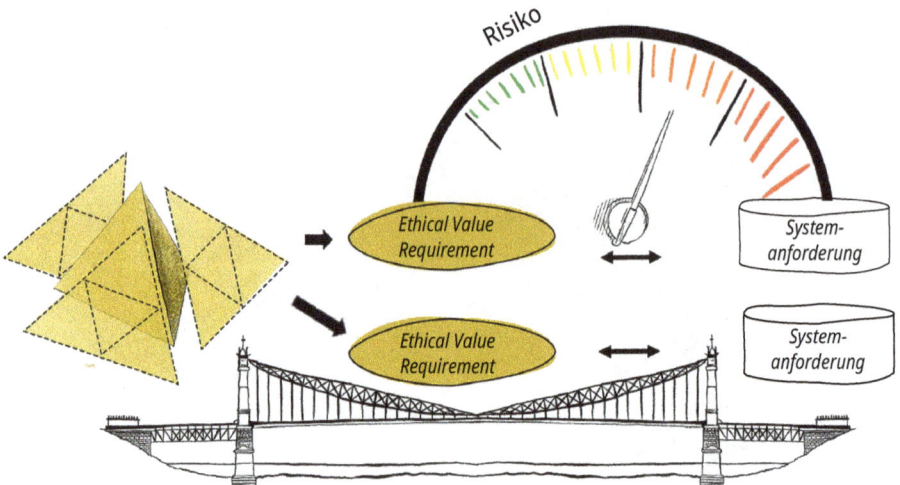

Abbildung 2.15: Eine risikobasierte Logik übersetzt die EVRs in Systemanforderungen.

Risikobasiertes IT-Design und Requirements Engineering

In manchen Fällen ist eine Organisation mit Werterisiken kontrastiert, die eine außergewöhnlich hohe Systemrelevanz besitzen. Zum Beispiel sind Datenschutz und Sicherheit für eine Bank von allerhöchster Bedeutung. Ebenso ist die Gewährleistung der Patientengesundheit für jedes medizinische Technikprodukt entscheidend. Die KI-Verordnung der EU gibt sogar ganze Anwendungsbereiche vor, die pauschal als „high risk" eingestuft sind, wenn KI zum Einsatz kommt, etwa bei der Bildung oder Bevölkerungsüberwachung. Das VBE empfiehlt in einem solchen Fall (über IEEE 7000™ hinaus), dass Organisationen nicht nur ein einfaches, auf Threat-Control-Analyse basierendes Risikodesign umsetzen, sondern ein angemessenes, auf detaillierterer Folgenabschätzung basierendes Systemdesign aufsatteln. Das auf einer Folgenabschätzung basierende Design ist ebenfalls ein „risikobasierter" Ansatz, aber es ist strenger als eine einfache Threat-Control-Analyse (siehe z. B. den NIST-Standard für Systemsicherheit [NIST, 2013]). Die einfache Threat-Control-Analyse wird ergänzt um eine Impact-Abschätzung und je nach Impact werden Maßnahmen unterschiedlicher Strenge gewählt, um etwaigen Negativfolgen vorzubeugen.

Ethisches IT-Design braucht Iterationen und Anpassungen

Schließlich ist bekannt, dass neue Produkte und Dienstleistungen immer auch für unerwartete Zwecke eingesetzt werden oder nicht erwartete Folgen haben. Nicht selten wird ein SOI, sobald es in der Fläche ist, nicht in vollem Einklang mit den

Absichten der Ingenieure verwendet. Negative wie auch positive Nutzeneffekte treten dort auf, wo niemand sie erwartet hat. Denken Sie zum Beispiel an den „Like-Button" von Facebook. Er wurde von dem sozialen Netzwerk mit der guten Absicht eingeführt, den Nutzern die Möglichkeit zu geben, ihren Freunden positives Feedback zu geben. Erst im Nachhinein wurde klar, dass dieser Like-Button ein unerwartetes Maß an Neid und Missgunst auf der Plattform aufkommen lässt (Krasnova, Widjaja, Buxmann, Wenninger, & Benbasat, 2015). Ebenso zeigen erste Massen-KI-Anwendungen unerwartete Folgen. So brachte sich jüngst ein 14-jähriger Amerikaner um, weil er seinem virtuellen, weiblichen KI-basierten Chatbot im Nichts näherkommen wollte. Wenn ein System einen solchen unerwarteten Schaden verursacht, dann sieht ein VBE-Prozess sofort Anpassungen vor. Die Vermeidung von Neid oder der Schutz vor Gefühlsverirrungen durch Werte wie die Systemehrlichkeit werden als neue Systempriorität in den VBE-Prozess eingefügt. Diese Prioritäten werden dann sofort konzeptionell analysiert, EVRs identifiziert, wodurch Systemanforderungen zustande kommen, die den unerwarteten Wertschaden abmildern. Ausgangspunkt ist, dass Unternehmen die Reaktionen ihrer Kunden ständig beobachten und bereit sind Systemdesigns entsprechend anzupassen.[16]

Prüfungsfragen

– Was sind die Nachteile und Vorteile von Wertelisten?
– Was macht VBE, um verschiedenen Kulturen gerecht zu werden?
– Welche Rolle spielen die Stakeholder bei VBE-Projekten?
– Warum können Unternehmen VBE nicht vollständig im Alleingang umsetzen?
– Warum kann die Metapher des Gartens im Zusammenhang mit IT-Innovationen nützlich sein und wird daher im VBE verwendet?

Kapitel 3
Was Werte sind

Der Begriff der Werte leitet sich von dem lateinischen Wort „*valere*" ab, was so viel wie „stark sein" oder „würdig sein" bedeutet. Werte bilden ein wesentliches Zentrum von Kulturen und der von ihnen hervorgebrachten Innovationen. Sie geben Menschen und Organisationen Orientierung und bestimmen den Sinn und Zweck ihres Handelns. Doch trotz ihrer zentralen Rolle für das menschliche Verhalten werden sie bis heute nicht ausreichend verstanden.

In unserer modernen Wirtschaftswelt wird der Wert einer Sache seit langem und leider hauptsächlich mit Geld gleichgesetzt; eine Gleichsetzung, die übersieht, dass Geld immer nur ein Instrument ist, das den Austausch von Produkten und Dienstleistungen erleichtert, die dann die eigentlichen Träger von Werten sind. Was sind also Werte? Wie können sie definiert werden? Und wie können sie in einem Computersystem instanziiert werden?

Zur Definition von Werten

Sollen sich IT-Systeme an Werten orientierten bzw. diese sogar auf diesen basieren, dann ist ihre klare und phänomenologisch saubere Definition unabdingbar. Andernfalls wäre die Zielfunktion der Systementwicklung unpräzise, was in den Ingenieurs- und Naturwissenschaften nicht tragbar ist. Die Definition von Werten ist jedoch in unserer modernen Zeit kein leichtes Unterfangen, denn Werte sind keine greifbaren Dinge. Sie können nicht physisch gemessen, inspiziert oder angefasst werden. Stattdessen zwingen sie die Wissenschaft, sich mit einem unsichtbaren Phänomen symbolischer Bedeutung auseinanderzusetzen.

Der größte Stolperstein beim gegenwärtigen Wertverständnis ist, dass es sich bei ihnen um rein individuelle Präferenzen handeln könnte. Verbreitete Definitionen von Wert(en), wie die im Oxford English Dictionary, fördern diese Ansicht. Das Wörterbuch definiert Werte als „Prinzipien oder Normen einer Person oder Gesellschaft, die persönlichen oder gesellschaftlichen Urteile darüber, was im Leben wertvoll und wichtig ist" (aus Friedmann, 2019, S. 23). Andere zeitgenössische philosophische Definitionen von Wert(en) gehen in die gleiche Richtung, wie zum Beispiel „dauerhafte Überzeugungen oder Dinge, von denen die Menschen meinen, dass sie allgemein und nicht nur für sich selbst angestrebt werden sollten, um ein gutes Leben führen oder eine gute Gesellschaft verwirklichen zu können" (S. 1 in van de Poel, 2018).

Solche subjektivistischen Definitionen von Werten als persönliche Urteile, Überzeugungen oder vielleicht auch nur persönliche Meinungen sind jedoch bei näherer Betrachtung nicht präzise genug. Nehmen Sie den Wert der Privatsphäre als Beispiel. Viele Menschen mögen davon überzeugt sein, dass die Privatsphäre in einer Zeit an

https://doi.org/10.1515/9783111633930-003

Bedeutung verloren hat, in der durch KI oder soziale Netzwerke mehr Daten ausgetauscht werden als je zuvor in der Menschheitsgeschichte. Einige Gesellschaften, wie
das heutige China, könnten sogar eine Norm für die Überwachung der Bürger einführen und damit den Wert der Privatsphäre widerlegen, weil ja niemand mehr von seiner Bedeutung überzeugt zu sein scheint. Aber solche gesellschaftlichen Normen lassen den Wert der Privatsphäre an sich ganz und gar nicht verschwinden. Ganz im
Gegenteil: Die Tatsache, dass der Wert der Privatsphäre weiterhin heiß diskutiert
wird – ja sogar zur Verurteilung politischer Systeme verwendet wird – ist ein Indika-
tor dafür, dass Werte als solche a priori weiter bestehen und unabhängig sind vom
Urteil eines Einzelnen oder einer Gruppe. Wie Max Scheler (Abbildung 3.1) in seinem
Hauptwerk über die materielle Wertethik formulierte, hängen die Welt und ihre
Wertprinzipien nicht so sehr von menschlichen Gedanken und Meinungen ab, wie
wir uns gerne einbilden: „... das Ich ist weder der Ausgangspunkt für die Erfassung
noch der Produzent von Essenzen", schrieb er (Scheler, 1921 [1973]). Er sah Werte (Essenzen) als objektiv in der Welt gegebene Phänomene an, als „den ultimativen Stoff
unseres moralischen Bewusstseins; sie sind das Material, auf das das moralische Bewusstsein *gerichtet ist*; sie sind die intentionalen *Objekte* von Gefühls- oder Gewis-
sensakten oder moralischem Bewusstsein" (S. 7 in Kelly, 2011).

*"das Ich ist weder
der Ausgangspunkt ...
noch der Produzent
von Essenzen [wie Werte]"*
(Max Scheler)

Abbildung 3.1: Max Scheler (1874–1928).

In Anlehnung an Schelers objektivistisches Verständnis von Werten beschrieb Nicolai
Hartmann, dass wir über Werte auf ähnliche Weise nachdenken können wie über
geometrische Prinzipien. Wir wissen etwa, was ein ideales Dreieck ist, und können es
mit dem Satz des Pythagoras sogar mathematisch beschreiben. Und wenn wir in der
Realität ein Ding mit einer dreieckigen Form sehen, erkennen wir darin das objektiv

gegebene Prinzip des Dreiecks. Dies ist keine Frage der persönlichen Überzeugung oder des Urteils. Es gibt ein ideales Dreieck, so wie es auch eine Würde gibt. Wir erkennen, dass die Gestalt von etwas gut oder richtig ist. Wenn wir zum Beispiel jemanden beobachten, der wider alle Gefahren einen anderen in Not rettet, erkennen wir darin sofort das Prinzip des Mutes. Menschen haben ein intuitives Verständnis von dem, was objektiv von Wert ist. Hartmann (Abbildung 3.2) definierte daher Werte als „Prinzipien des Sein-Sollen", die wir intuitiv wahrnehmen und denen wir in unserer Sprache Ausdruck verliehen haben.

Bei der Wahrnehmung eines objektiv gegebenen Wertes wie Mut oder Privatsphäre bringt jeder Einzelne jedoch seine eigene subjektive Geschichte, Kultur, seinen Charakter und sein Gedächtnis ein. Alle unterscheiden sich in der Art und Weise, wie sie positive Werte als etwas Wünschenswertes erkennen, und sie unterscheiden sich auch darin, wie sie die Verletzung solcher Werte wahrnehmen, zum Beispiel die Enttäuschung über mangelnden Mut oder die Angst vor Überwachungssituationen. Dementsprechend reagieren Menschen unterschiedlich auf Werte, was der Grund dafür ist, dass bei VBE-Projekten immer eine ganze Reihe diverser Stakeholder hinzugezogen werden sollten. Jeder von ihnen schätzt oder fürchtet etwas anders und nimmt unterschiedliche Wertigkeiten eines SOI wahr, die aber allesamt von Bedeutung für den Produkterfolg sein können.

Zusammenfassend lässt sich sagen, dass menschliches Verhalten in einem starken Maße als Reaktion auf die Wertigkeiten gedeutet werden kann, denen sie in ihrer Umwelt objektiv begegnen. Menschen, Werte und die Dinge, die sie tragen (wie Computersysteme), sind von Anfang an ontologisch untrennbar, sie sind miteinander „entangled".[17]

Werte sind
"Prinzipien des Sein-Sollens"
(Nicolai Hartmann)

Abbildung 3.2: Nicolai Hartmann (1882–1950).

In Übereinstimmung mit diesem Verständnis von Werten definierte der Harvard-Anthropologe Clyde Kluckhohn (Abbildung 3.3) Werte in den 1960er Jahren als Konzeptionen des Wünschenswerten, die die Wahl von Mitteln und Zielen eines Handelnden beeinflussen (Kluckhohn, 1962). Theoretisch präziser könnte auch gesagt werden:

Werte sind Phänomene, die den Grad der Erwünschtheit von etwas oder jemandem offenbaren, dem sie anhaften. Sie motivieren damit die Wahl von Mitteln und Zielen eines Handelnden und geben ihr Sinn.

Durch die Verwendung des Verbs „offenbaren" wird die *Reaktionsdimension* der Wertwahrnehmung berücksichtigt (Verbeek, 2016): Die Werte eines Objekts verraten dem Betrachter etwas über die Objekteigenschaften. Sie offenbaren in der Nutzung zum Beispiel, dass das Objekt zuhanden ist.

Wenn Beobachter nun unaufmerksam sind – unerfahren, abgelenkt oder fremd in einem entsprechenden Werte-Milieu – können sie leicht das Wertpotenzial einer Sache übersehen. Sie können zum Beispiel die Schönheit oder die Zuverlässigkeit eines Service übersehen; es mangelt ihnen dann wortwörtlich an Wertschätzung. In solchen Fällen sind zwar sehr wohl Wert*dispositionen* vorhanden, weil der Service eben tatsächlich schön und zuverlässig gebaut ist, aber diese Wertigkeiten werden nicht wahrgenommen. Bei Computersystemen kommt es sehr oft zu genau dieser Situation. Zum Beispiel, wenn eine vorteilhafte Systemfunktionalität tief in einer technischen Menüstruktur vergraben ist. Sie ist dort als Potenzial vorhanden, etwa um den Schutz der Privatsphäre zu verbessern, aber niemand nutzt sie, weil keiner weiß, dass sie da ist. Als Folge kann sich dann der Wert der Privatsphäre nicht aktualisieren, er bleibt unerfüllt.

Warum ist eine strenge Wertedefinition wichtig?

Die Diskussion solcher Details der Wertedefinition und -wahrnehmung mögen auf den ersten Blick überflüssig erscheinen. Doch ein ontologisch falsches Verständnis von Werten kann Verwirrung stiften und Schaden anrichten. Es führt zu rechtlichen Missverständnissen, schlechten Geschäftsmodellen und unrealistischen Erwartungen an das, was ein System leisten kann.

Folgen eines falschen Wertverständnisses

In der KI-Verordnung der EU wird der Begriff „Werte der Union" mehr als ein Dutzend Mal erwähnt (EU-Kommission, 2021a). In der Umsetzung des Gesetzes kommt es daher oft leichtfertig zu der Aussage, dass diese Werte nun in die europäischen KI-Systeme „eingebaut" werden sollen, oder dass die europäische KI-Technologie diese Werte in ihrem Design „haben" soll. Aber Werte „in" ein System einzupassen, ist physisch unmöglich. Wie soll ein immaterielles Prinzip greifbar in ein Produkt eingebaut werden?

"*[Werte sind]*
Vorstellungen vom
Wünschenswerten."
(Clyde Kluckhohn)

Abbildung 3.3: Clyde Kluckhohn (1905–1960).

Es steht in der Schwebe, was genau der Gesetzgeber genau meint und wie seine Vorschriften eingehalten werden können.

Einige Technikethiker sind der Meinung, dass diese rechtliche Herausforderung nur eine Frage der Wertdefinition ist. Sie vertreten die sogenannte „Intentional History Account of Value Embedding" (kurz „IHAVE") (Klenk, 2021; van de Poel & Kroes, 2014). IHAVE besagt, dass ein System einen Wert von dem Moment an „hat", in dem dieser von einem Ingenieur/Systementwickler beabsichtigt wurde. Wenn ein Ingenieur beispielsweise wirklich möchte, dass ein System die Privatsphäre der Benutzer respektiert, und es mit einem Privacy-by-Design-Ansatz baut, von dem die Benutzer potenziell profitieren können, dann würden IHAVE-Wissenschaftler argumentieren, dass das System automatisch den Wert der Privatsphäre „verkörpert". Das persönliche Urteil oder die Absicht des Designers zählt. Es ist das, was die *Existenz* des Wertes begründen soll. Und in der Tat sind gute Absichten und deren Umsetzung in ein Systemdesign von enormer Bedeutung für die Wahrscheinlichkeit, dass ein System später den/die beabsichtigten Wert(e) verkörpert. Aus diesem Grund werden Produkte und Services auch für die Marktzulassung zertifiziert, bevor sie in diesem ausgerollt wurden.

Dennoch gibt es immer noch einen Unterschied zwischen der guten Absicht, etwas zu tun, und der Fähigkeit, diese auch umzusetzen. Echter Wert entsteht nur, wenn er sich wie oben beschrieben *aktualisiert*. Und das ist es, was für Unternehmen und für Stakeholder letztendlich wichtig ist. Nutzer und Stakeholder können nicht allein von guten Designerabsichten leben. Was passiert, wenn sich diese nicht in der realen Erfahrung mit einem Service niederschlagen? Allzu oft entfalten sich beabsichtigte Werte nicht wie erwartet, nicht einmal dann, wenn die Nutzer ausführlich die Gebrauchsanweisungen studieren. Die Geschichte von Produktnutzungen zeigt, dass der beabsichtigte Wert der Entwickler ganz oft ignoriert wird. Manchmal entfalten Produkte völlig unerwartete positive Werte. Zu anderen Zeiten treten negative Werte auf den Plan, mit denen niemand gerechnet hat. Da eine solche Dynamik bei der Einführung neuer Produkte und Dienstleistungen die Regel ist, erscheint es nicht nur theoretisch, sondern auch praktisch fragwürdig, Werte hauptsächlich mit den guten Absichten von Designern gleichzusetzen. In diesem Fall werden zwei Faktoren außer Acht gelassen, die für ein erfolgreiches VBE von entscheidender Bedeutung sind: (1) die Effektivität, mit der die Absichten eines Designers durch entsprechende Wert*dispositionen* tatsächlich in ein System eingebettet werden, und (2) die Beurteilung des Systembenutzers, der entscheiden muss, ob er den beabsichtigten Wert wahrnimmt.

Vor diesem Hintergrund sind politische Entscheidungsträger gut beraten, Nachweise darüber einzufordern, ob die von ihnen geforderten Werte im Laufe der Zeit auch effektiv geschützt worden sind. Rechtskonformität kann nicht nur in gut dokumentierten Compliance-Nachweisen bestehen. Eine Validierung und ein regelmäßiges produktbegleitendes Monitoring von Wert*entfaltung* ist für ein VBE-System unabdingbar. Vor allem für hoch-risikobehaftete Systeme sollte so ein Monitoring der Wertentfaltung aufgesetzt werden und im Laufe der Zeit zur Anpassung solcher Systeme führen, wo negative Auswirkungen beobachtet werden.

Wirtschaftliche Folgen eines mangelhaften Wertverständnisses

Ein mangelhaftes Wertverständnis ist nicht nur für Gesetzgeber und politische Entscheidungsträger problematisch, sondern auch für die Wirtschaft. Dies wird besonders deutlich, wenn Wirtschaftswissenschaftler Werte mit Produktmerkmalen gleichsetzen – Produktmerkmale, die sie vielleicht sogar zu einem „Wertversprechen" erklären. Der Strategieberater Alexander Osterwalder (Osterwalder & Pigneur, 2010) beschrieb beispielsweise in einem seiner Vorträge, dass das Wertversprechen eines Tesla-Autos wie folgt zu fassen sei:
- das Auto!
- eine leistungsstarke Batterie,
- eine Menge Platz im Auto,
- Luxus-Image,
- kostenlos tanken,
- Upgrades,
- tolles Design,
- Energiereichweite (zum Fahren mit dem Akku) und
- Sicherheit.

Wenn Sie diese Liste kritisch betrachten, gibt es hier nur einen einzigen wahren Wert, und das ist Sicherheit. Alle anderen Punkte, die er erwähnt, sind lediglich das, was wir im VBE Voraussetzungen oder Dispositionen nennen, die vorhanden sein müssen, um Wertqualitäten und Werte zu schaffen. Zum Beispiel kann eine leistungsstarke Batterie – wenn sie exzellent konstruiert ist – Wertqualitäten wie Flexibilität, Zeitersparnis und Fahrreichweite unterstützen, die selbst wiederum Voraussetzungen für den Wert sind, für den ein Auto letztendlich gekauft wird: Mobilität (Abbildung 3.4). Upgrades sind in der Regel erforderlich, um die Zuverlässigkeit des Autos zu erhöhen, was wiederum für die Sicherheit sorgt. Viel Platz ist eine Eigenschaft, die dem Komfort dient, aber es braucht noch viel mehr, um ein Auto wirklich sicher und komfortabel zu machen. Mit anderen Worten: Wer bloße Ausstattungsmerkmale oder ein paar Komponenten wie eine Batterie oder Nachrüstungen als „Werte" ansieht, hat die Bedeutung, was es heißt, wahre Werte zu schaffen, noch nicht verstanden. Er oder sie riskiert, die technischen Voraussetzungen eines Wertes mit den Werten selbst zu verwechseln und unterschätzt damit unter Umständen dramatisch, was alles erforderlich ist, damit ein Unternehmen tatsächlich Werte schafft. In Heideggers Terminologie besteht die Gefahr, „Zeug" vorschnell zu „Gütern" zu erheben und damit Kunden und Führungskräfte gleichermaßen in die Irre zu führen (das Wort „Güter" inkludiert sprachlich die Eigenschaft, „gut" zu sein).

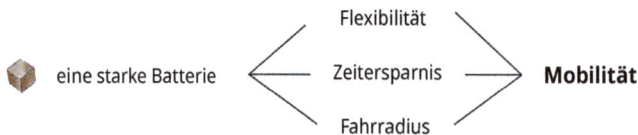

Abbildung 3.4: Unterscheidung von Systemmerkmalen und Werten.

Dennoch sind die materiellen Dispositionen, die den Werten in einem System zugrunde liegen, natürlich wichtig. Sie sind die Voraussetzung für die Schaffung von Werten. Welche Rolle sie jedoch genau für das Wertversprechen des Unternehmens und für die Technik spielen, können wir erst verstehen, wenn wir unser Verständnis des Wertphänomens selbst vertieft haben.

Der Prozess der Bewertung

Wenn wir umgangssprachlich über Werte sprechen, heißt es oft, dass wir bestimmte Werte „haben" oder „besitzen". Streng genommen können wir jedoch keine Werte „haben" oder „besitzen", da wir eine unsichtbare, nicht greifbare, metaphysische Entität nicht besitzen können, wie wir physische Dinge haben oder besitzen. Was wäre also eine präzise Art, sich verbal auf das Bewertungsphänomen zu beziehen?

Der Wertethiker Max Scheler würde an dieser Stelle argumentieren, dass eine Person Werte in etwas oder jemandem wahrnehmen kann und mit diesen in Resonanz tritt. Die Person kann sich von positiven oder negativen Werten, die Objekten, Menschen, Symbolen oder Aktivitäten anhaften, angezogen oder abgestoßen fühlen (Scheler, 1921 [1973]) (Abbildung 3.6). Damit diese Wertewahrnehmung stattfinden kann, müssen jedoch zwei Voraussetzungen erfüllt sein: Erstens müssen die Wertträger in der Umgebung wirklich mit den richtigen Wertdispositionen (S. 79 in Scheler, 1921 [1973]) ausgestattet sein. Und zweitens muss der Wahrnehmer über das Wertewissen und die Milieuerfahrung verfügen, um diese auch zu erkennen und richtig einzuordnen. Abbildung 3.5 veranschaulicht dies.

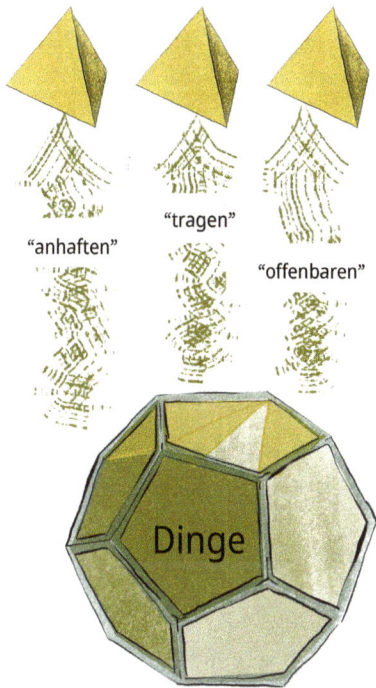

"tragen"

"anhaften"

"offenbaren"

Dinge

Abbildung 3.5: Ein SOI birgt Werte. Werte haften diesem an.

Eine Wertdisposition ist das Merkmal oder die Eigenschaft „in" einem Objekt (oder an einer Person), die das Potenzial hat, einen oder mehrere Werte zu ermöglichen.[18] Wertdispositionen sind das, was Wirtschaftsprüfer in einem Computersystem tatsächlich vorfinden. Ein solcher Prüfer inspiziert ein Computersystem und stellt zum Beispiel fest, dass die auf einer Festplatte gespeicherten Daten verschlüsselt sind oder nicht. Er oder sie sieht, ob die Verschlüsselung symmetrisch oder asymmetrisch ist, welche Art von Verschlüsselungsalgorithmus und welche Schlüssellänge verwendet worden sind. Anhand dieser Fakten kann der Prüfer ein Werturteil darüber abgeben, ob das System sicher ist oder nicht.

Beachten Sie, dass dieses Werturteil nicht subjektiv oder eine persönliche Vorliebe ist. Ob ein Algorithmus als sicher einzustufen ist oder nicht, hängt von aktuellen Gütestandards für die Verschlüsselung ab, welche zu einem bestimmten Zeitpunkt und in einem bestimmten Kontext anzuwenden sind. Ein Systemprüfer muss diese kennen. Er oder sie benötigt neben einer (Sicherheits-)Milieu-Erfahrung entsprechendes Sicherheits(wert)wissen, um das System sachgemäß zu beurteilen (Abbildung 3.6).

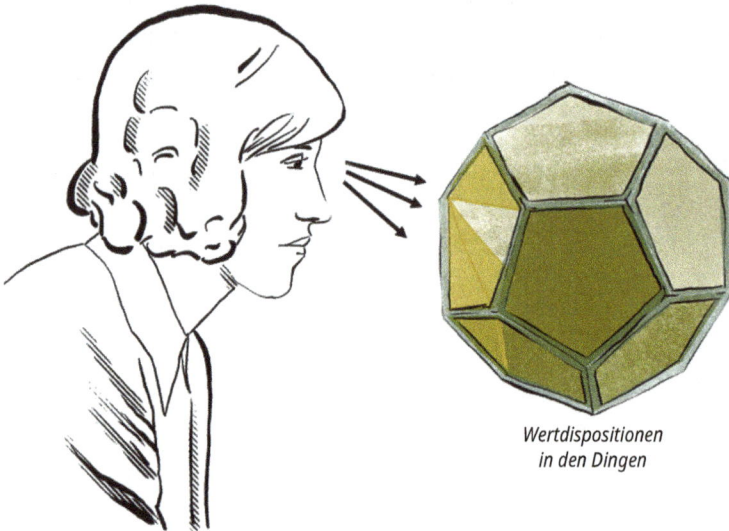

Wertdispositionen
in den Dingen

Abbildung 3.6: Den Wert einer Sache über die Beurteilung von Wertdispositionen einschätzen.

Technische Bewertungen sind keine Sache des persönlichen Geschmacks

Geben wir der Systemprüferin den Namen Anne. Anne ist seit ihren Teenagerjahren privat Teil einer Hacker-Community und hat dort ein Milieu inhaliert, das IT-Sicherheit mit Leib und Seele vertritt. Annes langjährige „Lebensform" (Wittgenstein, 1993) hat dazu geführt, dass sie ein gewachsenes Verständnis von IT-Sicherheit entwickelt hat. Wenn sie nun das Verschlüsselungssystem einer Bank prüft, kann es sein, dass sie in ihrem Urteil über die Sicherheitsvorkehrungen des Systems strenger ist als etwa Paul, ein anderer Prüfer, der gerade sein erstes Berufszertifikat als Sicherheitsbeauftragter bestanden hat, ohne sein Leben in diesem Bereich verbracht zu haben. Anne könnte zum Beispiel der Meinung sein, dass der Verschlüsselungsalgorithmus nicht stark genug ist. Paul hingegen hat gelernt, dass eine Schlüssellänge von 128 Bit den Industriestandard ausreichend erfüllt. Trotz dieser Richtlinie empfiehlt Anne der Bank die Verwendung einer Schlüssellänge von 256 Bit. Ihr Urteil über die richtige

Sicherheitsstufe ist dabei nicht ihr „subjektives" Werturteil, auch wenn sie es als „Subjekt" ausdrückt. Dadurch, dass die meisten ihrer Kollegen aus der Hacker-Community das Urteil mit ihr teilen würden, wird es „intersubjektiv" wahr.[19] Das Beispiel zeigt, dass eine bestimmte Wertdisposition in einem System (die Schlüssellänge, die Symmetrie des Algorithmus usw.) offensichtlich unterschiedlich bewertet werden kann. Sind wir also wieder bei Subjektivität von Werten bzw. deren Verständnis als Präferenzen? Sollte sowohl Annes als auch Pauls Meinung als gleichermaßen richtig und respektabel eingeschätzt werden? Sicherlich nicht!

Anne und Paul bewerten die Beziehung zwischen den faktischen Dispositionen des (Banken-)Systems (SOI) und dem damit verbundenen Sicherheitspotenzial unterschiedlich. Diese Beziehung kann objektiv analysiert werden (Abbildung 3.7): Erstens ist das Potenzial des Systems, als sicher zu gelten, objektiv an die faktischen Systemdispositionen gebunden: Ein längerer Schlüssel ist schwieriger zu entschlüsseln als ein kürzerer und hat daher ein unbestreitbar höheres Qualitätspotenzial für die Sicherheit. Ein asymmetrisches Verschlüsselungssystem ist schwieriger anzugreifen als ein symmetrisches und hat daher ebenfalls ein objektiv höheres Qualitätspotenzial für die Sicherheit. Die materiellen Eigenschaften der Sache ermöglichen oder behindern also in unterschiedlichem Maße Wertqualitätspotenziale. Zweitens haben Kontextfaktoren einen relativ stabilen Einfluss auf Wertpotenziale. Der Bankenkontext ist beispielsweise ein besonders attraktives Angriffsziel. Der Bankenkontext erfordert daher, dass die Sicherheit besonders hoher Schutzmaßnahmen (ausgefeilter materieller Wertdispositionen) bedarf.

Bei einer Expertin wie Anne fließt dieses Wissen in ihr Urteil mit ein (Abbildung 3.7): Erstens evaluiert sie, ob die Systemeigenschaften ausreichen, um einen Wert zu verwirklichen, und zweitens überdenkt sie die kontextuellen Aspekte der Wertentfaltung. Es sind also wiederum nicht persönliche Überzeugungen, die ihr Sicherheitsurteil dominieren, sondern objektiv gegebene Instanzen in der Welt. Und es ist wahrscheinlich, dass Paul, wenn er das gleiche Erfahrungswissen (oder Milieu) hätte wie Anne, zu den gleichen Schlussfolgerungen kommen würde wie sie. Mit zunehmender Erfahrung werden sich also Wahrnehmende tendenziell einer gemeinsamen Wertwahrheit annähern.

Die Bedeutung von Erfahrung bei der Beurteilung von Qualität

Ist Paul somit ein minderwertiger Prüfer? Woran liegt es, dass sein Urteil über die Qualität von Werten so viel schlechter ist als das von Anne?

Anne ist in der Lage, gleichzeitig das für das Werturteil relevante Kontextwissen zu integrieren, einschließlich der technischen Eigenschaften, an die der Wert der Sicherheit geknüpft ist. Es ist nicht so, dass sie jede einzelne der faktisch gegebenen Dispositionen (wie z. B. die Verschlüsselungsstärke) mental abwägt und dann eine Art Sicherheitswert berechnet. Auch wenn einige Kognitionswissenschaftler den Vorgang des Bewertens einer Sache so beschreiben würden, ist dies nicht das, was phänome-

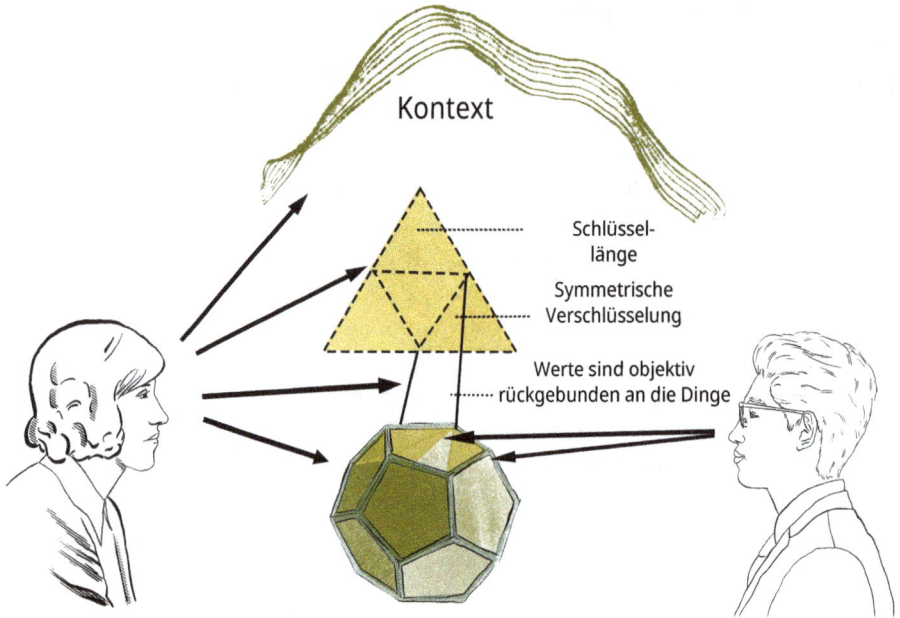

Abbildung 3.7: Experten und Laien beurteilen den Wert.

nologisch beobachtet werden kann (Hobbs, 2017). Vielmehr hat die langjährige Forschung in der Aufmerksamkeitspsychologie gezeigt, dass nur Anfänger auf einem Gebiet (wie Paul) ihr deklaratives Wissen über etwas bewusst abrufen und dann Beobachtungen kognitiv abwägen. Im Gegensatz dazu verfügen Experten (wie Anne) über prozedurales Wissen, was sie befähigt, schnell und zuverlässig in einer Situation zu handeln (Taatgen & Lee, 2003). Polanyi nannte dies das „stillschweigende Wissen" (Polanyi, 1974). Phänomenologisch gesehen verfügen solche Experten über die geschulte Intuition, eine oder mehrere Werteigenschaften einer Sache als Ganzes zu erkennen (Abbildung 3.7) und auf diese dann geschult zu reagieren, ähnlich wie ein erfahrener Autofahrer intuitiv den Gang wechselt, wenn er ein Auto beschleunigt.

Macht also die ganzheitliche Wahrnehmung von Wertqualitäten, die Experten wie Anne besitzen, sie zu besseren Beurteilern von Werten? Ja, in der Tat. Und dafür gibt es mindestens zwei Gründe: Erstens durchlaufen Anfänger die sequenziellen Phasen einer deklarativen Wissensanwendung, wobei ihre Leistung typischerweise langsamer und fehleranfälliger ist als bei Milieuexperten (Taatgen & Lee, 2003). Bei der Abwägung relevanter Sicherheitseigenschaften zum Beispiel macht der unerfahrene Paul wahrscheinlich Fehler: Er beachtet einige Aspekte nicht oder vergisst andere, kombiniert sie auf suboptimale Weise oder schätzt ihre Relevanz für die Gewährleistung der Sicherheit falsch ein. Dies kann sein Werturteil zur Sicherheit verschlechtern. Zweitens nimmt Anne die Sicherheitseigenschaften und die dadurch bedingten Wertqualitäten intuitiv als „Ganzes" wahr, sieht das, was Psychologen „Gestalten" nennen (von Ehrenfels, 1890). Anne handelt gegenüber einer Wert-Ganzheit. Und das ist effizienter, wie in der Aufmerksamkeitsforschung beobachtet wurde. Denn die Gestaltpsychologie erkennt das Ganze auch als etwas an, das in der Regel größer ist als seine Teile. In einer Gestalt kann es die Konstellation der Teile sein, die den Qualitätsunterschied ausmacht. Und da Anne aufgrund ihres Fachwissens die Gestalt der Sicherheit der Bank zu erkennen in der Lage ist, sieht sie daher Probleme voraus, die Paul nicht einmal erahnen könnte, auch wenn er es wollte.[20]

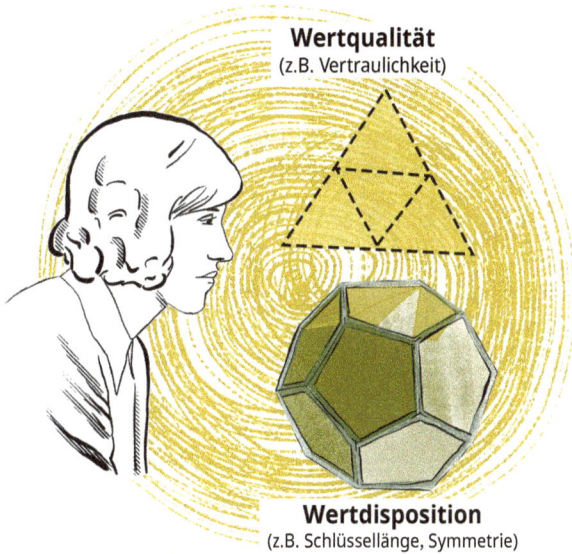

Abbildung 3.8: Zwei ontologische Wertebenen.

Vor diesem Hintergrund werden im VBE zwei ontologische Wertebenen unterschieden: eine materielle Ebene von Wertdispositionen/Wertvoraussetzungen (wie Schlüssellänge oder Symmetrie), die einzeln inspiziert werden können; und eine höhere Wertebene von Qualitäten, die objektiv an diese Dispositionen zurückgebunden sind und die von Milieuexperten als Ganzes erkannt werden (so wie Anne die Vertraulichkeit des Computers als Ganzes beurteilt).[21] Dies ist in Abbildung 3.8 dargestellt.

Die dreistufige Werte-Ontologie des VBE

Bei der Reflexion von Annes und Pauls Wertewahrnehmung wird klar, dass beide auf mehr oder weniger ausgefeilte Weise auf sogenannte „Wertqualitäten" reagieren – Wertqualitäten, die bis zu einem gewissen Grad objektiv mit konkreten Wertdispositionen in einer Sache verknüpft sind. Einem dritten Sicherheitsexperten mag jedoch aufgefallen sein, dass das Verschlüsselungsbeispiel bisher nur auf eine einzige für die

Sicherheit relevante Wertqualität fokussiert war, das heißt die Vertraulichkeit. Die Sicherheit von IT-Systemen ist jedoch nicht allein durch Vertraulichkeit zu erreichen. Systemsicherheit entsteht in der Regel nur, wenn auch andere Wertqualitäten vorhanden sind, wie zum Beispiel die Datenintegrität und die Systemverfügbarkeit. Es muss sichergestellt werden, dass keine Viren die Kontodaten der Bankkunden beschädigen (Beispiel für Integrität), und es muss gewährleistet sein, dass die Kundenkonten immer verfügbar sind. Für Sicherheitsaudits wird ein anerkanntes Trio von Wertqualitäten, die sogenannten „CIA"-Prinzipien, eingefordert (ISO, 2014). Es sind also eigentlich mehrere Wertqualitäten, die zusammengenommen einen Wert aktualisieren (siehe Abbildung 3.9).

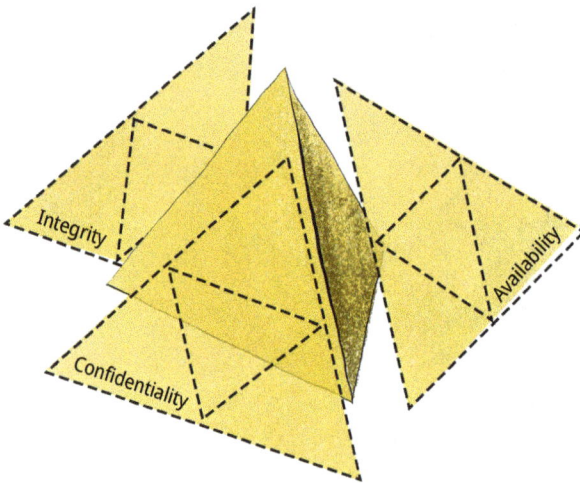

Abbildung 3.9: Mehrere Wertqualitäten bilden den Kernwert der Sicherheit.

Während Anne sich nun das Banksystem ansieht, fallen ihr die verschiedenen Wertqualitäten sofort auf. Wenn sie zum Beispiel sieht, dass die Verschlüsselung schwach ist und die Bank daher nur eine geringe Vertraulichkeit bietet, kann diese Beobachtung leicht ihre Erwartungen an andere Wertqualitäten wie Integrität beeinflussen. Wenn es für einen Angreifer so einfach ist, Kundendaten zu entschlüsseln, was würde ihn dann davon abhalten, eine entschlüsselte Datei zu verändern, ihre Integrität zu beschädigen, sie erneut zu verschlüsseln und das System normal aussehen zu lassen? Edmund Husserl, der wissenschaftliche Vater der Phänomenologie, beschrieb, dass wir oft ein geistiges Bewusstsein davon haben, was sich auf der Rückseite einer Sache befindet, von der wir zunächst nur die zweidimensionale Oberfläche sehen. Aufgrund unseres Wissens und unserer Erfahrung ahnen wir bereits, was als nächstes kommt. Husserl bezeichnete diesen Prozess des Erkennens der Wirklichkeit als „fortschreitende Selbsthingabe" (S. 115 in Hobbs, 2017).[22]

Das VBE verwendet vor dem Hintergrund dieser Phänomenologie das Symbol des Tetraeder, um Werte darzustellen (Abbildung 3.9). Ein Wert (wie Sicherheit) hat mehrere Seiten oder Qualitäten, die sich dem Betrachter nach und nach erschließen. Auch wenn der Beobachter nur eine oder zwei Tetraeder-Seiten auf einmal sieht, so wird doch die gesamte Solidität erfasst; inklusive der nicht sichtbaren Rückseite(n). Diese Solidität des platonischen Tetraeder ist vergleichbar mit der Ganzheit, von der wir sprechen, wenn wir uns auf Werte beziehen. Typischerweise sprechen wir zum Beispiel von der Sicherheit eines Systems als Ganzes, obwohl wir genau genommen nur an eine Wertqualität wie die Vertraulichkeit denken. In der Ganzheit der Wahrnehmung werden die Wertqualitäten jedoch nach und nach ins Wertbewusstsein gerufen.

Das Beispiel zeigt, dass es einen Unterschied gibt zwischen dem Kernwert der Sicherheit und verschiedenen unterscheidbaren Wertqualitäten, die nach und nach in unser Bewusstsein dringen (Vertraulichkeit, Integrität, Verfügbarkeit, usw.). Der Kernwert offenbart sich in einer „einheitlichen Erfahrung" verschiedener progressiv entfalteter Wertqualitäten (S. 104 in Hobbs, 2017). Die Kernwerte sind oft diejenigen, auf die wir uns allgemein beziehen, wenn wir über Wertphänomene sprechen. Wir sprechen zum Beispiel allgemein von Sicherheit, Privatsphäre oder Freiheit. Wird diese nun mit ihren jeweiligen Qualitäten, die wiederum in ganz bestimmten Wertdispositionen (z. B. die Verschlüsselung) fundiert sind, betrachtet, dann ergibt sich eine dreischichtige Wertontologie, wie sie in Abbildung 3.10 dargestellt ist.[23]

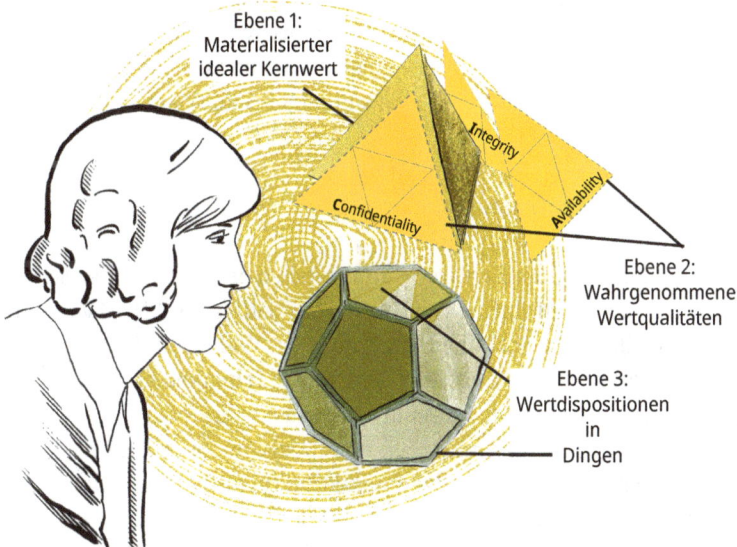

Abbildung 3.10: Dreistufige Ontologie der Werte.[24]

Zur Bedeutung der Kernwerte

Kernwerte sollten die Leitprinzipien einer guten Systemtechnik sein. Nehmen Sie etwa Werte, die über Sicherheit hinausgehen, wie Schönheit, Wissen oder Freundschaft. Die Geräte von Apple Inc. haben einen weltweiten Maßstab für die Schönheit von Computersystemen gesetzt, was das Unternehmen zu einem der wertvollsten der Welt gemacht hat. Wissen ist ein ebenso zentraler Wert. Er wird in der Enzyklopädie Wikipedia angestrebt. Und die sozialen Netzwerke sorgen immer wieder für hitzige Diskussionen, weil sie einerseits für die Freundschaft genutzt werden sollten und andererseits eben dieses Gemeinschaftsgefühl durch Hass, Neid und Fehlkommunikation untergraben. Vielleicht wäre es gut gewesen, wenn eine Plattform wie Facebook ein wenig mehr über den ideellen Wert der „Freundschaft" nachgedacht hätte, bevor es Menschen einfach nur miteinander vernetzt.

Ein Philosoph, der wesentlich zu unserem Verständnis von Kernwerten beigetragen hat, war Nicolai Hartmann (Abbildung 3.2), der sie auch als „ideale Werte" bezeichnet hat. In seinem Werk über die Ethik beschrieb er in den 1920er Jahren das Wesen vieler dieser Werte (Hartmann, 1932), wie zum Beispiel das Wesen der Güte, des Adels, der Fülle, Reinheit, Gerechtigkeit, Weisheit, des Muts, der Besonnenheit, Nächstenliebe, Ehrlichkeit, Treue, des Vertrauens, der Demut usw. Hartmann war ein Platoniker. Er vertrat die Auffassung, dass Werte ideale Prinzipien sind, die eine ontologisch objektive Form des Seins haben. Aber dieses objektive Ideal ist für den menschlichen Beobachter nie ganz vollständig wahrnehmbar. Kernwerte sind in Hartmanns Verständnis gleichzusetzen mit Platons ewigen Ideen, die dieser in seinem Höhlengleichnis beschrieb. Wir Menschen sind nach dieser Höhlenanalogie nur in der Lage, die Schatten der ewigen Ideen aus der Perspektive unserer Höhle zu beobachten. Mit anderen Worten: Während wir die Kernidee eines Wertes erfassen, ist das, was wir tatsächlich sehen, nur eine kontextspezifische Auswahl seiner Qualitäten.

Ideale Werte und ihre Qualitätsstrukturen

Ein Beispiel aus der realen Welt, um Kernwerte zu verstehen, ist der Wert der Schönheit. Stellen Sie sich eine Live-Aufführung von Beethovens Sonate op. 2 Nr. 3 vor; eine Sonate, die für ihre musikalische Schönheit anerkannt ist. Während die Sonate für ihre ideale Schönheit gerühmt wird, hängt ihre tatsächliche Schönheit von einer Vielzahl von Wertqualitätsfaktoren ab, die allesamt vorhanden sein müssen. Da ist zunächst der Pianist (Wertträger 1), dessen Klarheit und Präzision des Spiels sowie Korrektheit und Sanftheit des Anschlags wichtige interaktive Qualitäten sind, damit der Zuhörer die Schönheit des Stücks auch tatsächlich goutieren kann. Außerdem muss das Klavier (Wertträger 2) richtig gestimmt sein. Professionelle Pianisten verwenden daher oft einen hochwertigen Flügel, denn das Volumen und die Form dieses größeren Instruments bedeuten, dass die Schönheit des Stücks noch besser zur Geltung kommen kann und eine Klangbreite und -fülle ermöglicht, die mit einem gewöhnlichen Klavier nicht erreicht werden kann. Schließlich kommen diese Voraussetzungen auf Seiten des Pianisten und des Klaviers mit der Struktur, der Tonhöhe und der Abfolge der Töne in der Partitur (Wertträger 3) zusammen. Diese weiteren Wertdispositionen des Stücks selbst sind für wahrgenommene Harmonie beim Hören wesentlich mit verantwortlich.

Das Beispiel verdeutlicht, wie ein idealer Wert wie die Schönheit durch ein komplexes Geflecht realer Wertqualitäten entborgen werden kann, die selbst wiederum an objektive Voraussetzungen bei Menschen und Objekten gebunden sind, das heißt mit mehreren Wertträgern verknüpft sind (Abbildung 3.11). Beobachter – um auf Platon zurückzukommen – mögen von der „Schönheit" eines Musikstücks sprechen, aber in Wirklichkeit beziehen sie sich auf all das, was sie beobachten können, konkret das Spiel des Pianisten oder die Harmonie der Musikpartitur. Oder aber sie sehen die Schönheit des Stücks gar nicht, weil der Flügel verstimmt war. Die Menschen beziehen sich in ihrer Sprache zwar häufig auf ideale Kernwerte und urteilen schnell über die Schönheit eines Stücks, aber sie sollten wirklich demütig erkennen, dass sie immer nur Aspekte des Ideals wahrgenommen haben mögen. Ideale Kernwerte wie die Schönheit sind wie der unsichtbare Fluchtpunkt in einem Gemälde. Alles ist auf sie hingeordnet, während sie selbst unsichtbar bleiben.[25]

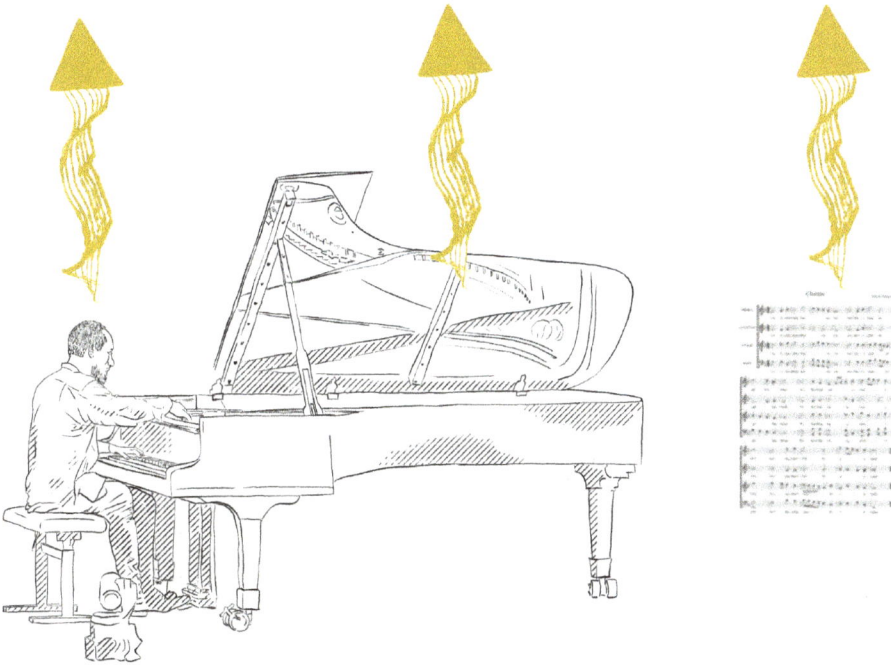

Abbildung 3.11: Mehrere Wertträger bedingen die Schönheit einer Sonate.

Die kontextuelle Bedingtheit von Werten

Ein weiterer Aspekt, der die Komplexität des Wertephänomens noch vergrößert, ist, dass ein Wert, den wir mit einem Namen bezeichnen, wie zum Beispiel Schönheit, von einem Kontext zum anderen etwas völlig anderes bedeuten kann.[26] Während es möglich ist, die Schönheit einer Sonate mit Wertqualitäten wie Klarheit, Korrektheit, Präzision und Sanftheit des Anschlags, Reichweite und Fülle des Klangs und der Harmonie sowie Leichtigkeit beim Zuhören zu beschreiben, geht es bei der Schönheit einer Person um ganz andere Qualitäten. In seiner *Geschichte der Schönheit* nimmt Umberto Eco die Leser mit auf eine Reise, wie sich das Ideal der weiblichen Schönheit im Laufe der letzten 2.500 Jahre verändert hat. Er erklärt, wie die weibliche Schönheit ursprünglich als Symmetrie der Gesichtszüge und Proportionalität der Gliedmaßen verstanden wurde. Diese Qualitäten wurden später durch Aspekte wie Natürlichkeit (im Mittelalter) und in späteren Zeiten durch Pracht ergänzt (Eco, 2010). Heute wird Schönheit regelmäßig mit Schlankheit und Athletik gleichgesetzt (Abbildung 3.12). Die tatsächlichen Werteigenschaften, durch die sich ein idealer Wert wie Schönheit in der Welt manifestiert, hängen also immer vom Kontext und der historischen Zeit ab.

Abbildung 3.12: Wertqualitäten der weiblichen Schönheit im Laufe der Geschichte.

Konzeptionelle Wertanalyse

Auch wenn sich die Qualitäten idealer Werte je nach Werteträger, Kontext und Zeit unterscheiden, kann doch gesagt werden, dass ideale Kernwerte auch einige Eigenschaften teilen, an denen sie immer wieder erkannt werden können. Es gibt eine *Essenz*, die in Worten wie „Schönheit" enthalten ist und die von einem Kontext auf einen anderen beibehalten wird. Die Qualitäten der Symmetrie, der Natürlichkeit oder der Pracht, mit denen die weibliche Schönheit beschrieben werden kann, könnten zum Beispiel genauso gut für die Qualitäten einer Sonate verwendet werden. Es gibt eine Essenz in diesen Qualitäten, die das „Konzept" der Schönheit widerspiegelt. Wenn Konzertbesucher (Stakeholder) spontan über die Schönheitsqualitäten einer Sonate nachdenken, könnten sie über die Harmonie des Stücks sprechen, dem sie zugehört haben. Aber ein Musikprofi, der sich mit der Struktur von Musik auskennt, könnte darauf hinweisen, dass auch die Symmetrie des Stücks in den Bewertungsprozess einfließen sollte. Was also tatsächlich benötigt wird, um einen Wert in der Tiefe zu verstehen, ist eine konzeptionelle Analyse, die die Bottom-up-Qualitätsbeobachtungen der Beteiligten mit dem Top-down-Wissen von Experten zusammenbringt. Genau das geschieht in der VBE-Analyse, um die zentralen Wertstrukturen einer Technologie zu verstehen. Die konzeptionelle Wertanalyse als Analyse zweiter Ordnung dient dazu, systematisch zu erfassen und zu vervollständigen, was wir über die Eigenschaften eines idealen Wertes wissen können.[27]

Beispiel: Konzeptionelle Analyse der Privatsphäre

Ein Beispiel aus der Praxis, das zeigt, wie die konzeptionelle Wertanalyse unser Verständnis eines idellen Wertes bereichern kann, ist eine Fallstudie, die mit UNICEF in Südafrika für eine neue IT-Plattform namens „Yoma" durchgeführt wurde. Das Ziel dieses Projekts war es, eine Talentplattform für die afrikanische Jugend aufzubauen. Junge Menschen sollten über die Plattform interessante Projekte finden und nach ihrer Teilnahme an diesen Projekten einen Online-Lebenslauf aufbauen. Sie konnten ihre Lebensläufe über das System kuratieren und auch als Mentoren für andere fungieren, sobald ihr Lebenslauf und ihr Projektverlauf überdurchschnittlich gut waren.

In Gesprächen mit regionalen Interessenvertretern wurde deutlich, dass afrikanische Jugendliche über den Verlust einer selbstbestimmten Nutzung ihrer Daten besorgt sind. Sie wollten keine unbefugte Zweitverwendung ihrer persönlichen Daten. Und sie wünschten sich, dass ihre Informationen sicher gespeichert werden und nicht von Regierungen eingesehen werden können, denen sie nicht vertrauen. Der ideale Kernwert der Privatsphäre, wie er von den Interessengruppen *bottom-up* beschrieben wurde, ist in Abbildung 3.13 dargestellt.

Bei der Betrachtung der von den Yoma-Stakeholdern genannten Wertqualitäten wird deutlich, dass vom Gesamtphänomen Privatsphäre nur wenige Aspekte abgedeckt sind. Ein Datenschutzexperte müsste daher in einem VBE-Projekt diese Bottom-up-Konzeptualisierung der Stakeholder mit dem rechtlichen Regelwerk des Datenschutzes kombinieren. Die DSGVO fordert zum Beispiel Wertqualitäten in Form von rechtlichen Prinzipien, die für Yoma-Nutzer durchaus relevant werden könnten wie die Transparenz der Datenverarbeitung, die Datenübertragbarkeit und -zugänglichkeit sowie die informierte Zustimmung. Eine konzeptionelle VBE-Analyse würde dieses Top-Down-Wissen daher hinzufügen, um ein möglichst vollständiges Verständnis von Privatsphäre für die Yoma-Plattform abzuleiten (siehe Abbildung 3.14).

Die beiden Wertecluster (Abbildungen 3.13 und 3.14) zeigen, dass Wertqualitäten von sehr unterschiedlicher Natur sein können. Es können ermöglichende Qualitäten

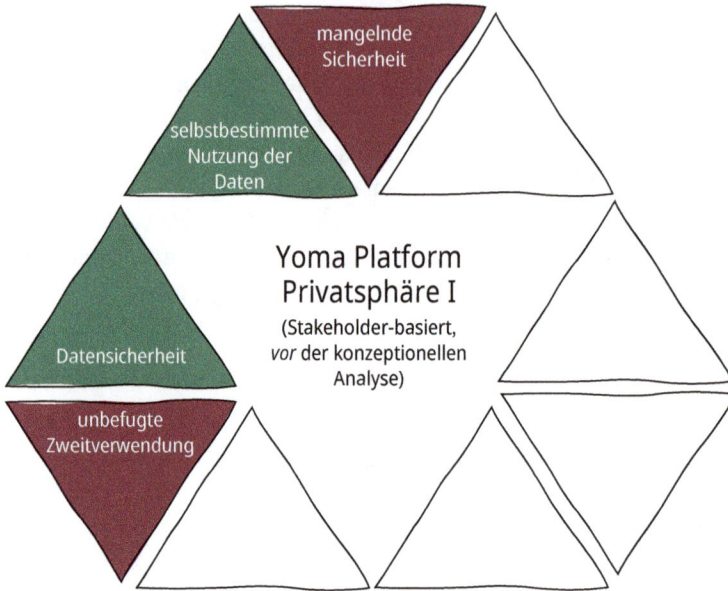

Abbildung 3.13: Bottom-up-Qualitäten der Privatsphäre aus Sicht der Yoma-Stakeholder.

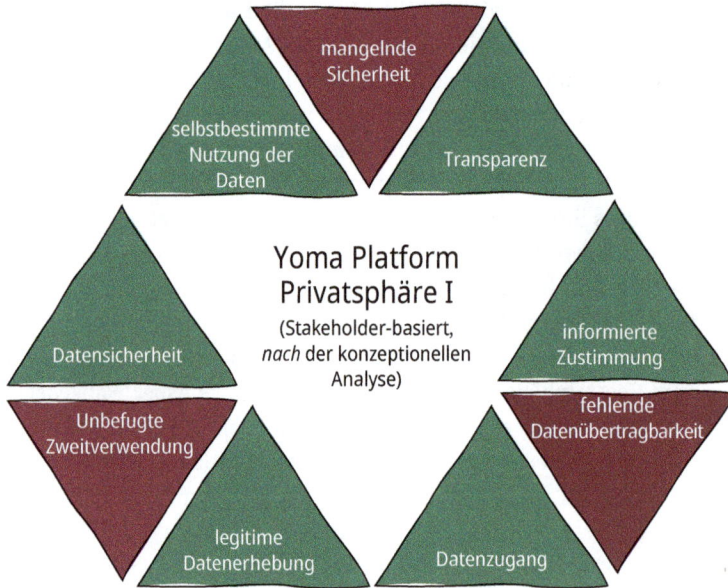

Abbildung 3.14: Yomas Wertecluster für den Wert der Privatsphäre nach der konzeptionellen Top-Down-Analyse.

sein, die dem Nutzer systemische Kontrolle und Freiheitsgrade geben, wie zum Beispiel die Möglichkeit, informiert der Datenverarbeitung zuzustimmen oder diese abzulehnen. Alternativ können es Systemeigenschaften sein, die einladenden Charakter haben oder Vertrauen erwecken (z. B. eine einfach zu verstehende Handhabbarkeit oder transparente Informationsvermittlung). Da Wertqualitäten so vielfältig sind, werden sie im IEEE 7000™ einfach als „potenzielle Manifestationen eines idealen Wertes" definiert, „die entweder zu einem idealen Wert beitragen oder ihn untergraben" (S. 23 in IEEE, 2021a). Beachten Sie hier jedoch, dass IEEE 7000™-Wertqualitäten nicht als solche bezeichnet, sondern den Terminus „Wertdemonstrator" (IEEE, 2021a) gewählt hat. Der Begriff Wertdemonstrator signalisiert, dass ein idealer Wert sich in der Welt auf eine bestimmte Weise zeigt oder entfaltet („demonstriert"). Er zeigt sich; er wird real oder gibt sich selbst, wie Husserl wahrscheinlich gesagt hätte (Selbstgegebenheit).

Die beiden in den Abbildungen 3.13 und 3.14 dargestellten Wertqualitätscluster zeigen auch, wie ideale Werte in VBE-Projekten immer visuell als Kern eines Clusters von Wertqualitäten (oder Demonstratoren) dargestellt werden können. Aus diesem Grund hat sich das IEEE 7000™-Projektteam dafür entschieden, diese als „Kernwerte" zu bezeichnen. Ein Kernwert ist definiert als „ein Wert, der im Kontext eines SOI als zentral identifiziert wird" (S. 17 in IEEE, 2021a).

Darüber hinaus sollte beachtet werden, dass die Kernwerte, die im Zentrum von VBE-Clustern stehen, normalerweise *intrinsischer* Natur sein sollten. Intrinsische Werte sind jene Werte, die um ihrer selbst willen wertvoll sind, in sich selbst und für sich selbst als Ziel stehen (Ronnow-Rassmussen, 2015). Beispiele für Werte von intrinsischer Natur sind Güte, Schönheit, Freundschaft, Würde usw. Unabhängig davon, welche Kultur betrachtet wird, haben alle eine Vorstellung von solchen intrinsischen Werten, auch wenn diese sich in den konkreten Qualitäten unterscheiden mögen, durch die sie in der jeweiligen Kultur ausgelebt werden. Es ist dieser intrinsische Character, der sie ideal macht, um im Mittelpunkt von Werteclustern zu stehen. Alle Kulturen können etwas mit ihnen anfangen. Die Wertqualitäten, die diese Ideale verwirklichen, werden dagegen als extrinsische Werte bezeichnet. *Extrinsische Werte* wurden als förderliche Mittel charakterisiert oder als in den Diensten eines anderen Zwecks stehend (Ronnow-Rassmussen, 2015). Da extrinsische Werte ein Mittel für etwas anderes sind, werden sie auch „instrumental" genannt. In dem oben genannten Sicherheitsbeispiel sind Vertraulichkeit, Integrität und Verfügbarkeit für die Sicherheit eines IT-Systems von Bedeutung. Sie sind ein Mittel zum Zweck der Sicherheit. Daher sind sie extrinsisch. Ebenso lässt sich der Fall des Klavierspiels nochmals in diesem Licht erläutern. Hier war der intrinsische Wert der Schönheit der Sonate von den extrinsischen Werten der Präzision und der Sanftheit des Spiels bestimmt.

Zur Konstitution des Guten durch Werte

Die beispielhafte Analyse von Privatsphäre und Sicherheit oben zeigt, dass Wertqualitäten sowohl positiver als auch negativer Natur sein können. Es ist zum Beispiel negativ, wenn die eigenen Daten für eine zweckentfremdete Zweitnutzung verwendet werden. In einem solchen Moment könnte gesagt werden, dass der positive Wert der Privatsphäre plötzlich nicht mehr vorhanden ist. Sein Kollaps schafft einen negativen Wert. In Anlehnung an Franz Brentano hat Max Scheler diese Dynamik in der folgenden Axiologie festgehalten (S. 82 in Scheler, 1921 [1973]):

– Die Existenz eines positiven Wertes ist selbst ein positiver Wert.
– Die Nicht-Existenz eines positiven Wertes ist selbst ein negativer Wert.
– Die Existenz eines negativen Wertes ist selbst ein negativer Wert.
– Die Nicht-Existenz eines negativen Wertes ist selbst ein positiver Wert.

Max Scheler hat die drei Ebenen der idealen Werte, (realen) Wertqualitäten und Wertdispositionen nicht ganz so systematisch unterschieden wie wir das hier fürs Engineering tun. Darüber hinaus hat er seine Philosophie in den 1920ern natürlich nicht auf einen IT-Kontext angewandt. Eine Verfeinerung von Schelers Definition des Guten im Hinblick auf das IT-Systemdesign erscheint daher sinnvoll. Folgende Interpretation ist ratsam:

– Das Vorhandensein oder die Förderung positiver Wertqualitäten in einem IT-System stellt einen positiven Wert dar.
– Das Nichtvorhandensein oder die Unterminierung positiver Wertqualitäten in einem IT-System stellt einen negativen Wert dar.
– Die Existenz oder Förderung negativer Wertqualitäten in einem IT-System stellt einen negativen Wert dar.
– Die Nichtexistenz oder die Vermeidung einer negativen Wertqualität in einem IT-System ist an sich ein positiver Wert.

Wird diese Wertaxiologie auf die Praxis des Systemdesigns und der Benutzererfahrung angewendet, so liegt es im Interesse einer Organisation, all jene Wertdispositionen in ein System einzubauen, die erforderlich sind, um nicht nur das Vorhandensein positiver Wertqualitäten, sondern auch den Ausschluss negativer Wertqualitäten sicherzustellen.

Was passiert jedoch, wenn ein System nur so viele Wertdispositionen aufweist, dass sich lediglich 80 % der Wertqualitäten positiv entfalten können? Wird sich der ideale Kernwert dem Benutzer des Systems dann trotzdem erschließen, selbst wenn 20 % der für das Ideal potenziell relevanten Wertqualitäten fehlen? Hier mag es sinnvoll sein, sich nochmal an Husserls Selbstgegebenheit zu erinnern. Der Wert der Privatsphäre wird sich bis zu dem Punkt enthüllen, an dem der Beobachter plötzlich erkennt, dass vielleicht eine Wertqualität, die er für wichtig hält, fehlt. Wenn das geschieht, wird er oder sie daran zweifeln, ob das Gesamtideal (der Privatsphäre) erfüllt wird. Aus diesem Grund sind innovative Unternehmen gut beraten, ihre frühen

Prototypen gründlich zu testen und die Entfaltung der Wertecluster im realen Einsatz zu beobachten. Ihr Ziel sollte es sein, von Anfang an sicherzustellen, dass sich die relevanten Wertqualitäten für das System im gegebenen Kontext entfalten und nicht untergraben werden. Diese Praxis, die Entfaltung von Wertqualitäten und damit von Werten sicherzustellen, ist auch das, was Werte mit Ethik verbindet. Max Scheler hat seine Axiologie auf folgende Weise vervollständigt:

> „Gut ist der Wert in der Sphäre des Wollens, der an der Realisierung eines positiven Wertes haftet. Böse ist der Wert in der Sphäre des Wollens, der an der Realisierung eines negativen Wertes haftet." (S. 26 in Scheler, 1921 [1973])

Prüfungsfragen

- Was ist an einem subjektivistischen Wertverständnis fürs VBE problematisch?
- Warum fällen einige Personen bessere Werturteile?
- Wie nehmen wir typischerweise Werte in unserem täglichen Leben aus einer wertontologischen Perspektive wahr?
- Wie hängen Werte mit Gut und Böse zusammen?
- Wie löst sich der Wertepluralismus/Relativismus als Problem auf, wenn die dreischichtige Werteontologie angenommen wird?

Kapitel 4
VBE-Phase 1: Konzeption und Kontextanalyse

Das Ziel der ersten VBE-Phase ist die Schaffung der Grundlagen für eine optimale Systemanpassung an die Umgebung. Ergänzt wird dies durch eine Machbarkeitsanalyse und die Frage, ob eine Organisation insgesamt gut beraten ist, in das System zu investieren.

Was genau geschieht hier? Die konzeptionelle Vision oder die bereits bestehenden Teile einer Technologie werden in einem Betriebskonzept zusammengefasst, für das dann die Rollout-Voraussetzungen untersucht werden. Diese Rollout-Voraussetzungen haben eine technische und eine organisatorische Seite, die beide wiederum mit sozialen oder ethischen Fragen verwoben sein können. Auf der technischen Seite wird festgelegt, über welche Komponentenblöcke und Datenflüsse das SOI verfügt und von wem diese betrieben werden. In der heutigen Welt der virtuellen Integration vieler verteilter Dienste in ein kundenorientiertes SOI muss das Netzwerk an Wertschöpfungspartnern sehr gut verstanden und geprüft sein. Es muss eine Übersicht vorliegen, welche externen Partner für die Erbringung von Dienstleistungen zur Verfügung stehen und unter welchen Bedingungen diese arbeiten. Sind sie bereit, sich an einer wertethischen Serviceverantwortung genauso zu beteiligen, wie sie in der Lage sind, Funktionalität bereitzustellen? Und welche Regeln können an den Schnittstellen vereinbart werden? Sobald solche Grundlagen geklärt sind, stellt sich die Frage, welche Stakeholder von der Technologie direkt oder indirekt betroffen sein werden. Um hier die Analogie des Gartenbaus aufzugreifen: Es kommt metaphorisch gesprochen zu einer Untersuchung des Bodens und der Gewässer eines neuen zu bewirtschaftenden Gebiets sowie zu einem Verständnis seiner angrenzenden Umgebung (Abbildung 4.1). Wer sind die Besucher und Bewirtschafter des neuen technischen Gartens? Wer sind die Interessengruppen, die im Kontext des geplanten Einsatzes des SOI relevant sind, und was ist diesen wichtig? Diese Analysen ermöglichen es, diese erste Phase des VBE mit der Einschätzung abzuschließen, ob und unter welchen Voraussetzungen das System realisierbar ist.

Der beste Zeitpunkt für diese erste Phase des VBE ist, wenn es bereits eine gute technologische Vision gibt. In der Praxis ist dies zum Beispiel der Fall, wenn Lead User einen Prototyp entwickelt haben, wenn Design Thinker nach einer Produktidee ein erstes Mock-up entwickelt haben,[28] oder wenn Startups einen frühen Prototyp und ein Business Canvas skizziert haben. Abgesehen davon ist VBE auch in Situationen anwendbar, in denen ein SOI bereits im Einsatz ist. In solchen Fällen muss die Organisation, der das SOI gehört, jedoch bereit sein, die IT-Architektur ggf. anzupassen, was mit erheblichen finanziellen Investitionen verbunden sein kann.[29]

https://doi.org/10.1515/9783111633930-004

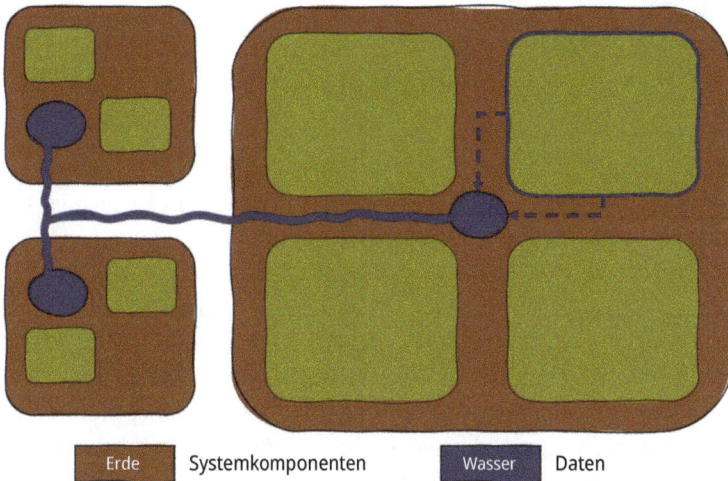

| Erde | Systemkomponenten | Wasser | Daten |

Abbildung 4.1: Eine SOI kann wie ein Garten angelegt werden.

Der optimale Fit mit gegebenen Bedingungen

In der ersten VBE-Phase werden die Werte der Stakeholder noch nicht im Detail erforscht. Im Gespräch mit potenziellen Vertretern und bei der Erkundung des Umfelds entsteht jedoch naturgemäß ein Eindruck davon, welche Wertfragen bei der Technologieakzeptanz eine Rolle spielen könnten. Als Einzelhandelsanalysten beispielsweise Kunden nach dem Einsatz von RFID-Infrastruktur im Laden befragten, erfuhren sie, dass die Menschen besorgt darüber waren, dass ihre Einkäufe und Besitztümer gechipt und verfolgt werden könnten (Fusaro, 2004). Kunden hatten das Gefühl, dass in ihre Privatsphäre eingegriffen werden könnte. Sie fragten sich, ob RFID-Chips nach dem Kauf eines Produkts entfernt oder anderweitig entsorgt werden könnten. Solche Fragestellungen, die in der frühesten Planungsphase der Technologie gewonnen wurden, änderten das Standard-Funktionslayout der RFID-Chips. Im RFID-Betriebskonzept der AutoID-Labs wurde vom MIT aufgrund der Kundenbefragungen standardmäßig eine Kill-Funktion der Chips vorgesehen und die Frage nach der Privatsphäre wurde als rechtliches und ethisches Problem für den künftigen Technologie-Rollout vermerkt.

Natürlich ist die Einzelhandelsumgebung nur einer von vielen spezifischen Kontexten, in denen RFID-Technologie eingesetzt werden kann. In anderen Kontexten, wie zum Beispiel bei der Verwendung von RFID in Hotelschlüsseln, wäre eine solche Kill-Funktion wahrscheinlich nicht wünschenswert. Das Beispiel zeigt, dass je nach Kontext derselbe Technologietyp eine ganz andere ethische Ausgestaltung benötigt, um den Bedenken von Stakeholdern gerecht zu werden. Aus diesem Grund fordert das VBE die Projektteams in dieser ersten Phase auf, den Anwendungskontext genau zu erforschen, in dem die geplante Technologie eingesetzt werden soll.[30] Betreiberorganisationen sind aufgefordert, den System-Kontext möglichst realitätsnah zu erkunden, und auf einer tiefen Ebene zu verstehen.

Werte versus Bedürfnisse

Erwähnenswert ist an dieser Stelle, dass Stakeholder nicht gefragt werden, welche Bedürfnisse (zu Englisch: „needs") sie mit der Technologie zu befriedigen suchen. Die meisten der Betroffenen von RFID-Technologie im Supermarkt hätten niemals gewusst, dass sie tatsächlich eine Kill-Funktion auf einem Chip benötigen, um ihre Privatsphäre zu schützen. Stattdessen versucht das VBE in dieser Phase herauszufinden, was Stakeholder an einer Technologie wie RFID im Anwendungskontext schätzen und welche Werte sie fürchten, untergraben zu sehen. Eine Sache, die sie schätzen könnten, ist die Privatsphäre. Ein anderer Aspekt könnte die Vereinfachung bestimmter Vorgänge sein, z. B. der Zugang zu Skigebieten ohne Wartezeiten, weil das Ticket nicht mehr vorgezeigt werden muss (es kann mit Hilfe von RFID automatisch ausgelesen werden). Durch den Fokus auf „Wert-Schöpfungsvorteile" unterscheidet sich VBE von *bedarfsorientierten* Ansätzen. Letztere implizieren nämlich streng genommen, dass es den Stakeholdern an etwas mangelt; dass sie in irgendeiner Weise bedürftig sind. Dies ist aber in einer so gesättigten Gesellschaft wie der unseren eigentlich fast nie der Fall. Daher erkennt das VBE an, dass die Stakeholder im Ausgangspunkt zunächst mal zufrieden sind. Dann stellt sich die Frage, ob und wo sie ggf. noch einen Mehrwert in der neuen Technologie sehen könnten.

Technologie kann der Welt immer wieder von neuem einen großen Mehrwert bringen, selbst wenn kein unmittelbarer Bedarf danach besteht. Denken Sie an all die großen Innovationen der letzten Jahrzehnte. Hat irgendjemand das Internet gebraucht? Oder ein Smartphone? Eigentlich nicht. Aber diese Technologien haben der Gesellschaft dennoch einen Mehrwert gebracht, z. B. vereinfachten Zugang zu Wissen, mehr Freiräume in der Arbeitsgestaltung, bessere Erreichbarkeit usw. Einige Technologien dienen vielleicht zunächst gar keinem höheren Zweck, außer dass sie Träume erfüllen und Visionen wahr machen. Google Earth zum Beispiel hat ursprünglich nicht viel mehr getan, als den Nutzern die Möglichkeit zu geben, über die Erde zu fliegen, in Orte von Interesse hineinzuzoomen und weit entfernte Teile der Welt aus dem Weltraum oder wie ein Vogel zu betrachten. Das war für die frühen Nutzer ein unfassbarer Wert in Form von Schönheit und Inspiration. Google Earth hätte sicherlich sogar das Potenzial gehabt, Menschen eine größere Bescheidenheit und Respekt für den Planeten Erde zu eröffnen. Nach dieser Form von inspirativem, guten, ja ethischen Wertversprechen suchen VBE-Projekte. Und die Schaffung bloßer Schönheit und Inspiration um ihrer selbst willen muss keineswegs bedeuten, dass es für sie keinen Businessplan gibt. Wo menschlicher und sozialer Wert geschaffen wird, da gibt es in der Regel auch eine Zahlungsbereitschaft. Schließlich steht im Mittelpunkt eines jeden Geschäftsplans ein sogenanntes „Wertversprechen" (zu Englisch: „Value Proposition") (Osterwalder & Pigneur, 2010). Wo echter Wert entsteht, da werden Bedürfnisse oft erst geweckt. Aber nicht jedes Bedürfnis ist automatisch wertvoll.[31]

Trotz dieses Potenzials von Technologie, Werte zu materialisieren, die sich so noch nicht in der Welt entfalten konnten, sollte darauf geachtet werden, es mit der Innovationsdynamik nicht zu übertreiben. Oft enden Innovationen im Dilemmata des Over-Engineering oder Disruptive Engineering. Das heißt, dass technische Innovationen zu einer Zerstörung von Umwelt und Sozialstrukturen führen. Zwar wird Technologie dann wieder gerne herangezogen, um Negatives zu korrigieren, aber das gelingt nicht immer. Im Prinzip ist die Technikgeschichte der letzten 200 Jahre davon erfüllt, Technik mit Technik ausgleichen zu wollen. Nehmen wir als Beispiel die oft kritisierten Logistikaktivitäten von Amazon. Das Unternehmen ist in Bezug auf die klassischen Werte des Prozessmanagements unschlagbar. Schnelligkeit, Pünktlichkeit und Verlässlichkeit der Warenauslieferung werden zweifelsohne hervorragend erreicht. Die technologischen Abläufe, die zur Schaffung dieser Prozessmanagementwerte eingesetzt werden, sind jedoch allesamt nur auf den geldwerten Vorteil ausgerichtet. Gleichzeitig produzieren die Prozesse einige negative Werte für die Mitarbeiter. Wenn zum Beispiel die Lagerarbeiter von Amazon berichten, dass sie nicht genug Zeit bekommen, um auf die Toilette zu gehen und daher gezwungen sind, in leere Flaschen zu pinkeln, um der Maschinengeschwindigkeit der Logistik gerecht zu werden, dann wird letztlich ihre Würde verletzt (Liao, 2018). Hohe organisatorische Werte, die jede Organisation eigentlich anstreben sollte, wie zum Beispiel die Zufriedenheit der Mitarbeiter (und damit ihre Motivation), ihre Würde und ihre Loyalität, werden untergraben für den geldwerten Vorteil. Das VBE kann dabei helfen, solche negativen Wertqualitätspotenziale frühzeitig zu erkennen und zu adressieren.

VBE-Projekte beheben solche Herausforderungen allerdings nicht in der ersten Phase. Hier geht es zunächst mal darum, sich lediglich einen Eindruck zu verschaffen, das technische und soziale System sowie die Prozesse zu verstehen, mit den Stakeholdern zu sprechen und ein Gefühl dafür zu bekommen, wo an der Schnittstelle zwischen einer neuen Technologie und den Menschen Werte verletzt oder auch gestärkt werden könnten. Das Ziel ist, zu verstehen, ob eine gute analog-digitale Integration von Mensch und Maschine denkbar ist.

Verständnis von Kontext und Milieu

Ein hinreichendes Verständnis von Kontext und Milieu kann nur gewährleistet werden, wenn Innovatoren (Unternehmer, Produktmanager, Systemingenieure, Investoren usw.) Zeit investieren, um sich genau in den Kontext und das Milieu zu vertiefen, dem sie eine neue Technik zuführen wollen. Sie müssen untersuchen, ob ihre Technologieidee – von der sie nur ein Betriebskonzept haben – funktionieren kann. Auch wenn das monetäre Nutzenversprechen heute oft als Haupttreiber für die Marktakzeptanz angepriesen wird, sollte die *Kompatibilität* einer Technologie mit ihren einzigartigen positiven und negativen Wertpotenzialen als Markterfolgsfaktor nicht unterschätzt werden (Rogers, 1995). Nehmen Sie das Beispiel des Autofahrens mit Automatik im Vergleich zu einer Handschaltung. Während in den USA fast 100 % der verkauften Autos schon seit Jahrzehnten Automatikfahrzeuge sind, werden in Europa bis heute immer noch Knüppelschaltungen verkauft.[32] Die Versuche, Automatikfahrzeuge in Europa zu fördern, waren über sehr lange Zeit nicht erfolgreich. Könnte es ein stärkerer Wunsch nach Fahrkontrolle sein, der diese europäischen Kaufentscheidungen mitbestimmt hat? Nehmen Sie ein anderes Beispiel, das der selbstfahrenden Autos. Während in den USA viele Straßen breit und geräumig sind und nur wenig Verkehr in der Landschaft herrscht, sind die europäischen Straßen schmal, kurvenreich und stark befahren. Werden autonome Autos in Europa genauso schnell eingesetzt werden können wie in den USA? Solche Fragen zu beantworten sind essenziell, um Marktentwicklungen realistisch abzuschätzen und es sind letztlich Wertfragen, die sich durch den sozialen und infrastrukturellen Kontext ergeben.

Um solchen Fragen mehr Gewicht zu geben, als das in klassischen Innovationsprojekten der Fall ist, beginnt das VBE mit der Erforschung des Kontextes. Um auf die Metapher der Gartenarbeit zurückzukommen: Es geht darum, das Wetter und die Bodenbedingungen sowie die Kultur und den Zweck zu verstehen, in die eine Technologie eingebettet werden soll. Es ergibt keinen Sinn, Palmen und Orangen in Frankreich zu pflanzen, die zwar optimal in Arabien gedeihen, aber eben nicht bei uns, wo eher Kartoffeln und Pflaumen wachsen (Abbildung 4.2).[33] Wird der Kontext missachtet, dann kann zwar immer noch mit viel Druck und Zwang ein System in die Fläche gebracht werden, wie etwa die riesigen Orangerien in Versailles, aber das entstandene System passt letztlich doch nicht wirklich und ist teuer, mühsam und unflexibel in der Wartung. Dieses Schicksal haben nicht nur unsere kontextentfremdeten Gärten im Designzeitalter der Moderne erfahren, sondern spiegelt auch die Realität einer viel zu hohen Anzahl an schlecht passenden IT-Systemen in den Backend-Strukturen unserer Organisationen wider.

Unternehmer die in einer Branche schon länger tätig waren, sind mit deren Gegebenheiten oft bestens vertraut. Sie haben daher gute Voraussetzungen für eine erfolgreiche Technologieplatzierung. Sie sind diejenigen, die den Boden und das Klima in einem Geschäftszweig kennen. Wenn solche Branchenexperten jedoch nicht Teil des Gründungs- und Systementwicklungsteams sind, empfehlen führende Management-Wissenschaftler wie Ikujiro Nonaka, dass sie zunächst in der jeweiligen Industrie ausgebildet werden sollten, in die sie einsteigen wollen. Nonaka berichtet von der Geschichte, dass Ingenieure eines japanischen Maschinenbauers tatsächlich in eine Handwerkslehre bei einer örtlichen Bäckerei einsteigen mussten, um zu verstehen, wie ein Brotteig von Hand verarbeitet wird, bevor sie in der Lage waren, eine anständige Brotbackmaschine zu bauen (siehe Kapitel 8). Nur das tazite Handwerkswissen, ermöglichte es den Ingenieurslehrlingen, eine erfolgreiche Innovation zu schaffen (siehe Kapitel 7 für weitere Details). Das zugegebenermaßen extreme Beispiel zeigt, wie grundlegend Kontextverständnis bis hin zu den Details bestehender Systeme und Mechanismen ist.

Abbildung 4.2: Der kulturelle Kontext des Einsatzes eines SOI ist elementar für die zukünftige Nutzung.

Wenn erfahrene Innovatoren das Milieu nicht kennen, in das sie hineininvestieren, dann riskieren sie, etwas auf den Markt zu werfen, das nicht mit der bestehenden Realität vereinbar ist, das nur begrenzte Wettbewerbsvorteile schafft oder sogar den Status quo im negativen Sinne stört. Viele Quellen berichten, dass auch 2024 noch ca. 80 bis 90 % der anfänglich finanzierten Start-ups scheitern.[34] Aller Wahrscheinlichkeit nach könnte diese Rate drastisch gesenkt werden, wenn die Gründer die Bereiche, in die sie mit einer neuen Technologie einsteigen, besser kennen würden.

Das VBE empfiehlt aus diesem Grund, zunächst das Konzept und den Kontext einer Technologie ausführlich zu erforschen. Projektteams modellieren die Details ihres SOI und SOS, verstehen und analysieren Zusammenhänge und Abhängigkeiten. Sie identifizieren und verstehen die betroffenen Stakeholder. Sie verstehen die Datenflüsse ihrer externen Partner und wie sich diese auf die Beteiligten auswirken können. Sie hinterfragen auch, für wen die Mitwirkung in einem wertorientierten Service machbar ist und für wen nicht. In der ersten Phase des VBE trennt sich die Spreu vom Weizen.

VBE-Kontexterkundung versus Design Thinking

Der IEEE 7000™-Standard verlangt von Unternehmen, „den Kontext des aktuellen Betriebs zu beschreiben, der durch das zukünftige System ersetzt oder verändert werden soll" (S. 25 in IEEE, 2021a). Diese Beschreibung sollte so unvoreingenommen wie möglich erfolgen. Das Projektteam sollte versuchen, den Ort oder die Orte des Rollouts persönlich zu besuchen, um sich ein Bild von den (möglicherweise unterschiedlichen) lokalen Bedingungen zu machen, unter denen ihr zukünftiges System eingeführt wird. Direkte und indirekte Stakeholder müssen angesprochen werden. Und es muss dann eine Liste derjenigen erstellt werden, die bei der Wertanalyse und bei ethischen Entscheidungen über das Systemdesign berücksichtigt werden. Dieser Start eines neuen Innovationsprojekts ähnelt im Prinzip dem des Design Thinking (zumindest was die direkten Stakeholder betrifft).

Design Thinking hat sich in den letzten 20 Jahren zu einem enormen Erfolg entwickelt, weil es genau diese Kontexterforschung ebenfalls propagiert (Brown, 2008). Design Thinker sind aufgefordert, sich in die Nutzer eines Systems „einzufühlen" (zu Englisch: „empathize"). Sie versuchen, bestehende Routinen und Rollen so tief zu verstehen, dass sie in der Lage sind, potenzielle Bedürfnisse zu identifizieren. Die „Ideenfindungsphase" des Design Thinking (zu Englisch: „Ideation") konzentriert sich dann darauf, den untersuchten Kontext mit einem neuen Produkt oder einer neuen Dienstleistung zu verbessern, indem sie den Mangel, die Lücke oder die Ineffizienz behebt, die möglicherweise entdeckt wurden (Brown, 2008).

VBE weicht vom Design Thinking jedoch folgendermaßen ab: Erstens ist VBE technischer. Es setzt immer ein ganz bestimmtes SOI als Ausgangspunkt voraus (Ahmed & Shepherd, 2012):[35] Unternehmen haben vielleicht ein Patent zuhanden, eine neue Software entwickelt, geistiges Eigentum erworben oder von einer Technologie (wie z. B. GenAI) gehört, die sie für sich nutzbar machen wollen. Oder ein Design-Thinking-Projekt hat einen Prototyp für ein gewünschtes System hervorgebracht. In all diesen Fällen verfügt ein Innovationsteam über ein erstes technisches Betriebskonzept, das Ausgangspunkt für VBE ist.[36] Zweitens wird der Kontext nicht nur mit Blick auf die direkten Stakeholder bzw. Nutzer oder Marktteilnehmer erforscht, sondern auch hinsichtlich der indirekten Stakeholder, wie die Gesellschaft im Allgemeinen, die Natur oder die betroffenen Gemeinschaften. Drittens wird nicht danach gefragt, ob die potenziellen Nutzer der Technologie diese wirklich *brauchen*. Vielmehr wird eruiert, ob die Technologie dazu beitragen könnte, ein schlummerndes Wertpotenzial zu entbergen (siehe Kapitel 7 für weitere Einzelheiten). Eine direkte Befragung der Stakeholder kann hier Vermutungen liefern. Anders als beim Design Thinking werden diese Stakeholder sowie die indirekten Stakeholder dann aber auch explizit nach ihren Technologieängsten und Risiken gefragt die es systematisch zu adressieren gilt.

Kontext und Zukünfte visualisieren, die es noch nicht gibt

Manchmal ist für eine neue Technologie ein Einsatzkontext in der realen Welt noch nicht physisch greifbar. Das kommt vor, wenn Grundlagenforschung Technologien bereithält, die noch keinen konkreten Anwendungskontext kennen. Oder es wird etwas Neues erfunden, wo es vorher nichts gab. Das war immer der Fall, etwa bei disruptiven Innovationen. Für Kopierer, vor allem dann Smartphones und dem World Wide Web gab es keine Vorläufer. Ein VBE-Beispiel, das in diesem Buch behandelt wird, ist die afrikanische Talentplattform Yoma, die von UNICEF entwickelt wurde und für die es nirgendwo auf der Welt einen Vorläuferdienst gab. In solchen Fällen ist es für Innovationsprojekte hilfreich, sich den Kontext der zukünftigen Systemeinführung mit kreativen Techniken und Werkzeugen vorzustellen, wie sie beispielsweise von der Value Sensitive Design Community entwickelt wurden. LeDantec et al. (2009) haben zum Beispiel gezeigt, wie das Arbeiten mit gestellten Fotos für die Kontextvorstellung von Nutzen sein kann. Alternativ können auch Science-Fiction-Szenen verwendet werden, das heißt, ein Projektteam kann visuelle Darstellungen davon entwickeln, wie das Betriebskonzept für die Beteiligten aussehen könnte, und diese werden dann mit Blick auf Wertpotenziale diskutiert oder erforscht (eine kritische Diskussion über Science-Fiction finden Sie in Kapitel 7). Wichtig bei der Szenarioanalyse ist, dass sie entsprechend ihrer ethischen Relevanz ausgewählt werden. Mit anderen Worten: Das VBE sucht ganz bewusst (und vermeidet nicht) diejenigen Kontexte/Szenarien oder Anwendungsfälle für die weitere Analyse des Systems, die zu einer ethischen Herausforderung werden können.

Grundlagenforschung ohne Anwendungsbezug

Wenn es darum geht, Einsatzkontext(e) von Grundlagenforschung zu untersuchen, werden einige Organisationen oder technische Abteilungen argumentieren, dass ihre Systeme bislang noch so allgemeiner Natur sind, dass der Kontext ihrer späteren Verwendung noch nicht bekannt ist. Wenn beispielsweise Computer-Vision-Algorithmen entwickelt werden, die optische Signale in eine präzise Bilddarstellung übersetzen, könnte diese Art von Technologie in sehr vielen Kontexten eingesetzt werden; von der Krebserkennung bis hin zu militärischen Ortungssystemen. Daher konzentrieren sich Ingenieure, die in der technischen Grundlagenforschung arbeiten, hauptsächlich auf messbare Leistungswerte wie Effizienz oder Zuverlässigkeit, für die sie keine konkreten Einsatzkontexte benötigen. Ausnahme ist, dass sie bei Publikationen oft die technischen Beschreibungen ihrer Arbeit mit Beispielen aus der realen Welt motivieren. Sie bleiben aber auf einer so generischen und grundlegenden Ebene der Technologieentstehung, dass die potenziellen Auswirkungen auf den Menschen, die Gesellschaft oder die Umwelt leicht aus dem Blickfeld geraten.

Der Fall „Project Maven" von Google und viele andere historische Fälle (wie die Entdeckung der Kernenergie) haben jedoch gezeigt, wie unangenehm Ingenieure überrascht werden können, wenn ihre generischen Technologien hinterher für Zwecke verwendet werden, die sie niemals hätten unterstützen wollen. Im Fall des Projekts Maven sollte die von Google-Ingenieuren entwickelte Computer-Vision-Technologie plötzlich in Militärdrohnen integriert und ans Pentagon verkauft werden. Viele Ingenieure, die an den Algorithmen gearbeitet hatten, fühlten sich daraufhin betrogen. Sie empfanden, dass ihre Arbeitsleistung, die guten Absichten verpflichtet war, missbraucht würde (Makena, 2019). Das VBE empfiehlt daher, Nutzungskontext-Szenarien (Narrative) so früh wie möglich im Entwicklungszyklus einer Technologie zu berücksichtigen, spätestens aber, wenn ein System auf eine bestimmte Branche (wie das Militär) angewendet wird. In der Tat gibt es einen frühen Punkt in der System-entwicklung, an dem ein generisches System für einen bestimmten Verwendungszweck angepasst wird. Dies ist beispielsweise der Punkt, an dem der Computer-Vision-Algorithmus mit Daten aus einem militärischen oder gesundheitlichen Kontext trainiert wird. Es wird empfohlen, mit der wertbasierten Analyse zu beginnen, sobald eine Tech-nologie auf diese Weise auf einen konkreten Anwendungskontext angewendet wird.

System-of-System-Analyse

Die Erkundung des Kontexts im VBE geschieht immer vor dem Hintergrund eines be-stehenden SOI. Auch wenn der Formfaktor dieses SOI (z. B. die Benutzeroberfläche) noch nicht vollständig feststeht, gibt es in der Regel eine erste technische Skizze oder einen frühen Entwurf des „Betriebskonzepts" (zu Englisch: „Concept of Operations"). Ein Be-triebskonzept ist nach IEEE 7000^{TM} eine „verbale und/oder grafische Darstellung der An-nahmen oder Absichten einer Organisation in Bezug auf die Durchführung und Reihen-folge von Operationen" (S. 17, IEEE, 2021a). Es enthält die Komponenten eines Systems, nennt die Beteiligten und ihre Rollen, zeigt die Datenflüsse und Schnittstellen;[37] ähnlich wie ein zu bebauendes Stück Land mit einer bestimmten Topographie, Wasserversor-gung, angrenzenden Nachbarn und voraussichtlichen Besuchern.

Ein Betriebskonzept kann mit Hilfe von verschiedenen Beschreibungen, Darstellun-gen oder Modellierungswerkzeugen erstellt werden. Es kann mit einer verbalen Beschrei-bung der Zwecke und Eigenschaften beginnen, gefolgt von einer Auswahl von Anwen-dungsfällen und Szenarien, regionalen Märkten, beteiligten Interessengruppen usw. Ein einfaches Blockdiagramm kann die Systemelemente eines SOI grob skizzieren (Abbildung 4.3). Oder ein UML-Komponentendiagramm kann die Beziehungen (Interak-tionen) zwischen relevanten Systemkomponenten und ihre Rolle in der Gesamtarchitek-tur genauer darstellen.[38] Zwischen den Systemelementen sollten die Datenflüsse erfasst werden, wobei zwischen anonymen und personenbezogenen sowie sensiblen Datenflüs-sen zu unterscheiden ist. High-Level-Entity-Relationship-Modelle (ERMs) können bei Be-darf die Datenflüsse detailliert beschreiben, einschließlich der für die Datenverarbeitung Verantwortlichen und der Auftragsverarbeiter mit ihren jeweiligen Verantwortlichkeiten (im Einklang mit der Europäischen Datenschutzgrundverordnung (Europäische Kommis-sion, 2016). Im Allgemeinen ist es ratsam, dass die für ein VBE-Projekt verwendeten Be-triebskonzeptsdarstellungen folgende Gütekriterien berücksichtigen (Moody, 2009):
–   die Details der Darstellung sind ausgewogen, um Stakeholder nicht zu überfordern,
–   mehrere Stakeholder-Perspektiven werden in einem einheitlichen Modell erfasst,

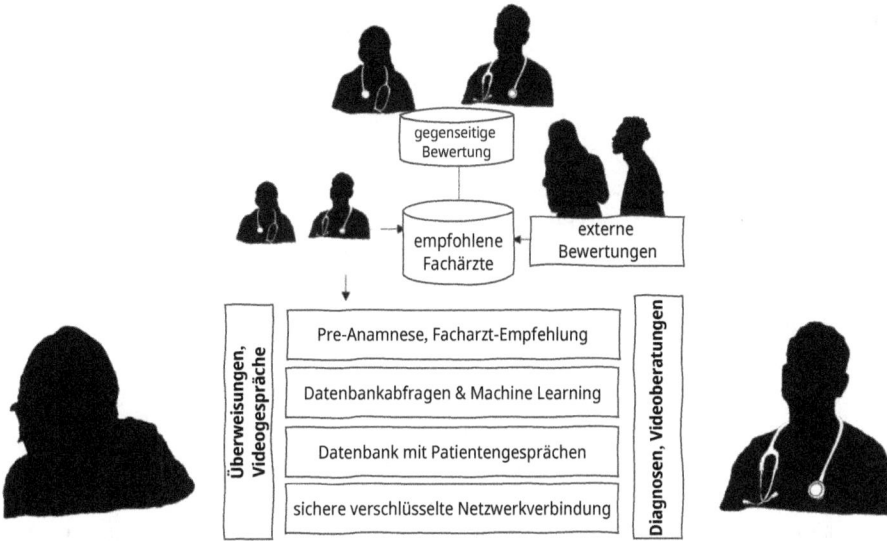

Abbildung 4.3: Ein Blockdiagramm kann das ursprüngliche SOI veranschaulichen.

- die verwendeten Symbole sind intuitiv verständlich,
- Unübersichtlichkeit verwendeter visueller Elemente wird vermieden,
- wiederkehrende Symbole bleiben konsistent,
- die Notwendigkeit, sich an Details zu erinnern, wird durch die visuelle Darstellung von Schlüsselinformationen minimiert.

Wenn das SOI noch in einem „Greenfield-Status" ist (also ganz neu ist), muss die Modellierung nicht ganz so detailliert sein, wie es viele IT-Modellierungssprachen zulassen. Es muss jedoch ein strukturierter Überblick über die relevanten technologischen Komponenten und Datenflüsse auf hoher Ebene vorhanden sein. Die Feldarbeit des VBE hat außerdem gezeigt, dass Modelle des Betriebskonzepts idealerweise Informationen integrieren sollten, die in klassischen Modellierungssprachen so nicht vorkommen. Dazu gehören:
- voraussichtliche Punkte ethischer Herausforderungen,
- geographisch und rechtlich relevante Rahmenbedingungen,
- die Höhe der Abhängigkeit eines SOI von SOS-Komponenten,
- der bestehende Grad an Zugänglichkeit/Verwaltbarkeit von SOS-Komponenten,
- voraussichtliche Probleme bei der Datenqualität,
- verschiedene Datensensibilitäten.

Wenn VBE auf bereits bestehende Systeme angewandt wird oder die spezifischen ethischen Herausforderungen eines komplexen Netzes bestehender Systemkomponenten analysiert, dann können die zum Verständnis des SOI verwendeten Modelle recht detailliert und komplex sein.

Kontextdiagramme

Ein möglicher Modellierungsansatz ist die Erstellung eines Kontextdiagramms, das die externen Abhängigkeiten eines SOI zeigt (Abbildung 4.4). Es handelt sich hier um eine grafisches Modelldarstellungsvariante, die die Datenflüsse und damit auch die Serviceabhängigkeiten zwischen einem SOI und seiner Umgebung erfasst.[39] Diese Abhängigkeiten sind für das Verständnis eines SOI und seiner Resilienz besonders wichtig. Wenn Organisationen nicht verstehen, woher ihre Daten kommen, welche kontextuelle Bedeutung die Daten mitbringen, welche Syntax und Semantik sie haben, wie zuverlässig sie zur Verfügung stehen und wie sie verteilt und verwaltet werden, dann kann ein System so schnell im Chaos versinken, wie ein Garten verwelkt.

Nehmen Sie das Beispiel einer Telemedizin-Plattform (im Folgenden mit „TM" abgekürzt). Das Wiener TM-Startup hatte die Vision, dass Patienten sich in seine Plattform einwählen, um per Video mit einem Allgemeinmediziner (Arzt) zu sprechen und eine erste Diagnose zu einer möglichen Krankheit zu erhalten. Die TM-Ärzte würden erste Ratschläge erteilen, Rezepte ausstellen und Krankschreibungen ausstellen; ihre Hauptaufgabe würde jedoch darin bestehen, die Patienten an die richtigen Spezialisten weiterzuleiten. Wenn beispielsweise ein Nierenproblem diagnostiziert wird, würde der TM-Arzt auf die TM-Datenbank mit Nierenspezialisten in der jeweiligen Region des Patienten zugreifen und nicht einfach einen beliebig ausgewählten Nierenspezialisten empfehlen, sondern einen besonders gut bewerteten. Die Bewertungen in der Facharztdatenbank von TM sollten aus einem Netzwerk von empfehlenden Ärzten stammen, mit denen TM zusammenarbeitet (Abbildung 4.4). Das Kontextdiagramm, das diese Organisationsidee visualisiert, zeigt, dass alle betriebsrelevanten Verbindungen von TM mit seiner Umgebung (angrenzende IT-Systeme) die Übertragung sensibler persönlicher Gesundheitsdaten beinhalten. Das Diagramm signalisiert damit, wie sorgfältig der Datenaustausch organisiert werden muss. In solchen Situationen könnte die rechtliche Machbarkeit des SOI auf dem Spiel stehen. Das Diagramm verdeutlicht auch, wie viele externe Partner nötig sind, von denen ein nahtloser, ungestörter Datenaustausch abhängt. Das Kontextdiagramm gibt einen ersten Einblick in die Verlässlichkeit und Vulnerabilität des Unternehmens.

Im Allgemeinen ermöglichen Kontextdiagramme den Projektteams eine erste Diskussion darüber, welche Systemkomponenten sich am besten für den Betrieb innerhalb der eigenen, gut kontrollierten Organisationsgrenzen eignen und welche problemlos an einen „System-of-Systems"-Partner ausgelagert werden können. Viele Unternehmen arbeiten heute in einer innigst verwobenen Weise mit ihrem größeren „System-of-Systems"-Netzwerk (SOS). An ihren organisatorischen Grenzen bilden sie Schnittstellen zu Webservices, Datenbanken und Codekomponenten (Systeme von Drittanbietern), wo jeder Partner sich auf seine Kernkompetenzen fokussieren kann. Ian Sommerville definiert ein SOS als ein System, das zwei oder mehr unabhängig verwaltete Elemente enthält (Sommerville, 2016). Wie das Kontextdiagramm zeigt, plante TM, sich auf eine Videochat-Anwendung eines externen Videodienstleisters zu verlassen. Die Firma wollte die Gesundheitsdaten der Patienten bei einem externen Cloud-Service-Anbieter speichern. Sie dachte daran, zusätzlich zu den gesammelten Diagnosedaten einen potenziell externen KI-Dienst zur Vorabdiagnose zu nutzen. Für den Versand von Rezepten, Überweisungen und Krankschreibungen per Post an die Patienten wurde ein externer Kurierdienst in Betracht gezogen. Somit wurden zunächst mindestens vier externe Partnersysteme, die für die Leistungserbringung von grundlegender Bedeutung sind, für das SOI in Betracht gezogen.

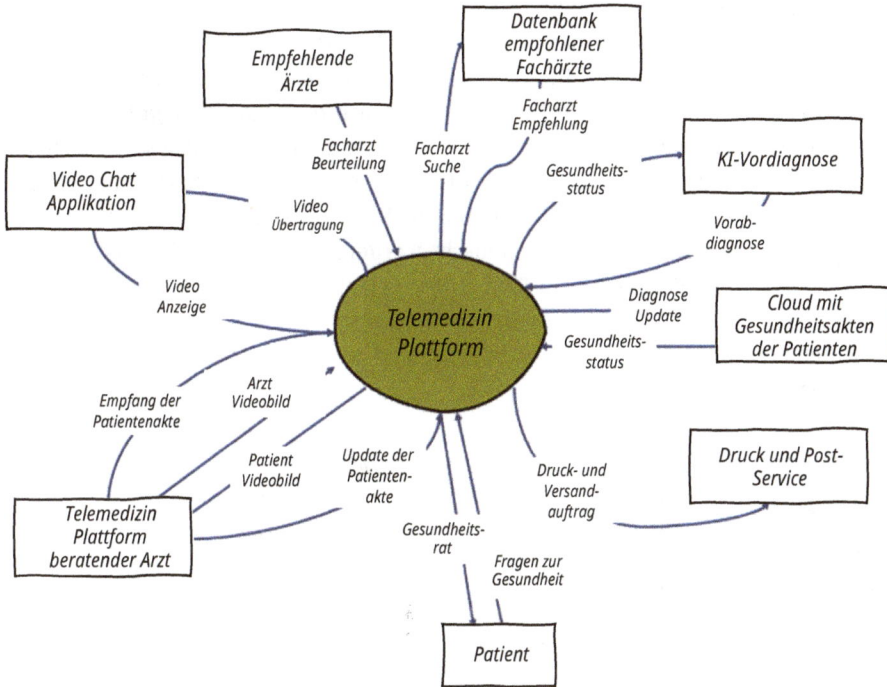

Abbildung 4.4: Kontextdiagramm der Telemedizin-Plattform.

Warum die SOS-Analyse wichtig ist

Unternehmen sollten sich darüber im Klaren sein, dass eine detaillierte SOS-Analyse in ihrem ureigensten Interesse ist, um ihre Risiken wirklich zu verstehen. Alle technisch ausgelagerten SOS-Dienstleistungskomponenten präsentieren sich den Kunden letztlich als *ein* System. Die Kunden werden die Organisation mit der sie sichtbar interagieren immer als diejenige Instanz betrachten, die für alle auftretenden ethischen oder wertbezogenen Probleme verantwortlich ist. Selbst wenn TM sich also als nicht verantwortlich für seine Servicepartner wie den Videoanbieter oder den Druck- und

Postdienstleister betrachten mag, werden TMs Kunden dies dennoch so sehen. Aus diesem Grund sollte die Entscheidung über die Aufteilung der Arbeiten zwischen dem SOI und den externen SOS-Einheiten nicht nur auf der Grundlage von Kosten- oder Effizienzberechnungen getroffen werden. Stattdessen sollte diese Arbeitsverteilung als fundamental für die Qualität der Dienstleistung verstanden werden. Darüber hinaus ist sie relevant für die Unternehmensmarke, den langfristigen Markterfolg des Unternehmens, die Kundentreue und die Fähigkeit, die von den Kunden zugeschriebene Verantwortung effektiv zu tragen. Unternehmen, die VBE betreiben, müssen diese Dynamik sehr gut kennen – und daher von Beginn eines Projekts an die Verantwortung für ihr SOS-Ökosystem übernehmen.

Diese Verantwortung für die Partner in der Lieferkette wird durch die Pfeile im Kontextdiagramm dargestellt. Diese zeigen die Richtung der Datenaustauschströme mit den Partnern sowie mit den Nutzern an. Innovationsteams können jede externe Entität auswählen und einzeln über die rechtliche, soziale und ökologische Machbarkeit der Partnerschaft nachdenken. Was kann an dieser Schnittstelle schief gehen? Was sind die Herausforderungen? Was sind die Vorteile? Wie hoch ist das Risiko? Sobald personenbezogene Daten ausgetauscht werden, sind ethische Herausforderungen im Zusammenhang mit dem Schutz der Privatsphäre und der Sicherheit der Daten zu erwarten. Die Herausforderungen werden noch größer, wenn die ausgetauschten personenbezogenen Daten sensibel sind, nicht rechtmäßig erhoben wurden oder eine zweifelhafte Qualität aufweisen.

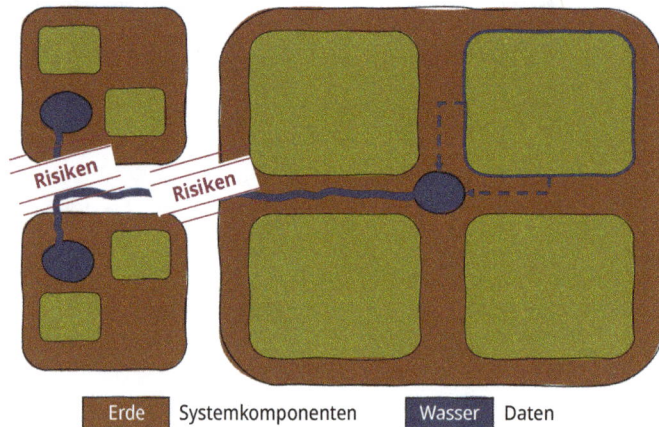

| Erde | Systemkomponenten | Wasser | Daten |

Abbildung 4.5: Einige Teile eines SOI sind risikobehaftet.

Es sind jedoch nicht nur Datenfragen, die an der Schnittstelle zwischen Organisationseinheiten analysiert werden sollten. Es sind auch die Art, der Hintergrund und das allgemeine Risiko, das mit den Partnern verbunden ist, über die eine ethische wertorientierte Organisation nachdenken sollte (Abbildung 4.5). Bei einem VBE-Projekt in

Afrika stellte sich beispielsweise heraus, dass einer der früh ins Auge gefassten SOS-Partner ein potenziell fragwürdiges Apartheid-Erbe hatte. Daher empfahl dar VBE-Fokus, die Aktivitäten dieses Partners noch einmal zu überprüfen. „Zeig mir deine Freunde, und ich sage dir, wer du bist", wie ein altes Sprichwort sagt.

Analyse der Wertschöpfungspartner

Die Analyse des SOS- bzw. der Wertschöpfungspartner (ihre Datenverwendungsbedingungen, ihr Unternehmen, ihre Art, ihr Hintergrund, ihre Philosophie und ihre Datenverwaltung) erfordert Nachforschungen und Hintergrundprüfungen. Und eine solche Analyse allein ist nicht ausreichend. Das VBE verlangt vor allem, dass Organisationen auch eine ausreichende Kontrolle über die von ihnen ausgewählten Dienstleistungen der Partner an den Schnittstellen haben. Eine entscheidende Aktivität, die der IEEE 7000^{TM}-Standard vorschreibt, besagt, dass die SOI-Organisation „Zugang zu den zu verwendenden Systemen oder Diensten" benötigt (S. 38). Dies bedeutet, dass es VBE nutzenden-Organisationen nicht empfohlen wird, einfach eine Schnittstelle zu unhinterfragten Standarddiensten (COTs) oder zu unerklärbaren KI-Blackbox-Komponenten zu schaffen. Stattdessen sollten sie auf „anerkennende" oder „gesteuerte" Formen der Partnerschaft hinarbeiten (ISO, 2015) (Abbildung 4.6). Anerkennende Formen der SOS-Partnerschaft integrieren nur dann unabhängig voneinander betriebene Systemelemente, wenn die Betreiber ein Service Level Agreement (SLA) und ein gemeinsames abgestelltes Schnittstellenmanagement aufsetzen, das für den Diensteaustausch verantwortlich ist. Die Bedingungen für den Zugang zu den Systemen des Partners können im SLA festgelegt werden. Alternativ können zwei Partner beschließen, bei der Bereitstellung eines Dienstes von Vornherein zusammenzuarbeiten; eine Art Joint Venture, wo sie gemeinsam die jeweilige Dienstvision integrieren und auf diese aufbauen. Letzteres ist eine gerichtete Form der Partnerschaft. Hier können die Partner von Anfang an die Kontrolle über ethische Herausforderungen sicherstellen.

Es ist jedoch so, dass die meisten der heutigen IT-Systeme in Wirklichkeit mit Hilfe von weit weniger kontrollierbaren externen Servicekomponenten aufgebaut werden. Diese Form der Zusammenarbeit wird als „kollaborativ" oder „virtuell" bezeichnet. Ein Beispiel für ein solches kollaboratives SOS ist die Integration einer externen Zahlungskomponente in die Website eines Online-Händlers. Selbst ein kleiner Online-Händler kann seinen Kunden auf diese Weise die Kreditkartenabwicklung anbieten, ohne das Clearing und die Verarbeitung selbst vorzunehmen. Ein weiteres Beispiel ist die Bereitstellung von Cloud-Diensten, die dafür sorgen, dass auch kleine Websites und Dienste ihren Betrieb schnell skalieren können, ohne an Hardware-oder Verarbeitungsgrenzen zu stoßen.

Wenn es um so ausgereifte und allgegenwärtig genutzte Servicekomponenten wie Zahlung oder Datenspeicherung und -verarbeitung geht, ist es für eine SOI-Organisation schwierig, auf eine Partnerschaft mit großen COT-Diensten zu verzich-

SOS Typen	Beschreibung nach ISO/IEC/IEEE 15288-2015	Beobachtbarkeit ethischer Herausforderungen	Kontrolle über ethische Herausforderungen
Virtuelle Systeme	Es gibt keine zentrale Managementverantwortung Es gibt keinen gemeinsam vereinbarten Zweck des Systems Emergentes Systemverhalten, was auf kaum wahrnehmbaren Mechanismen aufsetzt	Keine	Keine
Kollaborative Systeme	Komponenten interagieren aus freien Stücken, um vereinbarten Zweck zu erfüllen Gemeinsame Entscheidung darüber, wie interoperiert wird Gemeinsame Durchsetzung und Anpassung von Standards	niedrig	niedrig
Anerkennende Systeme	Anerkennung von gemeinsamen Zielen Designiertes Management & Ressourcen für das SOS Unabhängiger Besitz konstituierender Systeme mit separatem Management & Ressourcen	mittel	mittel
Gesteuerte Systeme	Integriertes SOS, das gemeinsam gebaut und gemanagt wird für einen bestimmten Zweck Zentral gemanagt und weiterentwickelt Die konstituierenden Systeme behalten die Fähigkeit unabhängig voneinander zu laufen Normaler operativer Modus ist dem zentralen Zweck untergeordnet	hoch	hoch

Abbildung 4.6: Arten von Wertschöpfungspartnern (S. 67 IEEE, 2021a – eigene Übersetzung aus dem Englischen).

ten und stattdessen auf einer anerkennenden oder gesteuerten Form der Partnerschaft zu bestehen, was ihnen erlauben würde, ethischen Herausforderungen zu begegnen. Aus diesem Grund schreibt IEEE 7000^{TM} keine anerkennenden oder gesteuerten Formen der SOS-Zusammenarbeit vor, obwohl der Standard das empfiehlt. Abbildung 4.6 fasst die verschiedenen Formen von SOS-Partnerschaften zusammen, wie sie in ISO 15288 (ISO, 2015) enthalten sind und im Anhang E des IEEE 7000^{TM} Standards ergänzend übernommen wurden (S. 66 ff. in IEEE, 2021a).

Kontrolle über externe KI-Komponenten

Eine besondere Form der Partnerschaft ist das Zusammenspiel mit einer KI-basierten Servicekomponente, wobei eine externe „Fähigkeit", „Intelligenz" oder ein „Basismodell" in ein SOI integriert wird (Erkennen Sie die KI-Komponente in Abbildung 4.7?). Systeme werden mit dem Begriff „Künstliche Intelligenz" in Verbindung gebracht, wenn komplexe Datenverarbeitungstechniken wie maschinelles Lernen zum Einsatz kommen, aber auch, wenn traditionellere Algorithmen auf Big Data Volumina angewendet werden und wenn sie relativ autonom agieren.[40]

Damit ein externer KI-Dienst auf vertrauenswürdige Weise integriert werden kann, sieht der IEEE 7000[TM]-Standard vor, dass die folgenden Punkte kontrolliert werden sollten:

- die Qualität der im KI-System verwendeten Daten;
- die Datenselektionsprozesse, die der KI zugrunde liegen;
- das Algorithmus-Design;
- die Entwicklung der KI-Logik und
- die Nutzung der besten verfügbaren Techniken (zu Englisch „BATs" oder „best available techniques") für ein ausreichendes Maß an Transparenz darüber, wie die KI lernt und zu ihren Schlussfolgerungen kommt. (S. 68 in IEEE, 2021a)

Abbildung 4.7: Komplexe SOS-Umgebungen können KI-Dienste enthalten, die ihrerseits mit anderen Diensten verknüpft sind.

Herausforderungen bei der Konzeption und Kontextanalyse

Bestimmung der Systemgrenzen

Eine Herausforderung bei der Analyse von Partnersystemen besteht darin, dass Organisationen ethisch relevante Schnittstellen ihres SOI zu anderen Dienstleistern ignorieren können. Sie können also ihre wahren, aus ethischer Sicht relevanten Systemgrenzen falsch einschätzen (Abbildung 4.8). Nehmen Sie den Fall des oben beschriebenen Einzelhändlers, der RFID in seinen Geschäften einführen wollte und in diesem Zusammenhang die Datenschutzfreundlichkeit seiner RFID-basierten Einzelhandelskassen prüfen musste. Das Unternehmen argumentierte, dass die Kassensysteme, die physisch in den Supermärkten eingesetzt werden, eigentlich keine Datenschutzprobleme hätten, da sie lediglich RFID-Lesegeräte verwenden, um die Waren der Kunden vor Ort auszulesen und die Rechnung zu erstellen. Bei solchen dezentralen Abrechnungstransaktionen im Supermarkt würden keine personenbezogenen Daten anfallen. Was der Einzelhändler bei dieser Analyse außer Acht ließ, war der Datenaustausch seiner Kassensysteme mit dem nationalen Bonuspunkteprogramm, an dem das Unternehmen teilnahm. Mit dem Bonuspunkteprogramm würde jeder Kunde später mit allen seinen Einkäufen in der Datenbank des Betreibers verwaltet werden, was in der Tat ein Datenschutzproblem darstellt. Dieses Beispiel macht deutlich, dass Unternehmen versucht sein können, nur die Systemelemente in eine VBE-Wertanalyse mit einzubeziehen, von denen sie bereits ahnen, dass sie ethisch und rechtlich unproblematisch sind. Oder sie unterschätzen einfach die Komplexität und die risikoreichen Bereiche ihres eigenen Betriebs. Das VBE ermutigt Organisationen, sich ihren komplexen Interaktionsherausforderungen zu stellen und alle stattfindenden Datenaustausche rigoros zu überprüfen, insbesondere diejenigen, bei denen personenbezogene Daten im Spiel sind.

Umgang mit der Komplexität des SOI und SOS

Eine weitere Herausforderung, die sich stellen kann, ist die Komplexität eines SOI. Manchmal sind so viele externe Elemente und Partner involviert, dass ein Unternehmen, das sich mit VBE beschäftigt, nicht weiß, wo es anfangen soll und wie detailliert es die einzelnen Partner betrachten soll. In diesem Fall ist es nicht ratsam, alle Voranalysen und ethischen Fragen aus einer einzigen Sicht auf das SOI zu untersuchen. Vielmehr ist es hilfreich, das Betriebskonzept in mehrere Teile aufzuspalten, das heißt, eine Reihe von unterschiedlichen „SOI-Ansichten" zu schaffen, die dann separat analysiert werden können (Abbildung 4.9).

Eine separate SOI-Ansicht für die ethische Analyse ist wichtig für diejenigen SOS-Partnerstrukturen, die aller Voraussicht nach Einfluss auf den ethischen Charakter eines SOI haben (ihre Sicherheit, Zuverlässigkeit, Vertrauenswürdigkeit usw.). Wenn ein SOS-

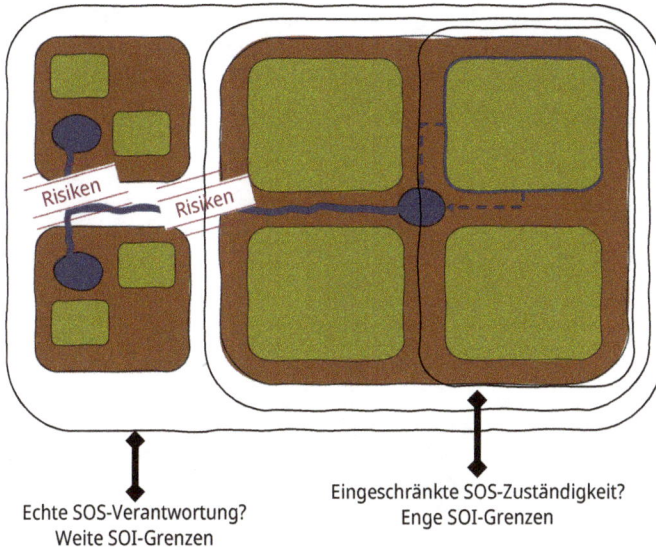

Risiken

Risiken

Echte SOS-Verantwortung?
Weite SOI-Grenzen

Eingeschränkte SOS-Zuständigkeit?
Enge SOI-Grenzen

Abbildung 4.8: Die Analysegrenzen eines SOI mit seinem SOS müssen festgelegt werden.

Partner X beispielsweise einen großen Teil der Daten liefert, die das untersuchte SOI benötigt, um einen Dienst anzubieten, und wenn diese externen Daten ein bestimmtes Qualitätsniveau haben müssen, dann würde die Beziehung zwischen diesem Partner X und der SOI-Organisation eine eigene Analyse durch eine eigene SOI-Ansicht erforderlich machen. In einer solchen separaten SOI-Ansicht würde eine VBE-Organisation versuchen, die besonderen Operationen ihres Partners X zu verstehen und dessen spezifisches Verhalten zu prüfen, um die potenziellen ethischen Auswirkungen dieser besonderen Partnerschaft zu verstehen. Dies könnte die Prüfung der Methoden der Datenerhebung, der Datenqualität, der Richtlinien zur Datennutzung usw. umfassen.

Die afrikanische Talentplattform von UNICEF kann als Beispiel dienen, um die Bedeutung der SOI-Ansichten zu veranschaulichen. Das ursprüngliche Konzept sah die Zusammenführung von Daten und den Austausch von Informationen mit drei Partnern A, B und C vor. Bei A handelte es sich um eine Lernplattform, die Afrikaner zu Online-Lernwettbewerben herausfordert, bei B um ein Umfrage-Tool, das jungen Afrikanern Fragen zu regionalen Themen stellt, und bei C um ein System, das Bonuspunkte für kleine Arbeitsaufgaben vergibt, die gegen Lebensmittel oder Transportdienstleistungen eingetauscht werden können. Die VBE-Analyse erforderte in diesem Fall drei getrennte SOI-Ansichten, eine für jeden der Partner. Diese Dreiteilung des Betriebskonzepts war bedeutsam, da Partner A, die Lernplattform, eine eher oberflächliche Bewertung und Einstufung seiner Nutzer vorzunehmen schien und daher das Risiko bestand, dass A eine fragwürdige Datenqualität liefert. Der vorgesehene Partner B stellte Daten zu äußerst sensiblen Themen wie Genitalverstümmelung zur Verfügung – Informationen, die verständlicherweise ein hohes Maß an Vertraulichkeit benötigten. Und Partner C hatte den oben bereits erwähnten Apartheid-Hintergrund, der noch eingehender ge-prüft werden musste. Bei jeder Partnerschaft war die ethische Dienstleistungsvision der SOI daher anfällig für einzigartige Risiken. Aus diesem Grund wurde die VBE-Analyse für die Wertanalyse in drei separate SOI-Ansichten aufgeteilt, wobei die einzelnen Part-ner-Stakeholder jeweils mit an Bord waren.

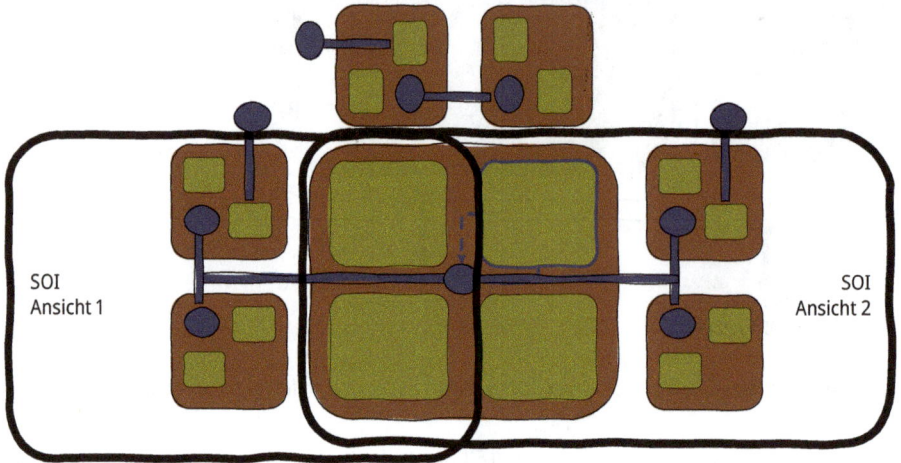

Abbildung 4.9: Verschiedene SOI-Ansichten erleichtern die VBE-Analyse.

Identifizierung der richtigen Stakeholder

Sobald die Konzeption des Systems, die Systemgrenzen und die Partner klar sind, ist es möglich, die relevanten Stakeholder zu identifizieren (Abbildung 4.10). Stakeholder sind Einzelpersonen, Organisationen, Gruppen oder andere Einheiten, die ein SOI be-einflussen können, von ihm betroffen sind oder sich von ihm betroffen fühlen. Sie „haben ein legitimes Recht, einen Anteil, einen Anspruch, einen Einfluss oder ein Inte-resse an dem System" (S. 10 in ISO, 2015). Es sollten zwei Kategorien von Stakeholdern unterschieden werden: Erstens diejenigen, die direkt mit einer Technologie interagie-ren, wie zum Beispiel Menschen, die das System direkt nutzen (Endnutzer) oder Orga-nisationen, die das System kaufen (Käufer). Und zweitens diejenigen „Stakeholder, die zwar nie oder selten als Endnutzer mit dem System interagieren, aber dennoch von dem System betroffen sind" (S. 38 in Friedman & Hendry, 2019). Die letzte Gruppe wird als „indirekte Stakeholder" bezeichnet. Beispiele hierfür sind Gemeinden, Nach-barschaften, Institutionen, Nationalstaaten und zukünftige Generationen – aber auch Tiere, die Natur oder Entitäten mit historischer oder heiliger Bedeutung.

Das VBE verlangt, dass alle diese Stakeholder identifiziert werden und dass rele-vante und geeignete Vertreter ernannt werden, die diese in jeder einzelnen Phase der weiteren Systemanalyse und des Systemdesigns vertreten. Die Stakeholder werden nicht in einer homogenen Gruppe namens „Nutzer" zusammengefasst. Stattdessen werden sie in ihren spezifischen Rollen anerkannt, ähnlich dem, was Usability-Forscher als „Personas" bezeichnen (Pruitt & Grudin, 2003).[41] Da ein SOI (oder besser gesagt, SOS) normalerweise Menschen in so vielen verschiedenen Rollen betrifft, hat nur eine umfangreiche und vielfältige Gruppe von Stakeholder-Vertretern eine Chance, ein zuverlässig vollständiges Wertespektrum für das SOI zu antizipieren. Stakeholder-Vertreter sollten für Minderheiten sensibilisiert und kritisch gegenüber dem SOI sein. Jede internationale Einführung einer Technologie sollte von der Einbeziehung von Stakeholder-Vertretern begleitet werden, die aus den Regionen der Welt stammen, in denen ein System ausgerollt werden soll (Abbildung 4.10).

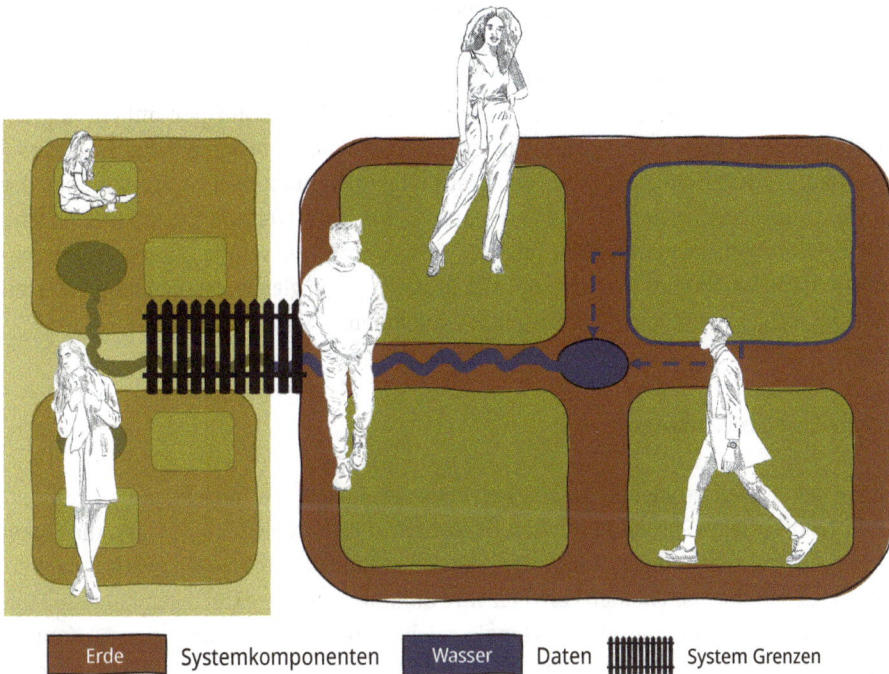

Abbildung 4.10: Ein System hat direkte und indirekte Stakeholder.

Im Fall der Telemedizinplattform wurden 20 solcher unterschiedlichen Stakeholder-Rollen identifiziert. Bei den Patienten war es beispielsweise sinnvoll, zu differenzieren zwischen Studenten, die an Prüfungstagen schnell und effizient krankgeschrieben werden wollten, älteren Patienten, die von dem Fernservice besonders hätten profitieren können, aber keinen Internetzugang haben, oder ausländischen Patienten, die die Landessprache nicht sprechen oder vielleicht nicht versichert sind. Zu den indirekten Stakeholdern gehörten junge Ärzte, deren Ruf noch nicht ausreicht, um eine gute Bewertung zu erhalten, oder die Berufsgenossenschaft (Ärztekammer), die eine Sicht darauf hat was passiert, wenn sich die Vertreter eines Fachs gegenseitig auf einer Plattform bewerten sollen. Im letzteren Fall war der Stakeholder keine Person, sondern eine von dem SOI betroffene Gemeinschaft.

Für den Unternehmenskontext hat Ulrich (2000) gezeigt, dass auch die Quellen der Motivation, der Macht und des Wissens der Stakeholder sowie ihre Legitimation bei der Auswahl berücksichtigt werden sollten (Abbildung 4.11). Leitende Angestellte werden beispielsweise oft unter Druck gesetzt, sich strikt auf Einnahmen und Gewinne zu konzentrieren, anstatt ein ethisches und von Werten inspiriertes Design zu verfolgen. Sie werden vielleicht zu Kostensenkungen durch IT gedrängt, zu billigen Lösungen, Automatisierung (Ersatz von Arbeitsplätzen) oder zu anderen ethisch zweideutigen Zielen. Neben diesen divergierenden Motivationen bringen Stakeholder auch unterschiedliche Weltanschauungen mit. Die persönliche Wertwahrnehmung, politische Einstellungen, Tugendhaftigkeit, intellektuelle Stärke und Weitsicht variieren. Zusätzlich zu dieser individuellen Vielfalt sind Organisation auch einer internen Politik ausgesetzt. Das „Politisieren" bezieht sich nicht nur auf persönliche Machtspiele, sondern auch auf die Tatsache, dass Stakeholder unterschiedliche Interessengruppen vertreten müssen (z. B. Aktionäre oder Arbeitnehmer), wenn sie über die Einführung eines neuen IT-Systems entscheiden (für weitere Einzelheiten siehe S. 173–176 in Spiekermann, 2016). Bei VBE-Projekten ist es wichtig, dass solche Dynamiken vorab verstanden werden und alle Parteien einen gleichermaßen respektierten Platz am Projekt- und Verhandlungstisch einnehmen.

Ideale Sprechsituationen

Aufgrund der unterschiedlichen Hintergründe der Stakeholder benennen das VBE und IEEE 7000^{TM} ideale Sprechsituationen (Habermas, 1985) als elementar, wenn die Stakeholder zusammenkommen. Von Anfang an sollen Projektbedingungen geschaffen werden, in denen die Stakeholder-Vertreter ihre Stimme wirksam einbringen können. Mingers und Walsham haben die Merkmale solcher Sprechsituation für den IT-Kontext beschrieben (Mingers & Walsham, 2010). Ihnen zufolge sollte den Stakeholdern eine gleichberechtigte Beteiligung ermöglicht werden, sie sollten ermutigt werden, Ansprüche und Behauptungen anderer Teilnehmer kritisch zu hinterfragen, und sie sollten in der Lage sein, ihre Einstellungen, Wünsche und Bedürfnisse frei zu äußern (für weitere Einzelheiten siehe S. 173–176 in Spiekermann, 2016). Im IEEE 7000^{TM} Transparency Management Prozess für VBE werden organisatorische Regeln für Transparenz und Kommunikation ausgeführt. Es wird darauf hingewiesen, dass Argumente von Stakeholdern wahrheitsgemäß, sachlich korrekt, verständlich und aufrichtig sein müssen (S. 50 in IEEE, 2021a).

Abbildung 4.11: Stakeholder-Dialog braucht Diskursethik.

Die soziotechnische Natur eines SOI

Vor dem Hintergrund der Überlegungen zu den Stakeholdern und der erweiterten Analyse des SOS wird deutlich, dass das Verständnis des Wortes „System" im Value-Based Engineering und im IEEE 7000^{TM} ein sozio-technisches ist. Während ein Kontextdiagramm nur eine erste rein technische Kontextsicht abbilden würde, sorgt eine umfassendere Einbeziehung von Stakeholdern dafür, dass ethische Belange der Gesellschaft als Ganzes einbezogen werden. Soziotechnische Systeme betrachten Technologie als eingebettet in organisatorische, öffentliche oder private Prozesse, die Politik, Menschen, Präferenzen und Anreizsysteme umfassen (Mumford, 2000).

Machbarkeitsanalyse

Wenn ein Projekt die verschiedenen Analysen des SOI durchlaufen hat und dabei den Kontext, die Schnittstellen, die Partner und die Stakeholder untersucht hat, gewinnt es ein gutes Verständnis für die Machbarkeit des SOI. Es entsteht ein strukturiertes und fundiertes Urteil darüber, ob es sinnvoll ist, eine Technologieidee zu verfolgen oder nicht. Daher sollte jede der vier detaillierten Analysen in dieser VBE-Phase (Abbildung 4.12) von Anmerkungen dazu begleitet werden, was die Ergebnisse für die Machbarkeit des Systems bedeuten.

Machbarkeitsanalysen können mehrere Bewertungsdimensionen haben (Hoffer, George, & Valacich, 2002; Spiekermann, 2016), darunter:

- eine rechtliche Machbarkeitsbewertung der potenziellen rechtlichen oder vertraglichen Auswirkungen des SOI;
- eine politische Machbarkeitseinschätzung, wie die wichtigsten Stakeholder der Organisation das SOI sehen;
- eine technische Machbarkeitsbewertung der Entwicklungsorganisation, die das vorgeschlagene SOI errichten soll;
- eine operative Machbarkeitsbewertung, ob und wie sich das SOI in den bestehenden Betrieb einfügt.

Bei VBE-Projekten wird diese Liste um die *ethische* Machbarkeitsanalyse ergänzt:
- Bei der ethischen Machbarkeit geht es um die Adressierbarkeit der als essenziell erachteten und vom Projekt beeinträchtigten Stakeholderinteressen.

Jeder dieser Aspekte der Machbarkeitsbewertung leitet das Projektteam dazu an, das SOI aus einer eigenen Perspektive zu betrachten. Und jede der Bewertungen kann zu weiteren Verfeinerungen und Anpassungen des Betriebskonzepts führen, was wiederum Auswirkungen auf die Kosten und die Komplexität des Projekts und damit auf den Business Case haben wird. Aus diesem Grund sollte die erste Phase des VBE idealerweise auch mit der Erstellung des Business Case abgestimmt werden, damit eine realistische Einschätzung der tatsächlichen Projektrisiken inkludiert ist. Eine wirtschaftliche Bewertung der tatsächlichen finanziellen Vorteile und Kosten eines SOI kann hier eingebracht werden, ebenso wie eine Bewertung des Zeitplans: Kann das SOI in dem erforderlichen Zeitrahmen abgeschlossen werden, um den Unternehmenszielen zu entsprechen und die voraussichtlich entstehenden Wertpotenziale und Herausforderungen zu bewältigen?

Die Machbarkeit eines SOI in Frage stellen

Politische, rechtliche und ethische Machbarkeit sind Kerndimensionen für das VBE (unter Einbeziehung der in IEEE 7000[TM] beschriebenen sozialen und ökologischen Mach-

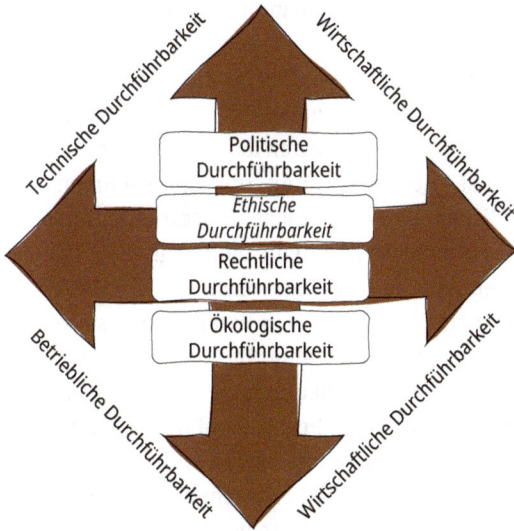

Abbildung 4.12: Dimensionen der Machbarkeit eines SOI.

barkeit). Die Prüfung der politischen Durchführbarkeit eines neuen Systems bedeutet, dass bewertet wird, ob die wichtigsten Interessengruppen das System unterstützen werden. Ein System kann beispielsweise die Arbeitszufriedenheit der Mitarbeiter oder die Zufriedenheit derjenigen beeinflussen, die das SOI aufbauen und vermarkten sollen. Ganz allgemein werden alle relevanten Interessengruppen, die in dem/den Einführungskontext (en) befragt werden, natürlich eine Meinung zu dem SOI haben. Beachten Sie jedoch, dass die *politische* Machbarkeit nicht unbedingt mit der *ethischen* Machbarkeit gleichzusetzen ist. Maßnahmen, die politisch durchkommen, das heißt von Interessengruppen akzeptiert werden, sind noch lange nicht automatisch gut. Politische Durchführbarkeit bedeutet, dass die Interessengruppen das SOI und seine Auswirkungen hinnehmen. Sie glauben, dass sie damit leben können. Aber nicht alles, was politisch akzeptiert wird und sogar wirtschaftlich und rechtlich machbar ist, erzeugt zwangsläufig positive Werte, die ethisch wünschenswert sind. Nehmen Sie nochmals das Beispiel der Logistikprozesse bei Amazon. Natürlich müssen diese als politisch machbar erschienen sein, als das Unternehmen sie zum ersten Mal einführte. Sie waren sicherlich auch wirtschaftlich sinnvoll. Und vermutlich prüft ein professionelles Unternehmen wie Amazon die rechtliche Machbarkeit seiner Workflow-Systeme bevor es sie einführte. Wenn jedoch ethische Probleme auftauchen (in diesem Fall die schlechte Behandlung von Arbeitnehmern), sinkt die Motivation, tauchen Whistleblower auf und beobachten politische Entscheidungsträger die ethischen Herausforderungen solcher Systeme im Hinblick auf Regulierungsbedarf. Infolgedessen kommt es oft zu negativen Rückkopplungseffekten. Auf die fehlende ethische Vertretbarkeit wird mit neuen Gesetzen und Vorschriften reagiert, die die ursprüngliche politische Akzeptanz im Nachgang in Frage stellen. Am Ende könnte ein Unternehmen wie Amazon gezwungen sein, sein gesamtes Workflow-System umzugestalten, um es mit den Interessen der Stakeholder in Einklang zu bringen.

Ein Re-Engineering von IT-Systemen war zum Beispiel im Zusammenhang mit dem Schutz der Privatsphäre und der Datenschutzgrundverordnung notwendig. Da die Märkte für personenbezogene Daten florieren und Daten als das „Öl" der digitalen Wirtschaft bezeichnet werden, wächst die Versuchung für Unternehmen, die von Kunden eingesammelten persönlichen Daten für nicht unbedingt legitimierte Zwecke zu nutzen. Bis heute ist die Sekundärnutzung von Daten für viele Online-Unternehmen eine wichtige Einnahmequelle. In der Regel verlangen die Unternehmen von ihren Kunden die Zustimmung zur Weitergabe von Daten, indem sie sie unverständliche Geschäftsbedingungen unterschreiben lassen. Die Unternehmen generieren so Zustimmungen von den Nutzern, die die Bedingungen nicht lesen, aber trotzdem unterschreiben. Rechtlich gesehen ist diese Praxis wohl abgesegnet. Weltweite Umfragen zeigen jedoch, dass 80 bis 90 % der Menschen über solche Praktiken besorgt sind und sich mehr Kontrolle über ihre Daten wünschen.[42] Aus ethischer Sicht werden diese Praktiken in Frage gestellt, und die Systeme, die sie ermöglichen, sind Kandidaten für ein Re-Engineering, da die gesetzlichen Sanktionen immer strenger werden.

Das VBE versucht, solche Konflikte oder ein Re-Engineering zu vermeiden, indem es eine ethische Machbarkeitsanalyse von Anfang an integriert. Einer der entscheidenden Beiträge von VBE liegt in der Identifizierung potenzieller negativer Wertexternalitäten in den frühen Phasen des Systemdesigns. Dies geschieht eingehend in der Phase der Werterkundung, die im nächsten Kapitel beschrieben wird. Aber schon in den frühesten Phasen der Konzeption- und Kontexterkundung wird die ethische Machbarkeit abgefragt und festgehalten. Ein guter Test für die ethische Machbarkeit besteht darin, die Projektteams, die das Betriebskonzept ausarbeiten, zu fragen, ob sie bereit wären, die Details der Arbeitsweise ihres SOI online zu veröffentlichen, damit dieses von einer kritischen NGO überprüft werden kann. Wenn eine Organisation diese Frage bejahen kann, befindet es sich auf einem guten Weg.

Konsequenzen der Konzeption und Kontextanalyse

Bei der Analyse dieser ersten VBE- Phase können mehrere Beobachtungen gemacht werden: Erstens wird als Folge dieser ersten Phase des VBE das Betriebskonzept oft nochmal angepasst. Die Organisationen stellen nicht selten fest, dass ihre ursprüngliche Geschäfts- und Dienstleistungsidee nicht unbedingt eine ist, die in dem untersuchten Kontext gut integrierbar ist. Infolgedessen passen sie möglicherweise die Mission des SOI an. Ebenso kann es sein, dass die Organisationen einige ihrer Dienstleistungspartner aufgeben. Es kommt vor, dass Partner durch geeignetere ersetzt werden oder dass die Partner konsultiert werden, um sich gemeinsam auf die

Servicequalität zu einigen. Oder die Organisation beschließt, einige der Serviceelemente, die sie zuvor auszulagern plante, selbst bereitzustellen. Mit anderen Worten, das Ergebnis ist die Entwicklung eines „alternativen Betriebskonzepts".[43]

Zweitens könnte eine Organisation das Gefühl haben, dass ihr SOI überhaupt nicht ethisch vertretbar ist. Die Untersuchung der Konzeption und des Kontexts legt nahe, dass eine weitere detaillierte Analyse der ethischen Fragen und Werte, gefolgt von einem ethisch ausgerichteten Design, per se nicht möglich ist.

Drittens, und das ist ein Punkt, der für Value-Based Engineering spezifisch ist und im IEEE 7000[TM] nicht behandelt wird: Organisationen sollten darüber nachdenken, ob sie überhaupt ein System bauen bzw. in dieses investieren wollen. Innovationsexperten sind sich einig, dass die Auswahl von Innovationsprojekten immer ein Trichter und kein Tunnel sein sollte (Cooper, 2008). Nur weil eine Organisation eine Idee und ein Betriebskonzept hat, heißt das nicht, dass es in dieses System investieren und es weiterverfolgen sollte. Sie kann und sollte bereit sein, von einer Idee Abstand zu nehmen, wenn sie in der ersten Phase der Konzepterkundung feststellt, dass es zu viele Herausforderungen und Probleme zu bewältigen gibt.

Prüfungsfragen

- Wie kann und sollte ein SOI für die weitere VBE-Analyse modelliert werden?
- Welche Formen von SOS-Partnerschaften gibt es, und welche sind für VBE-Projekte ratsam?
- Welche Art von Schnittstellenverantwortung besteht, wenn ein SOI externe KI-Komponenten verwendet?
- Warum kann es eine Herausforderung sein, die richtigen Systemgrenzen zu wählen?
- Warum werden möglicherweise verschiedene SOI-Ansichten benötigt?

Kapitel 5
VBE-Phase 2: Werteerkundung und Priorisierung

Das Ziel der zweiten VBE-Phase ist, die positiven und negativen Wertpotenziale eines SOI zu erkunden und zu priorisieren. Da das SOI mit all seinen Kontextfaktoren und Stakeholdern bereits ausgelotet wurde, ist es möglich, über die positiven Werte nachzudenken, die durch das SOI entstehen können. Und darüber hinaus über die negativen Werte, deren Auftauchen durch ein entsprechend durchdachtes Design verhindert werden soll. Die Antworten auf diese beiden Fragen werden mit Hilfe der Moralphilosophie angegangen, gefolgt von einer Priorisierung und Konzeptualisierung der identifizierten Werte (Abbildung 5.1).

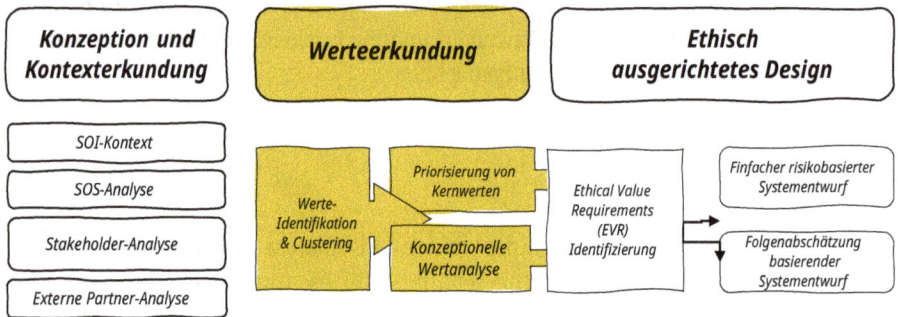

Abbildung 5.1: Die Phase der Werteerkundung im VBE-Prozess.

Bei Ethik geht es nicht (nur) um Moral

Wenn gesagt wird, dass VBE bzw. die Nutzung von IEEE 7000[TM] die Anwendung moralphilosophischer Frameworks impliziere, dann scheint es auf den ersten Blick, als ginge es bei VBE um Unternehmensmoral. Die Beschreibung des IEEE 7000[TM]-Standards als „ethischer Modellprozess" verstärkt diese Vorstellung zusätzlich. Es gibt jedoch einen Unterschied zwischen Moral und Ethik. Moral wird traditionell mit Blick auf menschliches Verhalten definiert, hauptsächlich im Sinne von richtigem, ehrlichem und akzeptablem Verhalten, wie es auch von den kulturellen Normen einer Gesellschaft verlangt wird (Cambridge Dictionary, 2014). Ethik hingegen ist nicht allein auf diese Form von Verhalten beschränkt. Ethik kann sich auch auf Artefakte, Symbole, Beziehungen usw. beziehen (Scheler, 1921 [1973]). In unserem modernen Verständnis ist Ethik ein umfassenderes Konzept als Moral. Das ist wichtig für VBE, was sich in erster Linie mit Maschinen bzw. IT-Systemen befasst.[44] Projektteams werden

https://doi.org/10.1515/9783111633930-005

dazu angehalten, die positiven und negativen Wertpotenziale einer Maschine zu antizipieren und zu bewerten, was zunächst nicht viel mit der Moral von Einzelpersonen zu tun hat. Und selbst wenn die Priorisierung von Werten für das Systemdesign später einer moralischen Anleitung bedarf, so gibt der Ansatz als Ganzes den Organisationen nicht vor, was richtig oder falsch ist. Er hilft ihnen lediglich dabei, darüber nachzudenken, was gut oder schlecht ist. Dieses Nachdenken darüber, was gut für eine Organisation ist und wie dieses Gute (durch ein schlechtes System) untergraben werden könnte, ist von anderer Natur als die Frage der Rechtschaffenheit, die in der Moralphilosophie behandelt wird.[45]

Vor diesem Hintergrund wird Ethik innerhalb des VBE als Theorieapparat genutzt, der die *richtigen* Gründe dafür untersucht, ob dieses oder jenes *gut* ist.[46] Und diese „richtigen Gründe" sind in Werten verankert. Ein gutes System ist ein System, das so konstruiert ist, dass seine Wertdispositionen die Entfaltung relevanter positiver Wertqualitäten auslösen und die Entfaltung negativer Wertqualitäten verhindern. In Übereinstimmung mit diesem Verständnis definiert der IEEE 7000[TM] das Wort „ethisch" als „Unterstützung der Verwirklichung positiver Werte oder der Reduzierung negativer Werte" (S. 18 in IEEE, 2021a). Ein Beispiel ist ein KI-System, das den positiven Wert der Transparenz verwirklicht und gegen einen Mangel an Privatsphäre oder Sicherheit versorgt.

Zur Erkundung von Werten

Der erste Schritt bei der Erkundung von Werten ist, möglichst alle der für das System relevanten Werte zu identifizieren bzw. zu antizipieren. Diese Ermittlung hängt von einem soliden Verständnis des SOI, der Partnerdienste und der Stakeholder ab. Beachten Sie den Ausgangspunkt für diese Wertanalyse: Die Projektteams (einschließlich der Stakeholder) nehmen das konkrete SOI (oder mehrere SOI-Ansichten) unter die Lupe, die technischen Darstellungen, die Systemelemente, die Datenflüsse, die bereits vorhandene Roadmap usw. Der kreative Anker des Projektteams ist also nicht irgendeine generische Technologie oder ein Zukunftsszenario. Es handelt sich vielmehr immer um eine unternehmensspezifische, soziotechnische Darstellung einer konkreten Realität – im Idealfall eine, für die der (zukünftige) Einsatzkontext bereits besucht wurde.

Dieser Ausgangspunkt ist wichtig, denn wenn ethische Diskussionen nicht praktisch an ein konkretes SOI gebunden sind, sondern an eine allgemeine Science-Fiction-Erzählung, dann können sie leicht in die Irre führen. Nehmen Sie den oben beschriebenen Telemedizin-Fall. Eine Zukunftserzählung der Telemedizin im Allgemeinen könnte vorsehen, dass ein virtueller Arzt-Chatbot mit einem Patienten spricht. Die KI-basierte Diagnose würde in einem solchen Szenario vollständig virtuell erfolgen. Ein virtueller Arzt-Chatbot ist wahrscheinlich billiger als ein echter Arzt. Da er über „künstliche" Intelligenz anstelle von „menschlicher" Intelligenz verfügt, würden viele Menschen heutzutage dem Arzt-Chatbot mehr vertrauen als einem menschlichen Arzt. Infolgedessen könnte sich eine ethische Analyse um Fragen wie Arbeitsmarktprobleme für zukünftige Ärzte und die Abwägung der Kosten für fiktive Arzt-Chatbot gegenüber denen für echte Ärzte drehen. Außerdem könnte darüber diskutiert werden, wie ein virtueller Arzt-Chatbot aussehen sollte, ob er vermenschlicht werden sollte usw. Diese Art von Diskussion hilft einem gegenwärtigen Telemedizin-Startup jedoch nicht bei seinem Bestreben, konkrete Designfragen zu lösen, die sich hier und heute mit seinem Telemedizinsystem, seinem Partnernetzwerk und seinen Kunden vor Ort stellen. Die Betrachtung eines konkreten SOI mit den SOS-Partnern, die eine bestimmte und wahrscheinlich begrenzte Reihe von funktionalen Eigenschaften bieten, zwingt ein Projekt dazu, sich auf das zu konzentrieren, was relevant ist: die Werte-Realität des vorliegenden SOI.

Dennoch sind zwei Elemente bei diesem Analysefokus wichtig: Das sind Zeit und Nutzungsumfang. Bei der Betrachtung der Auswirkungen eines SOI geht das VBE konkret immer davon aus, dass das System mindestens in den nächsten zehn Jahren und in großem Umfang, also (flächendeckend), eingesetzt wird; so wie es auch das Value Sensitive Design annimmt (Friedman & Hendry, 2012a). Einige Technologien können auch schon in kleinem Umfang Schaden anrichten. Aber das VBE geht immer von einer gewissen Größenordnung aus, denn in den letzten 30 Jahren hat die Digitalwirtschaft eine Dynamik beobachtet, bei der Netzwerkeffekte zu Systemen führen, die manchmal innerhalb kürzester Zeit Millionen von Nutzern anziehen – was viele Start-ups auch gezielt anstreben. Aber gerade diese unerwartete und schnelle Skalierung ihres Dienstes erzeugt schnell spürbare ethische Probleme für die Gesellschaft. Nehmen Sie das Beispiel Facebook. Die Vorwürfe, mit denen sich Facebook in den letzten Jahren konfrontiert sah, wie zum Beispiel der Vorwurf, demokratische Wahlen zu untergraben, sind aufgrund der einzigartigen Position von Facebook auf dem Markt ins öffentliche Bewusstsein gerückt. Wenn Facebook nur 500 Kunden in Ohio hätte, würde sich kaum jemand Gedanken darüber machen, ob das Unternehmen in der Lage ist, politische Wahlen zu beeinflussen. Viele ethische Fragen werden also erst durch die Reichweite eines IT-Service relevant.[47]

Integration von Stakeholder-Vertretern

Die erste Säule einer erfolgreichen „Werteerkundung" ist die Einbeziehung von direkten und indirekten Stakeholder-Vertretern. Stakeholder-Vertreter sind das Sprachrohr derjenigen, die sich nicht selbst an dem Innovationsprojekt beteiligen können, wohl aber vom System betroffen sein werden. Die Vertreter sollten die Berechtigung haben, für die Interessengruppe(n), die Person(en) oder die Organisation, die sie vertreten, zu sprechen. Beispiele sind Vertreter von Nichtregierungsorganisationen (NGO), direkte Vertreter von Endverbrauchern/Kunden, Gewerkschaftsvertreter, Betriebsräte usw.

Wichtig bei der Auswahl dieser Vertreter ist es, sicherzustellen, dass kritische Denker mit an Bord sind. Wie Werner Ulrich gezeigt hat, sind eine angemessene Motivation, organisatorische Macht, Wissen und Legitimität unter den Vertretern der

Stakeholder entscheidend, um die wahren ethischen Herausforderungen eines Projekts herauszufinden (Ulrich, 2000).

Die ausgewählten Stakeholder-Vertreter in dieser und in den anderen VBE-Phasen haben eine wiederkehrende Funktion. In die initiale Werteerkundung kann eine relativ große Anzahl (vielleicht acht bis zwölf) Personen einbezogen werden. In der dritten VBE-Phase, in der das SOI entworfen wird (Kapitel 6), sind einige von ihnen weiterhin Teil des Projekts. Sie überprüfen dann, ob die gemeinsam identifizierten und priorisierten Kernwerte tatsächlich in das System einfließen wie gewünscht. Diese letztgenannte Stakeholdergruppe ist als Ergänzung zu den technischen Experten und zum Produktmanagement zu sehen, die ansonsten für die Entwicklung des SOI verantwortlich sind.

Ernennung von Value Leads

Die zweite Säule einer erfolgreichen Werteerkundung ist ein kompetenter „Value Lead". Ein Value Lead wird in IEEE 7000™ definiert als eine

> „[...] Person, die mit der Koordination und Durchführung von Aufgaben im Zusammenhang mit der ethischen Werteerhebung und -priorisierung betraut ist sowie deren Rückverfolgbarkeit in den Anforderungen und Designartefakten." (S. 23 in IEEE, 2021a) (Abbildung 5.2)

Bisher ist es in Organisationen nicht üblich, eine Position mit der Bezeichnung „Value Lead" zu besetzen, auch wenn es einige vorläufige Diskussionen darüber gibt, ob große Unternehmen einen „Chief Value Officer" haben sollten. In letzter Zeit wird oftmals auch der Begriff des „Ethischen KI Professional" (zu Englisch: „Ethical AI Professional") oder der „Digitale Humanismus Professional" genutzt. Wenn heute in Projekten Wertfragen auftauchen, werden diese oft an Rechts- oder CSR-Abteilungen delegiert, die sich darum kümmern sollen (Bednar, Spiekermann, & Langheinrich, 2019; Lahlou, Langheinrich, & Röcker, 2005) (CSR steht für Corporate Social Responsibility.). Dieses „Abwälzen" der Ethik ist nicht unbedingt auf ein mangelndes Interesse der Ingenieure an diesem Thema zurückzuführen. Vielmehr neigen Unternehmen heute dazu, ihren Ingenieuren nicht ausreichend Zeit, Autonomie und Ressourcen zu geben, um ethische Verantwortung zu übernehmen. Daher ist es eine Frage der persönlichen Motivation der Ingenieure, nach Feierabend zu arbeiten und zusätzlich zum bezahlten Projektumfang ethische Komponenten zu liefern (Spiekermann et al., 2018). Wenn ein solches persönliches Engagement nicht gegeben ist, fallen ethische Anforderungen an ein System leider oft unter den Tisch. Ethische Herausforderungen werden „unter den Teppich gekehrt", wie es der ehemalige Siemens-Ingenieur Brian Berenbach ausdrückte (Berenbach & Broy, 2009).

Dieses Wegpriorisieren ethischer Wertanliegen und -risiken ändert sich mit VBE und wenn IEEE 7000™ verwendet wird. Hier sind Value Leads zentraler Teil des Projektteams und helfen diesem, die Werteerkundung durchzuführen. Sie überwachen, verfeinern und dokumentieren diese und stellen sicher, dass das Systemdesign

Abbildung 5.2: Der Value Lead bei der Arbeit.

ethisch mit den als relevant befundenen Werten übereinstimmt. Value Leads sorgen dafür, dass das Wertrisiko minimiert wird und positive Wertpotenziale durch das Systemdesign konsequent gefördert werden. Kurz gesagt, die Value Leads treiben die Werte-Mission voran. Sie sind diejenigen, die von den Stakeholdern in Erfahrung bringen, welche Werte ihnen in einem System wichtig sind. Sie bringen die moralphilosophischen Frameworks ein, die den Prozess der Werteidentifikation erleichtern und moralisch legitimieren. Sie konzeptualisieren die ermittelten Werte und helfen den Führungskräften, diese zu priorisieren. Sie verfeinern die priorisierten Wertecluster und unterstützen die Ermittlung der ethischen Wertanforderungen (EVRs). Anschließend unterstützen sie die Ableitung von Systemanforderungen und sorgen auch dafür, dass diese Anforderungen in das System einfließen und eben nicht unter den Teppich gekehrt werden. Schließlich überwachen sie den Erfolg des Systems und analysieren, ob sich die Werte wie erwartet entfalten. Wenn nicht, müssen sie eine neue Iteration des VBE-Prozesses auslösen, um negative Werte abzumildern oder die Value Proposition zu stärken, die eigentlich gewollt war.

Einige Organisationen könnten versucht sein, die Rolle des Value Lead an jemanden außerhalb des Kernprojekts zu delegieren, zum Beispiel an einen Vertreter der CSR-Abteilung, jemanden von der Gewerkschaft oder an einen externen Berater. Beachten Sie jedoch, dass IEEE 7000™ festlegt, dass „der Value Lead nicht ‚die für Ethik zuständige Person' in einem Projekt ist …". Auch wenn der Value Lead an vielen Aufgaben im Projekt beteiligt ist, trägt er oder sie nur „fachliche Kompetenz und Vermittlungsfähigkeiten bei und überbrückt die Kluft zwischen Technik, Management und menschlichen Werten auf konstruktive Weise" (S. 22). Der Grund, warum dies im IEEE 7000™ vermerkt ist, liegt darin, klarzustellen, dass Unternehmen die Wertarbeit nicht einer einzigen Person oder einer Organisationseinheit umhängen sollten; und schon gar nicht einer außerhalb des Kerninnovationsteams. Stattdessen müssen alle an einem Projekt beteiligte Parteien an der Definition und Umsetzung der Wertmission mitwirken. Der Value Lead sollte daher ein Mitarbeiter sein, der eng mit der Entwicklung des SOI verbunden ist und eine permanente Position hat, die mit dem Management des SOI betraut ist (z. B. als Produktmanager oder als für das SOI verantwortlicher Systemingenieur).

Vor dem Hintergrund dieser Aufgaben und Rollen müssen Value Leads gut ausgebildete Mitarbeiter sein. Sie müssen über ein angemessenes Wissen darüber verfügen, was Werte sind sowie über die Moraltheorien, die ihre Ermittlung ermöglichen. Sie sollten Werte konzeptionell analysieren können und mit den technischen und organisatorischen Voraussetzungen vertraut sein, die dies ermöglichen. Sie sollten sich mit international vereinbarten Wertvorstellungen auskennen (Menschenrechtskonventionen, Verbraucherschutzgesetzen, Industrieprinzipien usw.). Ihre konzeptionellen, verbalen und kommunikativen Fähigkeiten sollten gut ausgeprägt sein. Gleichzeitig müssen sie auch in der Lage sein, sich auf die technischen Systemelemente zu beziehen und die technischen Anforderungen auf den verschiedenen Ebenen des Systemdesigns und der Architektur zu verstehen. Sie sollten die Arbeit des Risikomanagements kennen und wissen, wie es eingesetzt werden kann um Systemrisiken zu minimieren.

Philosophische Grundlagen der Werteerkundung

Wenn die richtigen Leute an Bord sind, wenn Budget und Zeit zur Verfügung stehen, wenn alle Projektteilnehmer ausreichend über das SOI-Betriebskonzept informiert sind und wenn genügend Wissen über die potenziellen SOS-Partner vorhanden ist, kann die Werteerhebung beginnen.

Im Value-Based Engineering und in IEEE 7000™ wird diese Werteerhebung von drei großen ethischen Rahmenwerken angeleitet, die das europäische Denken der letzten 2.500 Jahre geprägt haben: Tugendethik, Pflichtethik und Utilitarismus.

Tugendethik

Die Tugendethik ist wahrscheinlich die älteste und mächtigste Ethik. Sie wurde erstmals von Aristoteles in seiner Nikomachischen Ethik (Aristoteles, 2000) dargelegt und beeinflusste das Denken der Intellektuellen und das Streben der Menschen nach *eudaimonia* fast 2.000 Jahre lang, bis zu der Zeit, die wir heute „Aufklärung" nennen. Eudaimonia bedeutet im Wesentlichen, ein „gutes" Leben zu führen, mit dem ultimativen Ziel, das zu erreichen, was Abraham Maslow „Selbstverwirklichung" nennen würde (Maslow, 1970). Aber Selbstverwirklichung mit Blick auf Eudaimonia ist von Natur aus sozial und nicht individualistisch. Aristoteles glaubte, dass Eudaimonia im Leben nur durch einen reifen und weisen Charakter erreicht werden kann – einen Charakter, der Tugenden kultiviert und der dadurch Gemeinschaften nützt, indem er Eigenschaften wie Klugheit, Gerechtigkeit, Mut, Mäßigung, Großzügigkeit, Sanftmut, Freundlichkeit, Ehrlichkeit usw. aufweist.

Da Tugenden an das individuelle Verhalten gebunden sind, können sie als „positiver Wert des menschlichen Verhaltens" definiert werden (S. 24 in IEEE, 2021a). Im Grunde genommen ist jedes tugendhafte Verhalten ein Verhalten der „goldenen Mitte"; es gibt kein Streben nach Übermaß. Als Aristoteles zum Beispiel Großzügigkeit beschrieb, positionierte er sie zwischen den Extremen der Verschwendung und der Gier. Als er den Mut beschrieb, ordnete er ihn zwischen Tollkühnheit und Feigheit ein. Tollkühnheit und Feigheit sind Beispiele für Laster, die es zu vermeiden gilt.

Aristoteles' Schriften über gutes und schlechtes Verhalten oder Charakter haben Künstler und Denker der großen Weltreligionen Judentum, Christentum und Islam beeinflusst. Ein Beispiel aus der Kunstgeschichte ist Giottos Darstellung der Tugenden und Laster an den Wänden der Scrovegni-Kapelle in Padua (erbaut im vierzehnten Jahrhundert Abbildung 5.3). Aber angesichts der spirituellen Traditionen nicht-westlicher Regionen ist bemerkenswert, wie viele der Kernideen darüber, was es bedeutet, weise und charakterlich gut zu sein, sich mit dem aristotelischen Denken vergleichen lassen (Vallor, 2016).

Die interkulturell vergleichende Philosophie hat zum Beispiel gezeigt, wie konkrete tugendethische Konzepte in den großen geistigen Traditionen des Ostens ebenso verankert sind (Vallor, 2016): Eine tugendhafte Person, die in der aristotelischen Tradition *phronimoi* genannt wird, wird in der konfuzianischen Ethik als *junzi* bezeichnet. Im Buddhismus wird eine Person von beispielhafter Tugendhaftigkeit als *Bodhisattva* bezeichnet – eine Person, die die Erleuchtung sucht (und ihr nahe ist) (Abbildung 5.4). Die Japaner kennen den „bushidō-Kodex", den jeder Samurai (Krieger) befolgen musste. Er umfasste die sieben Tugenden Integrität, Respekt, Mut, Ehre, Mitgefühl, Aufrichtigkeit und Loyalität (Abbildung 5.5).

Vergleichen Sie diesen Bushido-Kodex mit der Liste der Tugenden von Benjamin Franklin (1706–1790), einem US-amerikanischen Politiker, Erfinder und Denker, der sein Streben nach den 13 Tugenden Mäßigung, Schweigen, Ordnung, Entschlossenheit, Genügsamkeit, Fleiß, Aufrichtigkeit, Gerechtigkeit, Sauberkeit, Keuschheit, Ruhe und Bescheidenheit festhielt. Es gibt einige Überschneidungen zwischen der japanischen und der amerikanischen Liste der Eigenschaften, die einen guten Menschen ausmachen, insbesondere bei Werten wie Aufrichtigkeit und Bescheidenheit. Da Franklin jedoch das Kind einer individualistischen Kultur ist, enthält seine Liste auch egozentrische Ideale, die nicht gemeinschaftsorientiert sind; zum Beispiel die Sparsamkeit im Umgang mit Zeit und Geld.

Abbildung 5.3: Tugenden und Laster nach Giotto (von links oben nach rechts: Weisheit, Mäßigung, von links unten nach rechts: Neid, Wankelmütigkeit).

Abbildung 5.4: Bodhisattva.

Was alle diese tugendethischen Traditionen eint, ist, dass sie Fortschritt in der Selbstentwicklung der Menschen sehen – einer Entwicklung, die sie zur Ausbildung von Gewohnheiten moralischer Vortrefflichkeit sowie zu praktischer und moralischer Weisheit führt. Aber was macht moralische Vortrefflichkeit aus? Und wann ist eine Entscheidung weise? Da das Leben so vielfältig ist und jeder Augenblick nichtidentische Wiederholungen von Ereignissen mit sich bringt, baut die Tugendethik stark auf die Fähigkeit einer Person, sich auf ihre einzigartige Weise an Situationen anzupassen und mit den Tatsachen so umzugehen, wie sie interpretiert werden sollten. Scheler brachte genau diese Idee zum Ausdruck, als er schrieb: „Person ist kontinuierliche Aktualität; sie erlebt die Tugend im Modus des ‚Könnens' dieser Aktualität in Hinsicht auf ein Gesolltes" (S. 85 in Scheler, 1921 [1973]). Mit anderen Worten, die Tugendethik vertraut auf die Fähigkeit des Menschen, in die Tugendhaftigkeit hineinzuwachsen. Und die Tugenden selbst sind die Bezeichnungen, die von den jeweiligen Kulturen gegeben werden, um diese Fähigkeit zu beschreiben, die sich in unzähligen Formen ausgezeichneten Verhaltens zeigen. Diese Betonung des Menschen unterscheidet die Tugendethik von den beiden anderen ethischen Traditionen – dem Utilitarismus und der Pflichtethik –, die sich eher auf Regeln als auf die Person konzentrieren.

Die sieben Bushido Tugenden

義	礼	勇	誉	仁	真	忠義
GI	REI	YU	MEIYO	JIN	MAKOTO	CHI
Integrität	Respekt	Heroischer Mut	Ehre	Mitgefühl	Ehrlichkeit und Aufrichtigkeit	Pflicht und Loyalität

Abbildung 5.5: Die sieben Tugenden eines japanischen Samurai.

Warum sind die Auswirkungen von Technologiedesign auf Tugenden so wichtig? Technologiedesign hat einen Einfluss auf die menschlichen Gewohnheiten und die Charakterbildung. Wie Don Ihde und Lambros Malafouris beschreiben:

> „Die Materialität der Dinge und die Formen der technischen Vermittlung, die Menschen schaffen und nutzen, sind nicht passiv oder neutral, sondern formen aktiv, wer wir sind in einem bestimmten historischen Moment" (Ihde & Malafouris, 2019).

Wie in der Einleitung erwähnt, hat Facebook – in der Art, wie es ursprünglich konzipiert wurde – sowohl Neid (Krasnova et al., 2015) als auch Hass (Munn, 2020) entfacht. Psychiater warnen davor, dass ganze Generationen am Laster der Aufgeblasenheit leiden oder an einer, wie Elias Aboujaoude sie nennt, „E-Persönlichkeit" (Aboujaoude, 2012). In diesem Sinne haben ehemalige Mitarbeiter von Technologieunternehmen im Silicon Valley die Sorge geäußert, dass die aktuellen IT-Systeme das Potenzial haben, die Menschheit zu verschlechtern (zu Englisch: „Degrading Humanity"). Vor diesem Hintergrund fragen das VBE und IEEE 7000[TM]:

Welche negativen Auswirkungen hat das geplante IT-System auf den Charakter und/oder die Persönlichkeit der direkten und indirekten Stakeholder – das heißt, welchen Schaden könnten die Tugenden nehmen bzw. welche Laster könnten entstehen, wenn das System in großem Maßstab genutzt wird?[48]

Utilitarismus

Die Tugendethik konzentriert sich auf die Auswirkungen der Technologie auf den Menschen. Ein SOI kann aber auch einen Einfluss auf andere, abstraktere Interessengruppen haben, wie die Natur, die Gesellschaft insgesamt, eine Stadt usw. Ein System kann auch wirtschaftliche Folgen haben, die für die Organisation, die es einsetzen möchte, von Bedeutung sind. Daher reicht eine personenzentrierte Tugendethik allein nicht aus, um die ethischen Implikationen eines Systems vollständig zu erfassen. Aus diesem Grund verwendet das VBE den Utilitarismus als zweiten Rahmen, um die Auswirkungen einer Technologie zu sondieren. Sie tut dies im Einklang mit der allgemeinen Literatur zur Technikfolgenabschätzung (die dafür kritisiert wurde, dass sie sich zu oft ausschließlich auf den Utilitarismus stützt) (Grunwald 2017, 140).

Der Utilitarismus ist eine Richtung der Moralphilosophie, die im 18. Jahrhundert in England von zwei Philosophen, Jeremy Bentham (1748–1832) und John Stuart Mill (1806–1873), begründet wurde (Abbildung 5.6). Sie vertraten die Ansicht, dass Entscheidungsträger die Konsequenzen ihrer Entscheidungen abwägen sollten, indem sie die positiven und negativen Folgen, die diese mit sich bringen, in fast mathematischer Form abwägen. Diese Folgen können addiert und auf individueller Ebene abgewogen werden, indem die Frage gestellt wird: „Welche Auswirkung(en) hat *meine* Handlung in dieser Situation auf das allgemeine Gleichgewicht von Gut und Böse?" (S. 34 in Frankena, 1973). Das Ziel dieser Ergebnisgleichung ist es, Glück zu maximieren. Mill selbst sagte: „Jeder sollte so handeln, dass er das größte mögliche Glück für die größte Anzahl von Menschen herbeiführt."

Eine solche Befragung eines jeden Einzelnen hinsichtlich möglicher Konsequenzen wird als „Akt-Utilitarismus" bezeichnet wird. Er ist jedoch schwierig auf einen Technologiekontext anzuwenden, in dem eine ganze Organisation in einen Fluss von Design- und Entwicklungsaktivitäten involviert ist, der zu einem System führt, das oft ganze Gesellschaften beeinflussen kann. Daher verwenden VBE und IEEE 7000™ den Allgemeinen Utilitarismus, um die Folgen eines Systems zu analysieren (zu Englisch: „General Utilitarianism").

"Jeder sollte so handeln, dass er das größte Glück für die größte Anzahl von Menschen herbeiführt." (John Stuart Mill)

Abbildung 5.6: John Stuart Mill (1806–1873).

Die Frage, die gestellt wird für die Werteerkundung ist: **Welche positiven und negativen Folgen erwarten Sie sich für die direkten und indirekten Stakeholder, wenn das System in großem Maßstab eingesetzt wird?**[49]

Bei der Anwendung des Utilitarismus ist es wichtig zu beachten, dass die Konsequenzen, die Mill als „utils" bezeichnete, nicht im Sinne eines monetären Nutzens gedacht waren. Das ist zwar, was die ökonomische Literatur, die sich in den folgenden Jahrhunderten entwickelte, aus der philosophischen Theorie machte. Jedoch betrachteten Mill und Bentham jede Form von „Freude" oder „Schmerz", die sie nach ihrer Intensität, Dauer und Gewissheit einstufen (oder gewichten) wollten. Eine Entscheidung ist dann gut, wenn sie die Freuden maximiert und gleichzeitig die Schmerzen für die größte Anzahl von Menschen minimiert.

Die Forschung zeigt, dass die Verwendung des Utilitarismus für die ethische Bewertung eines Systems den Stakeholdern die Möglichkeit gibt, die größte Anzahl von Werten zu identifizieren, die potenziell von einem System beeinflusst werden könnten (Bednar & Spiekermann, 2022). Es ist jedoch wichtig, sich auch der Kritik bewusst zu sein, die der Utilitarismus von Philosophen wie Alasdair MacIntyre (MacIntyre, 1984) erfahren hat (Abbildung 5.7). MacIntyre argumentierte, dass die Auswahl und die Abwägung der Konsequenzen für eine utilitaristische Entscheidung willkürlich sein kann – das heißt lediglich Ausdruck willkürlicher Präferenzen und Einstellungen – und damit ohne jeden Maßstab für das Gute ist. Glück, so argumentiert er, ist kein Maßstab für das Gute. Es erlaubt uns zum Beispiel nicht, in einer Situation zu beurteilen, ob Gerechtigkeit wichtiger ist als Freiheit. Außerdem können schlechte Handlungen mit guten Konsequenzen gerechtfertigt werden (z. B. Lügen). Folglich hat MacIntyre dem Utilitarismus vorgeworfen, ein „Pseudokonzept" zu sein, das ein Element der Willkür in unsere moralische Kultur einbringt und die wahren Herausforderungen ethischer Entscheidungen hinter einer vereinfachten Regel verbirgt. Der Utilitarismus würde es beispielsweise zulassen, dass der Unternehmensgewinn aus einem System wichtiger ist als die Würde oder die Sicherheit der Menschen, die es benutzen. Oder er würde es zulassen, dass jedes hehre Prinzip wie die „Fortschrittlichkeit" oder „Produktivität" einer Organisation als Argument herangezogen wird, um eine Investition in eine fragwürdige Technologie zu rechtfertigen. Der letztgenannte Punkt wurde auch von Thomas Nagel kritisiert, der feststellte, dass der Utilitarismus einen „Blick von nirgendwo" impliziert (Nagel, 1992).

VBE-Experten und Value Leads sollten sich dieser Unzulänglichkeiten des Utilitarismus bewusst sein und ihn daher niemals als einzige Quelle bei der Werteidentifikation verwenden. Stattdessen sorgt die oben beschriebene tugendethische Perspektive dafür, dass ein „Blick von nirgendwo" bedachtsam abgewogen wird und dass jene individuellen Charakter-Implikationen eines Systems erkannt werden, die vom allgemeinen utilitaristischen Kalkül oft vernachlässigt werden. Darüber hinaus hebt das VBE in einer pflichtethischen Analyse diejenigen Wertprinzipien hervor, die wahrscheinlich einen universellen moralischen Anspruch haben und nicht nur das Ergebnis eines abstrakten Glückskalküls sind.

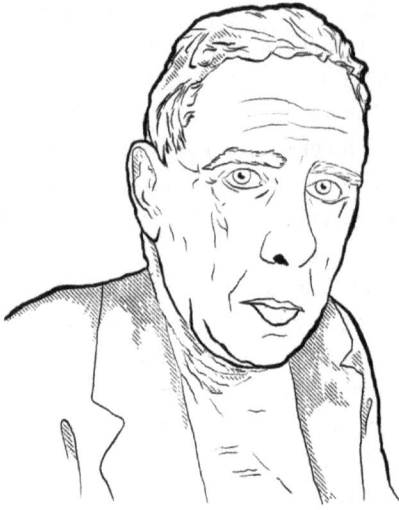

"Aber welche Lust,
welches Glück
soll mich leiten?"
(Alasdair MacIntyre)

Abbildung 5.7: Alasdair MacIntyre.

Pflichtethik

Die Pflichtethik ist ein Zweig der Moralphilosophie, der seinen Ursprung in den Schriften von Immanuel Kant hat, einem deutschen Denker des 18. Jahrhunderts. Kant (1724–1804) gilt als einer der einflussreichsten Denker der Aufklärung (Abbildung 5.8). Er wollte eine universelle Rechtfertigung für moralische Handlungen schaffen. Damit moralische Entscheidungen rational sind, argumentierte er (ähnlich wie MacIntyre), dass die Folgenabschätzung von Handlungen einer flüchtigen Vorstellung vom menschlichen Glück unterliegen und daher nicht als zuverlässiger moralischer Kompass dienen kann. Stattdessen kann eine moralische Verpflichtung, die er einen „kategorischen Imperativ" nannte, nur durch etwas gerechtfertigt werden, das ein universelles Prinzip an sich ist. Kant formulierte den berühmten kategorischen Imperativ, dem alle spezifischeren Handlungen entsprechen sollten, wie folgt: „Handle nur nach derjenigen Maxime, durch die du zugleich wollen kannst, dass sie ein allgemeines Gesetz werde" ([Kant, 1785/1999], 73, 4:421).

Beachten Sie die Verwendung des Wortes „Maxime" hier. Für Kant sind Maximen nicht einfach irgendwelche Werte. Maximen sind die höchsten persönlichen Prinzipien, die das eigene Leben bestimmen; persönliche Prinzipien, die ein Mensch sich wünscht und nach denen er strebt zu handeln. Diese Grundsätze sollten jedoch nicht willkürlich gewählt werden, sondern sollten von so grundlegender Bedeutung sein, dass eine Person sie zu einem universellen Gesetz erhoben sehen möchte. Ein Beispiel ist die Wertmaxime der Ehrlichkeit, die sowohl persönliche Bedeutung hat, aber auch einen universellen Wert besitzt.

*"Handle nur nach derjenigen Maxime,
durch die du zugleich wollen kannst,
dass sie ein allgemeines Gesetz werde."*
(Immanuel Kant)

Abbildung 5.8: Immanuel Kant (1724–1804).

*"Wenn der Angeklagte sich
mit der Begründung entschuldigt,
er habe nicht als Mensch,
sondern als bloßer Funktionär gehandelt,
dessen Funktionen von jedem anderen
ebenso hätten ausgeführt werden können,
so ist es, als ob ein Verbrecher sich
auf die Kriminalstatistik beruft...,,*
(Hannah Arendt)

Abbildung 5.9: Hannah Arendt (1906–1975).

Kants kategorischer Imperativ besagt auch, dass die Pflicht zu moralischem Handeln aus dem universellen Gesetz der Achtung vor anderen Menschen erwächst. Wer nicht lügt, weil er nicht erwischt werden will, handelt in Kants Augen nicht moralisch wertvoll, weil die Motivation für die Handlung nicht die richtige ist. Die Motivation für das Handeln muss nach Kant aus der Achtung der Menschenwürde erwachsen. Ein Computersystem auf transparente und sichere Weise zu bauen, nur weil einen das Gesetz dazu verpflichtet, ist also nicht wirklich moralisch wertvoll. Die Motivation für gute Handlung muss echt sein.

Interessanterweise kann Kants Argumentation aber auch verdreht werden. Nehmen wir das Beispiel der Entscheidung, in ein vollautomatisches Check-in-System an einem Flughafen zu investieren, das die von Menschen besetzten Check-in-Schalter ersetzen soll. Eine Führungskraft könnte argumentieren, dass die Arbeit des Bodenpersonals an den Check-in-Schaltern der Fluggesellschaften ohnehin langweilig und minderwertig ist, und damit eine Entlassungsentscheidung mit dem kategorischen Imperativ rechtfertigen. Die Argumentation der Führungskraft wäre in diesem Fall Ausdruck des Respekts vor der Würde der Mitarbeiter und ihrem potenziellen Wunsch, anderswo eine erfülltere und hochwertigere Arbeit zu finden. Aber bei dieser Argumentation wird übersehen, dass die Arbeitnehmer im Namen dieses „universellen Guten" den Preis der Arbeitslosigkeit, der Unsicherheit und der Not zahlen. Hinzu kommt, dass die Führungskräfte eines Unternehmens so sehr davon überzeugt sein können, dass der Gewinn die oberste Unternehmensmaxime ist, dass sie ihre einzige Rolle darin sehen, als Funktionäre im Dienste dieses Gewinns zu stehen. Dabei vergessen sie die vielen anderen Pflichten, die sie gegenüber den Mitarbeitern und der Gemeinschaften haben, mit denen sie arbeiten. Eine oberflächliche Anwendung von Kants kategorischem Imperativ kann daher zu einer subjektiven und entfremdeten Interpretation dessen führen, was gut für die Menschheit ist. Es besteht die Gefahr, dass das Böse legitimiert wird, wenn vermeintlich universelle Werte, die in Wahrheit problematisch sein können, als gut angepriesen werden (MacIntyre, 1984). Ein dramatisches historisches Beispiel für diesen Missbrauch der kantischen Philosophie schilderte Hannah Arendt in ihrem Bericht über den Prozess gegen Adolf Eichmann in Jerusalem. Vor Gericht argumentierte Eichmann – der die Logistik für den Transport der Juden in die Konzentrationslager organisiert hatte –, dass er im Einklang mit Kant gehandelt habe, weil er glaubte, dass Hitlers Maxime des „Ariertums" von universellem Wert sei (Arendt, 1965 [2006]) (Abbildung 5.9). Heute wissen wir, dass dies ein Trugschluss war. Arendt zog die kritische Schlussfolgerung, dass unmoralisches Verhalten nicht mit der funktionalen Rolle gerechtfertigt werden kann, die eine Person hat oder innehat, wenn sie etwas ausführt. Das eigene moralische Gewissen sollte weiterhin hinterfragen, was gut oder schlecht ist.

Der potenzielle Missbrauch des kategorischen Imperativs ist einer der Gründe, warum Philosophen des 20. Jahrhunderts argumentiert haben, dass er nur so lange funktioniert, wie er in eine tugendhafte Kultur eingebettet ist, die eine unbestreitbar gute Werteordnung teilt (MacIntyre, 1984). Da diese Werteordnung und Kultur aber nicht vorausgesetzt werden können, machten sich einige Gelehrte wie William David Ross (1877–1971) daran, hohe Prinzipien zusammenzustellen, die als Maxime eingesetzt werden könnten. Ross glaubte, dass gute menschliche Beziehungen nur auf einigen wenigen Verhaltenspflichten beruhen könnten (Skelton, 2012, Ross, 1930):

- Treue (die Pflicht, unsere Versprechen zu halten);
- Wiedergutmachung (die Pflicht, ein früheres Unrecht zu korrigieren);

- Dankbarkeit (die Pflicht, denjenigen, von denen wir in der Vergangenheit Leistungen angenommen haben, etwas zurückzugeben);
- die Pflicht, ein Höchstmaß an Gemeinwohl zu fördern und
- die Pflicht zur Nicht-Malefizierung (die Pflicht, anderen nicht zu schaden).

Das VBE geht davon aus, dass Technologieentscheidungen nur wenige Maximen erfordern, auch wenn diese nicht, wie Ross vorschlägt, vorgegeben sind. Mit Blick auf ein konkretes SOI werden die Beteiligten gefragt:

Welche Werte und Tugenden würden *Sie* im Hinblick auf *Ihre* persönlichen Maximen als so wichtig erachten, dass *Sie* deren Schutz als universelles Gesetz anerkannt sehen möchten und die daher von dem System, an dem Sie arbeiten, respektiert werden sollten; insbesondere, wenn dieses System in großem Maßstab genutzt wird?[50]

In Anlehnung an Hannah Arendt sollten Innovationsteams hier ihre persönlichen Maximen überprüfen. Aufpassen müssen sie dabei, nicht einfach pauschal Normen der Gesellschaft zu übernehmen (so wie der Arianismus in Nazi-Deutschland eine anerkannte Norm war). Zum Beispiel könnten die Stakeholder eines Unternehmens denken, dass Gewinn oder Wachstum oder Arbeitsproduktivität die Maxime für ein Unternehmen sein sollte. Aber darum geht es hier nicht. Gefordert werden die persönlichen Werte, die für einen selbst am höchsten sind – und nicht einfach die Werte des herrschenden Wirtschaftsestablishments.

Respekt für andere Kulturen

Jede Weltregion, in der ein IT-System eingesetzt werden soll, könnte Interessenvertreter haben, die Maximen beschreiben, die ihre eigene regionale Kultur reflektieren. Zum Beispiel könnten die Werte der Geselligkeit und Gemeinschaft in kollektivistischen Kulturen eher als Maxime gelten als in individualistischen Kulturen. Daher ist das VBE sensibel für die in einer Region vorherrschenden Werte und folgt nicht einer einzigen kulturellen Tradition. VBE trägt der Tatsache Rechnung, dass Stakeholder aus den östlichen oder südlichen Regionen auf andere Lebensprinzipien Wert legen als Stakeholder aus dem Norden oder Westen.

Bei der Anwendung der drei ethischen Rahmenwerke – Tugendethik, Utilitarismus und Pflichtethik – werden regional unterschiedliche Wertvorstellungen über ein System gesammelt, die die jeweiligen Kulturen widerspiegeln. Dennoch könnte Kritik an den drei philosophischen Denkstrukturen geübt werden, da diese allesamt ihren Ursprung auf dem europäischen Kontinent haben. Vielleicht käme anderen Regionen der Welt ein ihnen mehr entsprechender Ansatz zugute, um den „richtigen" Weg zu gutem Verhalten und guten Systemen zu finden. Um diese Möglichkeit zu berücksichtigen, lädt IEEE 7000™ die Projektteams ein, sich zu fragen, ob ein viertes philosophisches, spirituelles oder religiöses Framework zur Verfügung steht, um das jeweilige Wertespektrum der Region auszuloten. Kulturelle Traditionen haben ihre eigene Art und Weise, Ethik zu denken, und sollten so ein eigenes Licht auf das werfen, was für sie grundlegend ist.

Schließlich ist noch anzumerken, dass die Reihenfolge, in der die drei ethischen Theorien im VBE angewandt werden, von der in diesem Kapitel gewählten Ordnung abweicht. Gemäß IEEE 7000™ sollten utilitaristische Überlegungen zuerst erfolgen, da sie die größte Anzahl von Werten liefert und damit dem kreativen Denken den weitesten Raum gibt. Auf diese expansive Analyse folgt die Verfeinerung und Erweiterung der Werteliste durch die Tugendethik; ein Fokus auf den Menschen, der bei utilitaristischen Überlegungen eher vernachlässigt wird (Bednar & Spiekermann, 2022). Im dritten und letzten Schritt kommt die Pflichtethik hinzu, die die Stakeholder dazu auffordert, sich auf die höchsten intrinsischen Werte zu konzentrieren, die sie als am wichtigsten erachten und die sie von einem System allgemein erwarten würden. Die beiden vorangegangenen Analysen bereiten also den Boden für eine pflichtethische Reflexion und Konzentration.

Praktische Herausforderungen bei der Werteerkundung

Die Erkundung von Werten kann auf verschiedene Weise erfolgen. Das Projektteam, das zusammen mit den Stakeholder-Vertretern und dem Value Lead an einem Workshop teilnimmt, könnte seine Gedanken auf Post-its notieren und sich frei über die ethischen Dimensionen des Projekts austauschen. Alternativ könnten sie individuell und sehr strukturiert in einem Tabellenformat arbeiten, wie es in Abbildung 5.10 dargestellt ist. Möglicherweise können beide Ansätze auch kombiniert werden. Im Folgenden wird davon ausgegangen, dass die Tabellenstruktur verwendet wird, da dies die bequemste Methode ist, um Transparenz im Zusammenhang mit einem VBE-Projekt zu schaffen. Die Tabelle enthält Spalten zur Beschreibung der Werteauswirkungen eines SOI auf die verschiedenen Stakeholder und notiert Ideen zur Änderung des SOI-Betriebskonzepts.

Werte richtig benennen

Eine der größten Herausforderungen in der Praxis der Werteerkundung besteht darin, aus den verschiedenen Ideen, die in den Diskussionen mit den Stakeholdern auftauchen, die Essenz der jeweiligen Werte sprachlich präzise zu erfassen. Trotz der Verwendung der drei ethischen Leitfragen sind die Mitglieder des Projektteams und die Stakeholder oft nicht in der Lage, ihre Gedanken so genau zu destillieren wie es das VBE erfordert. So fragte sich beispielsweise ein Stakeholder, der über die Telemedizin-Plattform nachdachte:

Utilitaristische Analyse (Telemedizin Plattform)

#	Stakeholder	Beschreibung der Systemwirkung	Name des Wertes	geschädigt? befördert?	SOI/SOS Ideen
1	Patient	Ein Patient, der sich sehr schwach fühlt, braucht nicht zum Arzt zu gehen, wo er andere im Wartezimmer anstecken könnte	Komfort	gefördert	–
2	Patient	Ein Patient, der sich sehr schwach fühlt, braucht nicht zum Arzt zu gehen, wo er im Wartezimmer angesteckt werden könnte	Gesundheit	gefördert	–
3	Studentischer Patient	Studenten, die nicht krank sind, sich aber für ihren Prüfungstag krankschreiben lassen wollen, könnten eine Möglichkeit haben, TM-Ärzte aus der Ferne zu täuschen und die Krankmeldung leicht zu bekommen	Ehrlichkeit	geschädigt	Systemabgleich mit universitären Großprüfungen
4	...	...	...	...	...

Tugendethische Analyse

#	Stakeholder	Beschreibung der Systemwirkung	Name der Tugend	geschädigt? befördert?	SOI/SOS Ideen
1	Fachärzte	Wenn TM in großem Maßstab genutzt wird, müssen Ärzte um die Empfehlung durch die Plattform konkurrieren	Kompetitives Verhalten	gefördert	anonyme Empfehlungen vermeiden, einen offenen Beteiligungsprozess schaffen, etc.
#	...	...			...

Pflichtetische Analyse

#	Stakeholder	Beschreibung der Systemwirkung	Persönliche Maxime	geschädigt? befördert?	SOI/SOS Ideen
1	Fachärzte	Fachärzte könnten sich durch negative Bewertungen in der TM-Empfehlungsplattform entwürdigt fühlen	Würde	geschädigt	ein Ranking und Benchmarking von Ärzten vermeiden
#	...	...	...	...	...

Abbildung 5.10: Werteerhebungstabelle.

„Was ist, wenn Patienten den Videochat mit Ärzten missbrauchen und über ihren wahren Gesundheitszustand lügen, nur um eine Krankmeldung zu erhalten? Oder fördert die virtuelle Begegnung auf der Plattform nicht einen solchen Mangel an Verantwortlichkeit?"

Bei diesen Stakeholder-Aussagen wird nur ein relevanter Wert direkt benannt: die Verantwortlichkeit. Die Frage der Ehrlichkeit war jedoch auch in der Beschreibung versteckt und muss für die VBE-Analyse separat aufgegriffen werden. Diese Praxis präziser Benennung liegt in der Verantwortung des Value Lead.

Die Verwendung einer tabellarischen Struktur, wie in Tabelle 5.10 dargestellt, kann diese Arbeit des Value Leads erleichtern. Die Tabellenstruktur lädt dazu ein, jeden positiven oder negativen Werteffekt separat zu beschreiben. In der gleichen Zeile wie diese Beschreibung wird vermerkt, welche(r) Stakeholder betroffen sind/ist. Am wichtigsten ist jedoch, dass alle ethischen Aspekte (wie oben die Ehrlichkeit und Verantwortung) in einer eigenen Zeile erfasst werden; allen Beobachtungen muss also eine separate Wertbenennung (Tabellenzeile) zugewiesen werden, wo „das Kind beim Namen genannt" wird. Dieser Akt der Benennung eines Wertes (in der Regel mit einem Substantiv) ist aus mehreren Gründen wichtig. Zum einen werden die Workshopteilnehmer ermutigt, ihre Gedanken so weit wie möglich zu fokussieren und genau zu sagen, wo der Schuh drückt oder wo sie Hoffnungen mit dem System verbinden. Zum anderen ist der von den Stakeholdern und dem Projektteam gewählte Name ein zentraler Anker für den Value Lead, um später zu rekapitulieren, was die Teilnehmer wirklich sagen wollten. Darüber hinaus lädt die Tabelle die Teilnehmer dazu ein, ihre Wertebeschreibungen durch Vorschläge zur konstruktiven Verbesserung des SOI-Betriebskonzepts zu ergänzen. Auf diese Weise können Sie parallel zur Werteerhebung eine Verbesserung des SOI erreichen. Häufig unterstützen solche Verbesserungsvorschläge den Value Lead hinterher in seinem Bemühen, die Bedenken der Stakeholder zu verstehen. Sie spiegeln die Bedenken der Stakeholder aus einem zusätzlichen Blickwinkel wider.

Unvoreingenommenes Erfassen von Werten

Eine weitere Herausforderung für die Arbeit eines Value Leads besteht darin, als Moderator nicht die eigenen Ansichten und potenziellen Kritikpunkte auf das gesammelte Material zu projizieren, also die Wahrheit dessen, was die Stakeholder gesagt haben, zu verzerren. Um mit dem Mönch Evagrius Ponticus (345–399) zu sprechen, muss der Value Lead eine innere Haltung der „Apatheia" einnehmen. Das bedeutet, dass er oder sie sich nicht von Anfang an auf eine Seite (oder bestimmte Argumentation) festlegen darf, sondern zuhören muss und versuchen soll, die Aussagen der Stakeholder wirklich zu verstehen.[51]

Eine praktische Möglichkeit, das Risiko einer Verzerrung der Stakeholder-Perspektive durch den Value Lead zu verringern, besteht darin, sicherzustellen, dass in der Tabellenstruktur eine Regel eingehalten wird, nämlich „ein Wert pro Zeile". Wenn eine Stakeholder-Aussage dann mehrere Werte berührt (was häufig der Fall ist), wird eine zusätzliche Zeile in der Tabellenstruktur verwendet. Die ursprüngliche Aussage wird in diese zusätzliche Zeile kopiert und ein zusätzlicher Wertname als weiterer Aspekt vermerkt. Durch diese Vorgehensweise wird verhindert, dass ein Value Lead eine Entscheidung darüber trifft, welche der vielen genannten Werte in einer Stakeholder-Aussage dokumentiert werden. Eine weitere Möglichkeit, voreingenommene Interpretationen zu vermeiden, besteht darin, die Objektivität des beschriebenen Werteffekts zu überprüfen: Ist der beschriebene Werteffekt eine überprüfbare Tatsache, die sich direkt aus der Analyse des vorliegenden SOI ergibt? Oder ist der beschriebene Effekt eine nicht weiter verifizierbare Befürchtung? Wenn Letzteres der Fall ist, ist die Tür offen für die Erfassung voreingenommener Fantasien anstelle von objektiven Herausforderungen des vorliegenden SOI. Value Leads sind gut beraten, sich und das Projektteam an konkreten SOI-Bedingungen zu orientieren. Dies hilft ihnen, auch verlässlich beobachtbare Wert-(Qualitäts) Namen zu finden.

Wenn Value Leads eine Tabellenstruktur wie in Abbildung 5.10 verwenden, sind sie ferner gut beraten, in der Tabelle möglichst viele leere Zeilen für Wertaussagen zur Verfügung zu stellen. Eine vorherige Begrenzung der Anzahl der Beschreibungszeilen signalisiert beispielsweise den Teilnehmern, dass nur wenige Beiträge von ihnen erwartet werden. Stattdessen ist genau das Gegenteil der Fall: Die Werteerhebung sollte so umfangreich wie möglich sein. Jeder sollte versuchen, über alles nachzudenken, was möglicherweise schiefgehen könnte, und alles in Betracht ziehen, was positive Werte schaffen könnte.

Dieser letzte Punkt, und zwar auch über möglichst viele positive Systempotenziale nachzudenken, mag diejenigen überraschen, die denken, dass das VBE in erster Linie dazu da ist, Schaden zu begrenzen, so wie es die Methoden der Technologiefolgenabschätzung tun. Aber das wäre ein Missverständnis des VBE und auch der materialen Wertethik, auf der es basiert. In der materialen Wertethik geht es vor allem darum, das Richtige zu tun und das Gute, Wahre und Schöne zu verfolgen, während das Schlechte vermieden wird. Daher ist die Werteerhebung ebenso sehr daran interessiert, positive Wertpotenziale des SOI zu identifizieren, wie daran, sich der Wertrisiken bewusst zu werden.

Es gibt nur eine Ausnahme von diesem positiven Denken. Diese besteht darin, dass bei der tugendethischen Analyse keine positiven Effekte des SOI abgefragt werden. Es besteht also ein alleiniger Fokus auf Laster und das Potenzial des SOI, Tugenden zu untergraben. Der Hauptgrund dafür ist, dass mehrere VBE-Case-Studies gezeigt haben, dass die Teilnehmer von VBE-Workshops dazu neigen, unrealistische (und oft von Science-Fiction inspirierte) Erwartungen auf Systeme projizieren. Sie erfinden fantastische Tugendeffekte, von denen Technologieexperten wissen, dass sie kaum erreicht werden können. Ein Beispiel für diese Art von übertrieben positiver Tugendprojektion war die Vorstellung, dass KI-fähige Teddybären besser für die Kindererziehung geeignet wären als menschliche Eltern. Die Tugenden der Sozialität, des Einfühlungsvermögens und der besseren Erziehung, die leicht mit KI in Verbindung gebracht werden, führen zu einer Übertreibung dessen, was Maschinen für uns tun können. Um solche Verzerrungen in VBE-Workshops zu vermeiden, werden positive Tugendeffekte nicht eruiert.

Clustern von Werten

Je nach der Anzahl der an der Werteerhebung beteiligten Stakeholder-Vertreter und Projektmitglieder variiert die Anzahl der gesammelten Werte stark. In der Regel werden mindestens 50 Werte gesammelt, sowohl in Form von idealen Kernwerten als auch in Form von Wertqualitäten. Dies zeigt, dass jedes System durch ein unglaublich reichhaltiges Wertespektrum charakterisiert werden kann, und je mehr Stakeholder und kritische Augen an der Analyse beteiligt sind, desto mehr wird gesehen.

Ein Grund für die große Anzahl identifizierter Werte ist die Tatsache, dass ein Thema immer wieder unter verschiedenen Wertnamen auftauchen kann. Im Fall der Telemedizin-Plattform wurde zum Beispiel der Begriff „Privatsphäre" auf drei verschiedene Arten reflektiert: Die Teilnehmer verwendeten das Wort „Privatsphäre" in ihren eigenen Aussagen, in denen sie Fragen der Vertraulichkeit oder ihren Wunsch nach transparenter Datennutzung beschrieben. Ohne das Wort „Privatsphäre" zu erwähnen, nannten sie den Wert jedoch im Sinne von 1) dem Wunsch nach Kontrolle ihrer Gesundheitsdaten, 2) der Sicherheit von Gesundheitsdaten sowie 3) der Idee, gegenüber Ärzten anonym zu bleiben. Die Value Leads müssen erkennen, dass die Kontrolle über die persönlichen Daten, die Sicherheit und die Anonymität hier drei verschiedene Wertqualitäten des Kernwerts der Privatsphäre sind. Sie verdichten also das kreative Denken ihrer Workshop-Teilnehmer. Abbildung 5.11 veranschaulicht die Bottom-up-Konzeptualisierung, die sie aus dem Gesagten einzufangen versuchen. Erinnern Sie sich daran, dass ein Kernwert (S. 17 in IEEE, 2021a) „ein Wert ist, der im Kontext eines SOI als zentral identifiziert wird ... [Er] steht im Zentrum eines Werteclusters von instrumentellen oder verwandten Werten und Wertqualitäten." Und eine Wertqualität (in IEEE 7000™ als „Wertdemonstrator" bezeichnet) ist eine „potenzielle Manifestation eines zentralen Wertes, die entweder für den zentralen Wert von Bedeutung ist oder ihn untergräbt" (S. 23). Angesichts der Verantwortung eines Value Leads, das gesammelte Wertematerial so zu analysieren und zu strukturieren und aus dem reichhaltigen Ausgangsmaterial Kernwertcluster und Wertqualitäten zu destillieren, wird deutlich, dass er oder sie in VBE-Projekten eine entscheidende Rolle spielt.

Eine Möglichkeit, zu bestimmen, was im „Kern" wichtig ist (und was nicht), besteht darin, alle gleichnamigen von den Stakeholdern erwähnten Werte zu zählen, und diejenigen, die am häufigsten wiederholt wurden, zum Kern zu machen. Auf diese Weise wurden die Kernwerte der Telemedizin-Plattform bestimmt, für die 14 Wertecluster ausgemacht werden konnten (Spiekermann, Winkler, & Bednar, 2019). Es sollte jedoch beachtet werden, dass diese quantitative Identifikation von Kernwerten tatsächlich die Priorisierung wichtigerer Aspekte vereiteln könnte. Manchmal werden sehr bedeutende Wertaspekte von Stakeholdern nur am Rande erwähnt, obwohl sie eigentlich mehr Aufmerksamkeit verdienen. Daher sollte ein Value Lead bei der Definition der Kernwerte auch immer auf sein eigenes Urteil vertrauen. Er oder sie sollte in der Lage sein, das Wesentliche vom Unwesentlichen zu trennen.

Name der Wertqualität, der vom *Value Lead* gewählt wurde; vom Stakeholder umschrieben

Von den Teilnehmern des Stakeholder-Workshops konkret genannte Wertequalität

Abbildung 5.11: Das dialogisch ermittelte Kernwert-Cluster für die Wahrung der Privatsphäre auf der Telemedizin-Plattform.

Aufgrund des beträchtlichen Einflusses, den der Value Lead auf diese Weise ausübt, ist vorgesehen, dass er oder sie mit den Stakeholdern und dem Projektteam im Nachgang bestätigt, dass die von ihm extrahierten Kernwerte mit dem ursprünglichen Stakeholder Diskurs übereinstimmt. Die a) Vollständigkeit, b) Relevanz und c) gemeinsam verstandene Terminologie aus den Stakeholder-Workshops muss sich in den Dokumenten des Value Lead wiederfinden. Der Value Lead sollte sich sogar von den Stakeholder-Vertretern schriftlich bestätigen lassen, dass die Cluster und die darin enthaltenen Wertqualitäten die Ergebnisse des Stakeholder-Dialog wiederspiegeln.

Abbildung 5.12 zeigt die Tabellenstruktur, die ein Value Lead verwenden kann, um das gesammelte Wertematerial zu ordnen und in aggregierter Form zu erfassen. Sie führt zu einer nummerierten Dokumentation der wertethischen Gedankenketten. Sie fasst alle Kernwerte in Clustern zusammen, gemeinsam mit den Qualitäten. Beachten Sie dabei, dass Kernwerte immer positive intrinsische Werte sind, während Wertqualitäten die intrinsischen Kernwerte entweder fördern oder unterminieren können. Mit anderen Worten: Wertqualitäten können positiv oder negativ sein. Die Dokumentation kann im sogenannten Werteregister verwendet werden. Für jeden Kernwert-Cluster gibt es so eine separate Tabelle. Die 14 Kernwerte-Cluster, die für die Telemedizin-Plattform gefunden könnten, wurden also in 14 Tabellen dokumentiert, so wie in Abbildung 5.12 beispielhaft dargestellt.

Kernwert	gefördert geschädigt	Wertqualität	Beschreibung der Wirkung	Stakeholder
1. Vertrauen	gefördert	1.1 Zuverlässigkeit der Fachempfehlung	Gute Kriterien für die Beurteilung der fachlichen Qualität	Fachärzte
1. Vertrauen	geschädigt	1.2 Fehlender Datenschutz	Fehlende Sicherheit der Gesundheitsdaten	Patienten
1. Vertrauen	geschädigt	1.3 Unberechtigter Ausschluss von Fachärzten	Mangelhafte Kriterien führen zum Ausschluss von Fachärzten	Fachärzte
1. Vertrauen	geschädigt	1.4 Schlechte Beratungs-qualität	Schlechte Qualität der Diagnose aufgrund der Virtualität der Interaktion mit Ärzten	Patienten
1. Vertrauen	...	1.5 ...	...	...

Abbildung 5.12: Erfassung von Wertqualitäten eines Kernwerts im Werteregister.

Priorisierung von Kernwerten bzw. Kernwertclustern

Sobald die Kernwertcluster identifiziert sind, müssen die Projektteams entscheiden, wie diese Cluster für das Systemdesign strategisch priorisiert werden. Das VBE erfordert die aktive Beteiligung der Unternehmensführung an dieser Priorisierungsentscheidung, denn die Rangfolge der Kernwerte eines SOI bestimmt ganz maßgeblich die Wertestrategie eines Unternehmens als Ganzes – zumindest dann, wenn das SOI der Zweck der Geschäftstätigkeit einer Organisation ist. Um auf die Gartenmetapher zurückzukommen (Abbildung 5.13), geht es um die Entscheidung, was im eigenen Garten gedeihen und wofür der Garten da sein soll – um zu nähren, zu heilen oder zu beeindrucken? Die in das SOI eingebaute Wertstrategie bestimmt den Zweck des Systems oder, das „Wertversprechen", das in der Regel den Kern eines Geschäftsmodells ausmacht.

Nehmen Sie noch einmal den Fall der Telemedizin-Plattform. Als wir mit dem CEO des Unternehmens an der Wertpriorisierung arbeiteten, argumentierte er, dass seine primäre Vision bei der Gründung des Unternehmens die „Demokratisierung" der Medizin gewesen sei: Jeder, so sagte er, sollte Zugang zu den besten Fachärzten haben, unabhängig von seiner sozialen Schicht oder seinen finanziellen Möglichkeiten. Vor der Gründung der Plattform hatte er beobachtet, dass privilegierte Patienten einen besseren Zugang zu besseren Fachärzten haben. Vor diesem Hintergrund schrieb der CEO die „Gleichstellung der Patienten" als den für ihn zentralen Wert mit der höchsten Priorität. Jeder Patient, der sich in seine Plattform einwählt, so sagte er, sollte den gleichen Zugang zu einer guten Gesundheitsdiagnose bekommen und eine Überweisung zu einem hoch angesehenen Facharzt erhalten können.

Abbildung 5.13: Wozu ist der IT-Garten da? Welcher Wertbeitrag wird angestrebt?

Bei der Priorisierung der Wertecluster verstand der CEO sehr gut, dass seine Wertpriorisierung die Umsetzung von mindestens vier operativen Qualitäten impliziert, die alle auf den Fluchtpunkt der Gleichstellung verschiedener Interessengruppen hinarbeiten (Abbildung 5.14).[52] Dazu gehören:

1. Wertqualitäten, die den Kernwert der Gleichstellung fördern (grün):
1.1 Inklusion von Patienten: Der Service der Telemedizin-Plattform muss so gestaltet sein, dass auch arme und nicht versicherte Menschen ihn nutzen können.
1.2 Gleicher Zugang zu Spezialisten: Die von der Telemedizin-Plattform empfohlenen Fachärzte müssen bereit sein, jeden Patienten zu behandeln, der ihnen geschickt wird, unabhängig von dessen Versicherungs- oder Finanzstatus.
2. Wertqualitäten, die den Kernwert der Gleichstellung untergraben:
2.1 Ungleiche Behandlung: Patienten, die Praktiker nur über das Portal aufsuchen, erhalten möglicherweise nicht die gleiche Qualität der Versorgung wie Patienten, die die Praktiker in ihren Praxen persönlich aufsuchen.
2.2 Ausschluss von Patienten: Die Telemedizin-Plattform muss sicherstellen, dass auch diejenigen, die keinen Computer besitzen oder Angst vor der Benutzung eines Computers haben, den Service nutzen können.

Eine wichtige Entscheidung für den CEO bestand darin, zu bestimmen, wie der Wert der Gleichstellung mit dem der Privatsphäre in Einklang gebracht werden kann, insbesondere da die Telemedizin-Plattform so viele persönliche Daten verarbeitet (Abbildung 4.5). Was sollte bei der weiteren Systementwicklung Vorrang haben? Und wie würden diese beiden Kernwerte (Gleichstellung, Privatheit) im Vergleich zu den anderen zwölf Kernwerten behandelt werden, die ebenso Teil des Rankings waren, darunter Vertrauen, Wissensgewinn, Komfort und Zuverlässigkeit des Dienstes. Die Beantwortung dieser Frage nach den gesamthaften Wertprioritäten war von entscheidender Bedeutung, denn Untersuchungen haben gezeigt, dass Wertekonflikte in Systementwicklungsteams nur dann vermieden werden können, wenn die Werteprioritäten im Vorfeld offiziell von der obersten Führungsebene festgelegt werden (Shilton, 2013). Ist dies nicht der Fall, sind die Entwickler unsicher, was sie bei ihrer eigenen Arbeit zuerst tun und selbst priorisieren sollen. Für den einen Ingenieur mag Gleichstellung wichtiger sein als Datenschutz, für den anderen das Gegenteil. Daher verpflichtet das VBE die Unternehmensleitung, solche Prioritäten festzulegen, denen dann jeder bei der späteren Systementwicklung folgen kann. Es ist jedoch in der Regel nicht leicht zu entscheiden, was an erster Stelle stehen soll. Um diese Frage der Prioritätensetzung zu beantworten, bietet VBE mit IEEE 7000™ eine Reihe von Kriterien, die bei der Entscheidung helfen können.

Kriterien für die Priorisierung von Kernwerten

Der IEEE 7000™ Standard listet sieben gleichrangige Kriterien auf, die bei der Wertpriorisierung zu berücksichtigen sind (S. 41 in IEEE, 2021a):

I.   Die Stakeholder sind sich einig, dass das SOI gut für die Gesellschaft ist und unnötigen Schaden vermeidet.
II. Die Organisation benutzt Menschen nicht nur als Mittel zum Zweck.
III. Führungskräfte können die Verantwortung für die gewählten Werteprioritäten übernehmen, entsprechend ihren eigenen persönlichen Maximen.
IV. Die Organisation respektiert ihre selbst erklärten ethischen Leitlinien der Wertkataloge, falls es welche gibt.
V.   Der Geschäftszweck legt bestimmte Werte besonders nahe.
VI. Die Umwelt wird bestmöglich geschützt.
VII. Die Organisation berücksichtigt bestehende ethische Richtlinien (z. B. Gesetze).

In dieser Liste von Priorisierungskriterien sind vier Dimensionen von Verpflichtungen enthalten (Abbildung 5.15): Eine Verpflichtung, die in kommerziellen Unternehmen realistischerweise besteht ist die, dass die Wertprioritäten des SOI mit den Erwartungen von Stakeholdern und dem Geschäftszweck in Einklang stehen müssen. Aus diesem Grund besagt das Priorisierungskriterium V auch, dass eine Organisation die Wertprioritäten für die IT im Lichte ihres Geschäftszwecks sehen muss. Nehmen

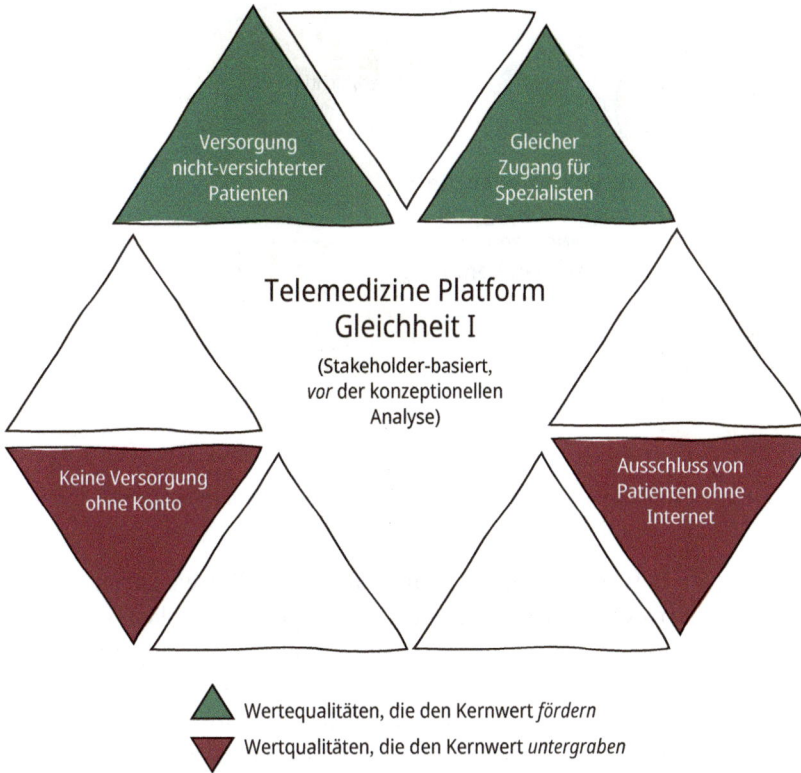

Abbildung 5.14: Das dialogisch ermittelte Kernwert-Cluster für die Wahrung der Gleichstellung auf der Telemedizin-Plattform.

wir an, ein Unternehmen bekennt sich zum Datenschutz als wichtigster Wertpriorität. Dann könnte das Geschäftsmodell, das den Aktionären mitgeteilt wird, kaum darin bestehen, so viele Daten (Öl) wie möglich von den Kunden zu sammeln und diese gewinnbringend zu nutzen. Wenn das Geschäftsmodell eines Unternehmens entscheidend von der Kommerzialisierung personenbezogener Daten abhängt, wäre es heuchlerisch, den Datenschutz als Kernwert zu verfolgen. Wenn das Unternehmen dem Datenschutz in einem solchen Fall trotzdem einen hohen Stellenwert einräumen wollte, kann es sein, dass es technisch und organisatorisch viele Anpassungn treffen muss. Genau dies wird durch das Ranking der Kernwerte erreicht: Bei der Überprüfung der IT-Prioritäten wird deutlich, dass unter Umständen sogar das Geschäftsmodell und die Strategie angepasst werden müssen.

Eine zweite Verpflichtung, die für die Priorisierung von Werteclustern relevant ist, ist die Betrachtung der Maximen der an dem Projekt beteiligten Führungskräfte (Kriterien I, II & III). Wenn Führungskräfte eine Rangfolge der Kernwerte aufstellen, sind sie aufgefordert, über ihre eigenen Maximen nachzudenken (Kant, 1785/1999).

Abbildung 5.15: Pflichtdimensionen, die für die Festlegung von Wertprioritäten relevant sind.

Die Priorisierung der IT Werte verlangt von ihnen also eine Selbstreflexion. Sie ermutigt sie, nur solche Kernwerte für ein SOI in den Vordergrund zu stellen, von denen sie sich *persönlich* wünschen, dass sie in der Gesellschaft allgemein gültig werden. Die *persönliche* Reflexion wird hier unterstrichen, weil Führungskräfte in Organisationen oft zu einem Rollenspiel gezwungen sind. In ihrer Rolle als Führungskraft neigen sie dazu, nach anderen Werten zu streben als denen, die ihnen im Privatleben wichtig sind. Es wurde zum Beispiel gezeigt, dass Marketing-Führungskräfte sehr empfindlich sind, wenn sie privat um die Weitergabe ihrer persönlichen Daten gebeten werden, während sie dieselbe Weitergabe von Daten ihrer Kunden fachlich rechtfertigen. Das VBE fordert Führungskräfte dazu auf, diese Ambiguität oder Dissonanz zwischen ihren privaten Ansichten und ihrem beruflichen Handeln aufzugeben. Was ihnen dabei hilft, ist die Anwesenheit der anderen Stakeholder, die alle zustimmen müssen, dass das SOI gut für die Gesellschaft ist und unnötigen Schaden vermeidet (Kriterium I). Zusammen mit diesen Stakeholdern können Führungskräfte die gemeinsame Pflicht erörtern, durch das SOI das Gemeinwohl zu fördern und negative Auswirkungen zu vermeiden. Hier kann auch das Kriterium II eine Rolle spielen, denn es fordert die Organisationen auf, dafür zu sorgen, dass ihre Wertpriorisierung Menschen nicht nur als Mittel zum Zweck benutzt. Automatisierte Check-in-Automaten an Flughäfen können dieses letzte Argument verdeutlichen. Nehmen wir an, dass für einen solchen Automaten zwei Kernwerte gegeneinander ausgespielt werden. Der eine ist die positive Rentabilität, die durch die Wertqualitäten der Effizienz und Kosteneinsparungen erreicht wird. Der andere ist der Kernwert des Kundenwohlbefindens, der durch die negativen Wertqualitäten mangelnder Kundenhilfe und reduzierter persönlicher Ansprache untergraben wird. In diesem Fall würde das Kriterium II das Wohlbefinden von Kunden über die Rentabilität des SOI stellen, denn Effizienz und Kosteneinsparungen werden nur durch Entlassungen erreicht, so dass Menschen als austauschbar betrachtet werden – also als ein einsparbares Mittel zum Zweck.[53]

Eine dritte Verpflichtung besteht darin, dass die Unternehmen ihre bevorzugten SOI-Kernwerte mit ihren bestehenden ethischen Grundsätzen und Wertekatalogen (Kriterien IV & VII) vergleichen sollen. Beispiele hierfür sind IBMs Verpflichtung zur Verantwortlichkeit, Erklärbarkeit und Fairness seiner technischen Produkte oder Microsofts Proklamation, sich für die Ermächtigung von Menschen, für die Gemeinschaft und für ökologische Nachhaltigkeit einsetzen zu wollen. Solche selbst auferlegten Leitprinzipien von Organisationen zeigen ihren wahren Wert im VBE, wenn sie bei der Priorisierung von Werteclustern auf den Tisch kommen und prioritär in das Design der Produkte, also des SOI, einfließen sollen.[54]

Jedoch sind es nicht nur organisationsinterne Prinzipien, die hier herangezogen werden müssen, sondern vor allem auch bestehende Gesetze, oder Konventionen. Viele technische Systeme kranken daran, dass sie regionale Gesetze oder internationale Menschenrechtsabkommen ignorieren. Das VBE kann helfen, das zu ändern. Es fordert dazu auf, dass politisch verankerte Vorschriften bei der Priorisierung der Kernwerte eingebracht werden. Wenn zum Beispiel ein SOI in hohem Maße von persönlichen Daten abhängig ist, hätten die Projektteams die Pflicht, den Kernwert des Datenschutzes im Vergleich zu anderen Stakeholder-Werten relativ hoch einzustufen, weil er in so vielen Gesetzen und internationalen Abkommen anerkannt ist. Im Fall der Telemedizin-Plattform beispielsweise könnte der Datenschutz sogar höher als die Gleichheit eingestuft werden, da ein Verstoß gegen dieses Gesetz so hohe Strafen nach sich ziehen kann, dass selbst die großartigste Geschäftsstrategie das kaum ausgleichen kann.

Und nicht zuletzt ist ein Kriterium für die Wertepriorisierung auch der ausdrückliche Respekt für die Natur. Wenn ein SOI anerkanntermaßen klare Auswirkungen auf die Nachhaltigkeit hat, zum Beispiel aufgrund eines enormen Energieverbrauchs, dann würde dieser Effekt stark gewichtet werden.

Auflösung von Wertekonflikten

Schließlich kann es vorkommen, dass trotz der genannten Priorisierungskriterien einige Kernwerte miteinander in einer scheinbar unauflöslichen Spannung stehen, oder schwer in eine Rangfolge zu bringen sind. Solche Werteabwägungen werden weithin als Dilemma angesehen. Schelers Wertethik, die die Grundlage für das Werteverständnis im VBE bildet, teilt diese konfliktbeladene Sicht auf Werte ausdrücklich nicht. Stattdessen sieht diese Ethik Werte in einer natürlichen Rangordnung (Scheler, 1921 [1973]). Genauer gesagt, argumentiert Scheler, dass ethisches Verhalten im Wesentlichen durch die kontinuierliche Wahl und Verwirklichung höherer Werte gegenüber niedrigeren Werten konstituiert wird. Und er skizzierte, wie die relative Ausdauer, die Tiefe und die Unteilbarkeit von Werten Hinweise sind auf ihre relative Überlegenheit. Außerdem können, so Scheler ihre relative Unabhängigkeit von Wertträgern und ihre intrinsische, nicht instrumentelle Natur Hinweise auf ihren Rang geben (S. 86 ff).

Abbildung 5.16 fasst diese fünf Kriterien zusammen und gibt Beispiele, wie sie zu interpretieren sind. Die Tabelle ist auch im Anhang B von IEEE 7000™ enthalten.

Werte sind höher ...	Beispiele
... je länger sie Bestand haben (Ewigkeit /Beständigkeit eines Wertes)	Liebe ist höher als Begeisterung Glück ist höher als Bequemlichkeit
... je weniger sie teilbar sind	Ein Kunstwerk kann nicht geteilt werden, weshalb es von höherem Wert ist als ein Stück Brot; Schönheit als Phänomen ist von höherem Wert als ein guter Haarschnitt
... je weniger sie durch andere Werte begründet sind	Würde ist ein höherer Wert als Höflichkeit, die der Würde dient
... je tiefer die Zufriedenheit, die mit ihnen verbunden ist	Eine tiefe Lebenszufriedenheit im Vergleich zu einem glücklichen Spaziergang
... je weniger das Gefühl für sie von der Existenz eines Wertträgers abhängt	Der Wert der Wahrheit ist höher, als der Wert der Bequemlichkeit, der immer einen Träger braucht (eine Situation oder Sache, die bequem ist)

Abbildung 5.16: Max Schelers Kriterien zur Bestimmung des Rangs/der Höhe von Werten.

Zwei Werte aus dem Telemedizin-Fall veranschaulichen, wie einige dieser Rangfolge-kriterien der materiellen Werteethik funktionieren: Der kollegiale Respekt der Ärzte, der sich heute in gegenseitigen analogen Empfehlungen manifestiert, könnte gegen die Effizienz getauscht werden, die eine von der Plattform betriebene Empfehlungsda-tenbank bietet. Effizienz ist jedoch ein geringerer Wert als Respekt. Im Gegensatz zu Respekt hat Effizienz keinen intrinsischen Eigenwert. Effizienz ist immer ein Instrument für einen anderen Wert, wie zum Beispiel die Rentabilität. Respekt hinge-gen kann nicht als Wert an sich angezweifelt werden. Außerdem führt er zweifellos zu einer größeren Zufriedenheit bei einer Berufsgemeinschaft als Effizienz. Und schließlich wird Respekt wahrscheinlich länger Bestand haben als die Effizienz von Prozessen, die leicht erodieren kann, sobald kleine Änderungen an einem Prozess vor-genommen werden. Vor diesem Hintergrund wäre die Telemedizin-Plattform gut bera-ten, den gegenseitigen Respekt der Ärzte als zentralen Wert über die Effizienzgewinne zu stellen, die eine Datenbanklösung mit sich bringen kann.

Konzeptionelle Analyse von Kernwerten

Nach der Werteerkundung und Priorisierung erfordert das VBE eine verfeinerte kon-zeptionelle Analyse der bevorzugten Kernwerte. Diese konzeptionelle Analyse ist eine hermeneutische Übung, bei der die von den Stakeholdern ermittelten Wertqualitäten vervollständigt werden durch Literatur und Gesetze. Wie der Wertphilosoph Ibo van de Poel darlegt: „Die Konzeptionalisierung von Werten ist die Bereitstellung einer Definition, Analyse oder Beschreibung eines Wertes, die seine Bedeutung und oft auch seine Anwendbarkeit verdeutlicht" (S. 20 in van de Poel, 2018).

Zum Beispiel könnte der Kernwert der Privatsphäre im Telemedizin-Fall von den Stakeholdern „bottom-up" charakterisiert worden sein, wie in Abbildung 5.11 dargestellt. Fünf Wertqualitäten wurden von diesen gesehen, darunter die Kontrolle der Patienten über ihre Gesundheitsdaten, die Datensicherheit, die Möglichkeit, als Patient anonym zu bleiben, Vertraulichkeit und Transparenz der Datennutzung (in Abb. 5.17 blau und braun markiert). Diese fünf Werte allein reichen jedoch nicht aus, um eine datenschutzfreundliche Plattform aufzubauen. Aus Expertensicht muss der Datenschutz zusätzlich im Lichte der Datenschutzgrundverordnung (DSGVO) verstanden werden, wenn die Plattform in Europa betrieben werden soll. Daher müssten dem Cluster verschiedene Wertqualitäten hinzugefügt werden, wie zum Beispiel die Datenportabilität, die Datenzugänglichkeit oder die Gewährleistung der legitimen Weiterverwendung. Es werden also alle Grundsätze der Datenschutzgrundverordnung zu zusätzlichen Wertqualitäten,

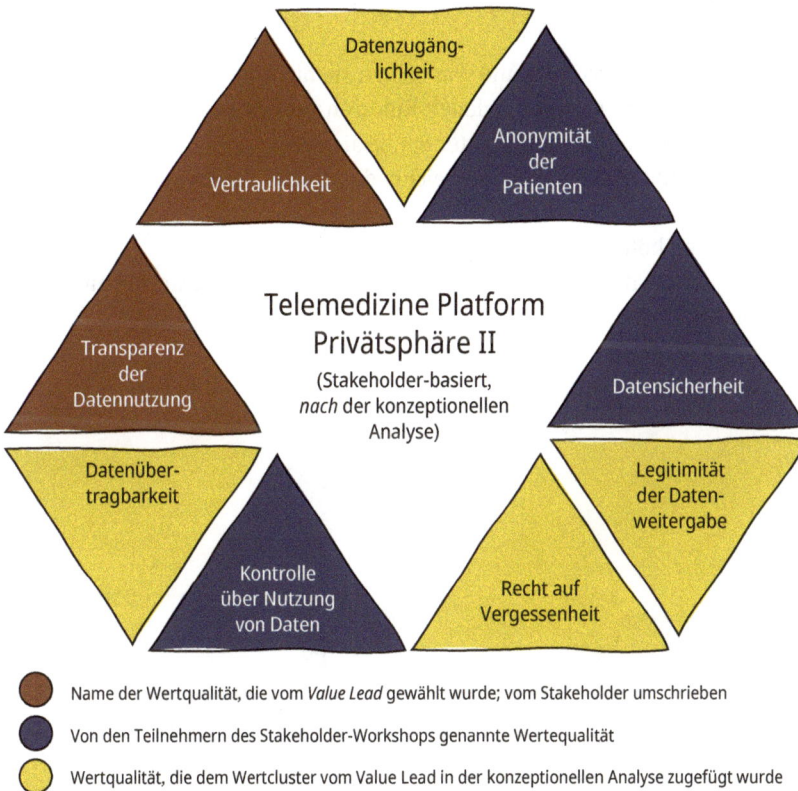

Abbildung 5.17: Der Datenschutz-Cluster der Telemedizin-Plattform *nach* der konzeptionellen Analyse.

selbst wenn sie von Stakeholdern nicht genannt worden sind. Auf diese Weise würde bei der konzeptionellen Analyse deutlich werden, dass die Vertraulichkeit tatsächlich nur eine Dimension der Datensicherheit ist. Der Bottom-up-Cluster (Abbildung 5.11) wird also um Redundanz und Unvollständigkeit korrigiert (Abbildung 5.17). Wenn externe Quellen zur Bedeutung eines Kernwerts – wie zum Beispiel ein geltendes Gesetz – verfügbar sind, bieten sie den Projektteams darüber hinaus eine differenzierte und effiziente Sichtweise darauf, was ein Wert bedeutet und welche zusätzlichen Faktoren später beim Systemdesign berücksichtigt werden müssen. Abbildung 5.17 veranschaulicht dies am Beispiel des Datenschutzes für die Telemedizin-Plattform.

Die endgültigen Wertecluster, die priorisiert und verfeinert wurden, bilden zusammen eine ethische Gesamtstrategie für das SOI. Diese wird dann in einer öffentlichen Erklärung zusammengefasst, die das Wertbestreben des Unternehmens für die Öffentlichkeit resümiert: das sogenannte „Enterprise Ethical Policy Statement". Dieses wird sowohl von den beteiligten Führungskräften als auch von den Stakeholder-Vertretern unterzeichnet.

Prüfungsfragen

- Was sind persönliche Maximen und was sollten sie nicht sein?
- Was tut das VBE, damit es verschiedenen Kulturen gerecht zu wird?
- Würde Benjamin Franklin ein perfekter Samurai sein?
- Warum ist der Utilitarismus nicht ausreichend, um das Wertespektrum eines SOI zu verstehen?
- Wodurch werden höhere von niedrigeren Werten unterschieden?
- Welche Aufgaben hat ein Value Lead und was sind die Herausforderungen seiner/ihrer Arbeit?

Kapitel 6
VBE-Phase 3: Ethisches IT-Systemdesign

Der letzte Block der VBE-Arbeit, der zu einem ethischen Design führt, beginnt mit der Formulierung der sogenannten „Ethical Value Requirements" oder „EVRs". Ein EVR wird in IEEE 7000™ (S. 18) definiert als eine „organisatorische oder technische Maßnahme die sich auf Werte bezieht, die von den Stakeholdern und der konzeptionellen Wertanalyse als relevant für das SOI identifiziert wurde." Somit ist ein EVR der Natur nach konkreter als eine Wertqualität (Abbildung 6.1). Es ist die „Brücke" zwischen den für das SOI relevanten Werten und den konkreten, spezifischen Anforderungen auf Systemebene.

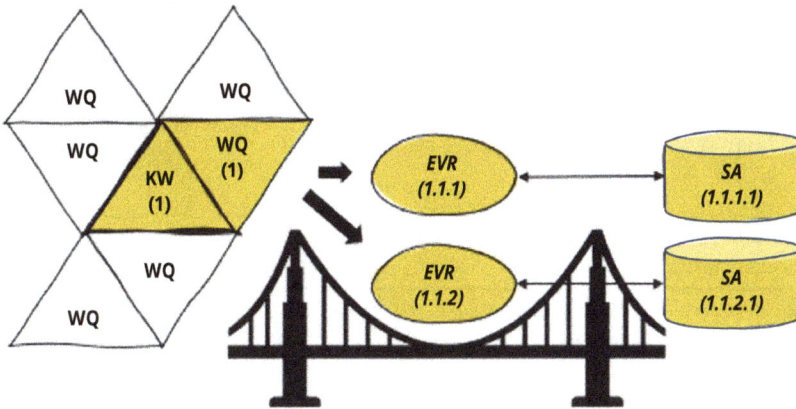

KW = Kernwert, WQ = Wertqualität, EVR = Ethische Wertanforderung, SA = Systemanforderung

Abbildung 6.1: EVRs dienen als Brücke zwischen Wertqualitäten und Systemanforderungen.

Ethical Value Requirements (EVRs)

Was EVRs sind, lässt sich anhand des Beispiels der „informierten Zustimmung" zur Datenverarbeitung der Telemedizin-Plattform veranschaulichen. Zu den EVRs, die mit einer informierten Zustimmung verbunden sind, gehören: (1) eine aussagekräftige und umfassende Beschreibung der Datenverarbeitungsaktivitäten, (2) die tatsächliche und freiwillige Einholung der Zustimmung der Patienten zur beschriebenen Datenverarbeitung, (3) die Bereitstellung leicht zugänglicher Optionen für die Verweigerung der Zustimmung usw. Ein Blick auf diese Auflistung macht deutlich, dass EVRs organisatorische, technische oder soziale *Maßnahmen* sind, die ergriffen werden sollten, um eine positive Wertqualität (z.B. eine informierte Zustimmung) zu schützen oder zu

https://doi.org/10.1515/9783111633930-006

fördern. Diese Maßnahmen richten sich also gegen das Risiko, dass sich eine Wertqualität nicht wie gewünscht entfalten kann. Daher werden EVRs in IEEE 7000™ auch als „Risikobehandlungsoptionen" bezeichnet (S. 45 in IEEE, 2021a).

Abbildung 6.2 enthält eine beispielhafte Liste von EVRs, die im Telemedizin-Fall für den fairen und gleichberechtigten Zugang von Patienten zur medizinischen Versorgung gefunden wurden. Die Tabelle veranschaulicht, wie die Kette vom Kernwert der Gleichstellung über die Wertqualitäten bis hin zu den EVRs durch eine Nummerierung nachvollzogen werden kann. Diese transparente, kontrollierte und strukturierte Dokumentation wird als „Value Register" bezeichnet (S. 23 in IEEE, 2021a).[55]

Die EVRs geben Hinweise darauf, was die Anforderungen auf Systemebene später berücksichtigen sollten. Die EVR 1.3.1 besagt zum Beispiel, dass die Telemedizin-Plattform für den Zugang zu medizinischen Dienstleistungen nicht von vornherein einen Krankenversicherungsnachweis verlangen sollte, wenn die Plattform ihrer Strategie der sozialen Gleichstellung gerecht werden will. Die technische Anforderung auf Systemebene, die später aus dieser EVR abgeleitet wird, könnte die Entwickler dann auffordern, dass die Plattform erst nach Abschluss der Online-Konsultation nach Versicherungsdaten fragt und nicht bereits bei der Anmeldung.

Kernwert	gefördert/ geschädigt	Wertqualität	Ethische Wertanforderung (EVRs)
1. Gleichheit	gefördert	1.1 Gleicher Zugang zu Spezialisten	1.1.1 Nehmen Sie nur empfohlene Fachärzte auf, die gleichzeitig bereit sind, mindestens fünf unversicherte Patienten pro Woche zu behandeln.
1. Gleichheit	geschädigt	1.2 Ausschluss von Patienten ohne Internet	1.2.1 Bereitstellung einer günstigen Telefonverbindung mit Ärzten der Telemedizin Plattform
1. Gleichheit	gefördert	1.3 Versorgung von nicht versicherter Patienten	1.3.1 Verlangen Sie für den Zugang zur Telemedizin Plattform nicht vorab einen Krankenversicherungsnachweis
1. Gleichheit	geschädigit	1.3 Keine Versorgung von Patienten ohne Konto	1.3.2 Akzeptieren Sie verschiedene Zahlungsarten, inklusive Barmittel
1. Gleichheit	...	1.4 ...	...

Abbildung 6.2: Ethische Wertanforderungen (EVRs) und ihr Wertursprung.

EVR-Formulierungen und Schwellenkriterien

Wenn die EVRs im Value Register festgehalten werden, sollte jede von ihnen sowohl konkretisiert als auch qualifiziert sein. Beispiele hierfür wären die Erschwinglichkeit der Telemedizin-Plattform für mittellose Anrufende oder das Kriterium, dass nur solche Mediziner in das Netzwerk der Plattform aufgenommen werden, die bereit sind, mindestens fünf nicht versicherte Patienten in der Woche zu behandeln (siehe Abbildung 6.2). Mit anderen Worten: EVRs werden als konkrete, überprüfbare Schwellenkriterien (z. B. fünf Patienten), Annahmen oder Einschränkungen konkretisiert. Denken Sie daran, dass ein Kernwert nur durch Wertqualitäten materialisiert wird. Um diese Wertqualitäten zu ermöglichen, müssen die EVRs jedoch die Erwartungen der Stakeholder erfüllen und Kriterien für diese Werterfüllung erreichen. IEEE 7000[TM] spricht diese Notwendigkeit an, indem es Organisationen auffordert, „Annahmen und Einschränkungen" im Wertregister aufzuzeichnen, die mit den EVRs verbunden sind (9.3. a] 2] & 4], S. 45 in IEEE, 2021a). Abbildung 6.2 zeigt, wie dies geschehen kann.

Es könnte gefragt werden, warum es so elementar ist, die EVR-Kriterien aufzuzeichnen. Warum wird dies in IEEE 7000[TM] so explizit hervorgehoben? Die Antwort auf diese Frage wird klar bei nochmaliger Betrachtung des Werts der Privatsphäre für die Telemedizin-Plattform. Wie bereits erwähnt, besteht ein wichtiger Aspekt der Privatsphäre darin, dass Personen, die ihre persönlichen Daten weitergeben, deren Verwendung nur mit einer informierten Zustimmung gewähren sollten. Eine EVR für die informierte Zustimmung würde also idealerweise in diesem Fall lauten: Stellen Sie sicher, dass Patienten auf einfache und informierte Weise ihre Zustimmung zur Verarbeitung ihrer Gesundheitsdaten geben können, wobei „informiert" bedeutet, dass die bereitgestellten Informationen für Laien sofort zugänglich und verständlich sind.

Die Einschränkungen bestehen hier darin, dass die Informationen zur Datenverarbeitung *leicht zugänglich* und *für Laien verständlich* sind. Vergleichen Sie dies mit dem, was digitale Akteure heute tun: Sie „informieren" ihre Kunden über die Erhebung personenbezogener Daten durch langwierige, nicht zugängliche und komplizierte „Unverträge", die nur Rechtsexperten verstehen können (Zuboff, 2018). Das Beispiel veranschaulicht, dass ohne angemessene EVR-Vorgaben Einschränkungen oder Kriterien die in die EVR-Formulierung eingebaut sind, ethisches Verhalten leicht umgangen werden kann: Organisationen können zwar einen Haken setzen, dass sie eine EVR identifiziert haben und in ihrer Organisation etwas unternommen haben, z. B. die Zustimmung des Patienten einzuholen. Die Art und Weise, wie sie diese erhalten haben, würde jedoch nicht mit den ethischen Erwartungen der Beteiligten übereinstimmen.

Die Übereinstimmung der Annahmen und Einschränkungen der EVRs mit den ethischen Erwartungen der Stakeholder wird durch eine weitere Aktivität im IEEE 7000[TM] sichergestellt, konkret der, dass die Stakeholder-Vertreter die EVRs validieren müssen. Die teilweise externe und kritische Vertretung der Interessengruppen muss sicherstellen, dass die EVR mit ihren Einschränkungen, Annahmen und Kriterien klug gewählt, machbar und detailliert genug sind (9.3. b], S. 45 in IEEE, 2021a).[56]

Schließlich ist zu beachten, dass viele IT-Dienste möglicherweise Zertifizierungsverfahren durchlaufen müssen, bevor sie Zugang zu einem Markt erhalten. Zum Beispiel könnten die Fairness und Nichtdiskriminierung von KI-Diensten oder ihr Grad an Transparenz geprüft werden. Die Einschränkungen, Annahmen und Kriterien der EVRs sind die Indikatoren, anhand derer solche Zertifizierungstests dann durchgeführt werden können.

Drei Wege zum ethisch ausgerichteten IT-Systemdesign

Sobald die EVRs identifiziert, dokumentiert und mit ihren Annahmen, Einschränkungen und Kriterien validiert sind, können die entsprechenden technischen und organisatorischen Systemanforderungen ermittelt und dokumentiert werden.

Erinnern Sie sich daran, dass das System-Design in IEEE 7000^{TM} und VBE „soziotechnisches" Systemdesign bedeutet. Systemanforderungen im VBE sind daher nicht nur technische, sondern auch soziale Anforderungen, zu denen ebenso rein organisatorische Managementmaßnahmen gehören.[57] Viele EVRs können mit Hilfe von administrativen Prozessen und organisatorischen Richtlinien angegangen werden, ohne dass die technische Ebene des SOI überhaupt angefasst werden muss. Nehmen Sie die EVR 1.1.1 für den Wert der Gleichstellung in Abbildung 6.2. Darin wird die Telemedizin-Plattform angewiesen, „nur empfohlene Fachärzte aufzunehmen, die gleichzeitig bereit sind, mindestens fünf mittellose Patienten pro Woche zu behandeln, die u. U. keine Versicherung haben." Dies ist eine EVR, die keine technische Systemfunktion erfordert. Stattdessen fordert die EVR die Einrichtung eines organisatorischen Prozesses ein, der dafür verantwortlich ist, philanthropische Fachärzte zu suchen, ihre dauerhafte Bereitschaft zur Behandlung von Armen sicherzustellen und diejenigen Fachärzte aus der Datenbank und dem Netzwerk zu streichen, die arme Patienten der Plattform zur weiteren Behandlung ablehnen. Ein solches EVR kann von der Geschäftsführung der Telemedizin-Plattform sofort und ohne weitere technische Analyse angegangen werden. Aus diesem Grund ist der erste Pfad des ethisch ausgerichteten Designs unten links in Abbildung 6.3 mit „Organisationsmaßnahmen" betitelt. Beachten Sie, dass dieser organisatorische Weg nicht ausdrücklich in IEEE 7000^{TM} enthalten ist.

Für den Fall, dass organisatorische Maßnahmen nicht ausreichen, bietet das VBE dann zwei technische Designprozesse an. Diese sind ebenso in Abbildung 6.3 dargestellt: Ein einfacher Risiko-basierter Systemdesign Ansatz (zu Englisch: „Standard Risk-based Design Path") in Übereinstimmung mit IEEE 7000^{TM} Abschnitt 9] und ein „Folgenabschätzung basierter Systementwurf". Letzterer wird hier unterschieden, da viele Hochrisikosysteme (zum Beispiel einige KI-Systeme) aus Sicht des Gesetzgebers eine solche Folgenabschätzung benötigen. Oder er wird genutzt, wenn besonders kritische Werte auf dem Spiel stehen (z. B. Gesundheit, Sicherheit), wenn besonders riskante Systeme gebaut werden oder wenn die Aufsichtsbehörde eine Folgenabschätzung vorschreibt. Dennoch reicht wahrscheinlich für die meisten Systeme der einfache Risiko-basierte Systemdesign Ansatz.

Einfaches Risiko-basiertes Systemdesign

Das Ziel des einfachen Risiko-basierten Systemdesigns besteht darin, dass alle EVRs, die nicht durch administrative Maßnahmen gehandhabt werden können, ihren Weg in die technische Roadmap des SOI finden. Diese Roadmap wird in der Regel von den System- und Software-Ingenieuren vorgehalten, die dafür verantwortlich sind, das SOI zum Laufen zu bringen. Sie enthält alle geplanten Systemfunktionen und -eigenschaften (einschließlich der dafür nötigen Anforderungen). Die Roadmap kann auch als Product Backlog verstanden werden, wie es im Scrum-Ansatz vorgesehen ist. Die Priorisierung der enthaltenen Sprints stammt hier jedoch aus der vorgelagerten Priorisierung der Wertqualitäten und damit verbundenen EVRs.

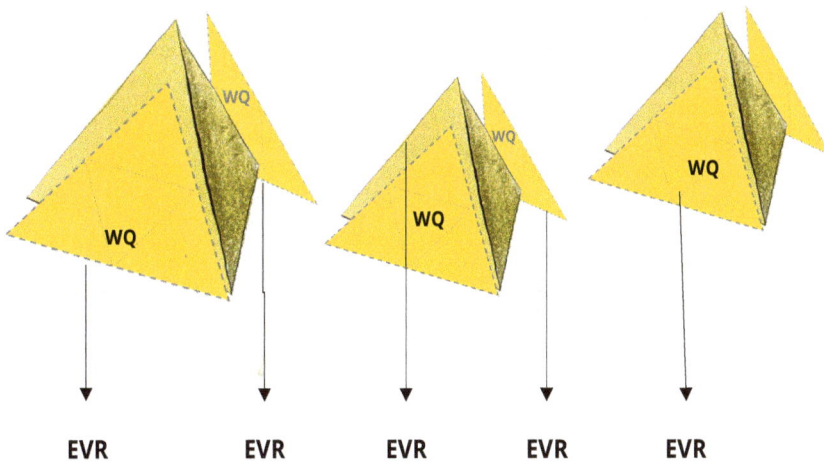

Abbildung 6.3: Überblick über drei alternative Designpfade von den Wertqualitäten zu den Systemanforderungen.

In den frühen Phasen eines Innovationsprojekts arbeiten die technischen Abteilungen einer Organisation relativ getrennt von VBE-Bemühungen. Schließlich ist ein großer Aufwand allein dafür erforderlich, um ein System zum Laufen zu bringen. Wie bereits erwähnt, sind technische Abteilungen jedoch verpflichtet, einen Interessenvertreter in das VBE-Projektteam zu entsenden, dessen Aufgabe es dann in der Designphase ist, die Werte-basierten Systemanforderungen mit dem bestehenden Product Backlog zusammenzuführen. Sobald die EVRs formuliert und von den Vertretern aller Interessengruppen bestätigt wurden, ist die Zeit für diesen Schritt reif. Der „VBE-Shepard" aus der technischen Entwicklung hilft, die EVRs zu formulieren und in die technischen Arbeiten einzubringen. Er sorgt ferner dafür, dass sie auch abgearbeitet werden und nicht unter dem Teppich landen. Sie oder er ist dafür verantwortlich, dass jede EVR in die technischen Systemelemente und Architekturanforderungen übersetzt wird. Anforderungen, die nicht nur für die Aufnahme in die bestehende Roadmap geeignet sind, sondern die auch den Richtlinien und anderen soziotechnischen Maßnahmen Respekt zollen, die für die Erfüllung der EVRs notwendig sind.[58] Abbildung 6.4 veranschaulicht diesen Schritt, bei dem die beiden Anforderungstypen – nennen wir sie „wertorientierte" und „nicht wertorientierte" Anforderungen – verschmelzen.[59]

Konflikte zwischen diesen Typen sind denkbar. Die billigste Herstellungsvariante eines Systems ist nicht immer eine, die die ethischen Anforderungen erfüllen kann. Konflikte können jedoch minimiert werden, wenn die VBE-Bemühungen früh genug beginnen, so dass die nicht-wertbasierte technische Arbeit weder zu weit fortgeschritten ist, noch auf bestimmte Lösungen schon festgelegt wurde.[60]

Die einfache Risikologik des VBE

Abbildung 6.4 veranschaulicht, dass die EVRs zunächst in soziotechnische *Systemanforderungen* übersetzt werden müssen, um dann später diese nicht-wertbasierten Anforderungen zu integrieren. Dies geschieht über eine Risikologik, wie sie von vielen Computerethikern empfohlen wird (Gotterbarn & Rogerson, 2005; Spiekermann, 2016). Der Grund für die Risikologik ist, dass durch die Betrachtung von Werten als „risikobehaftet" die Entwicklungsteams zu Sorgfalt aufgerufen werden. Das heißt, Sorge dafür zu tragen, dass jeder Wert und die damit verbundenen EVRs nicht verletzt werden.

Wie geht das genau? Die Risikologik fragt zunächst danach, in welcher Form eine EVR Gefahr laufen könnte, *nicht* erfüllt zu werden. Abbildung 6.5 veranschaulicht diesen Vorgang. Das Risiko, dass eine EVR nicht erfüllt wird, ergibt sich aus konkreten Bedrohungen (zu Englisch: „Threats"). In einem zweiten Schritt werden dann technische Kontrollmaßnahmen (zu Englisch: „Controls") definiert, um der jeweiligen Bedrohung so zu begegnen, so dass die EVRs (die ethischen Anforderungen an das System) erfüllt werden. Auf diese Weise wird potenziellen Wertbedrohungen technisch vorgebeugt.

Der Prozess des Abgleichs von Wertbedrohungen mit Kontrollmaßnahmen zwingt die System- und Software-Engineering-Teams zu starker Sorgfalt. Zum Beispiel wurde

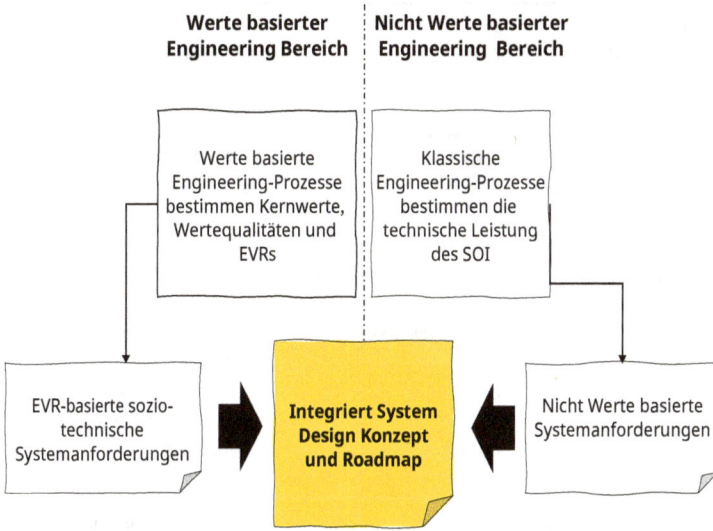

Abbildung 6.4: Integration der wertorientierten und nicht wertorientierten Anforderungen in eine System-Roadmap.

oben dargelegt, dass eine EVR zur Sicherstellung einer informierten Zustimmung eine aussagekräftige und umfassende Beschreibung der Datenverarbeitung braucht. Es besteht die Gefahr, dass Datenschutzbestimmungen nicht aussagekräftig sind oder dass sie Nutzern relevante Informationen vorenthalten. Sehr lange, unleserliche und unvollständige Geschäftsbedingungen sind auch im Jahr 2025 noch ein bekanntes Phänomen in der Welt der Webdienste. Daher besteht eine Kontrollmaßnahme gegen diese Bedrohung darin, eine vollständige und ehrliche, leicht zugängliche, idealerweise mehrschichtige und getestete Privacy Policy anzubieten. Abbildung 6.5 zeigt, wie dies geschehen kann, und liefert weitere Beispiele dafür, wie die Wertqualität der informierten Zustimmung in einem System gefördert werden kann.

EVR-Kontrollmaßnahmen sind soziotechnische Systemanforderungen, die für die Verwendung durch Entwicklerteams vorgesehen sind. Diese können anhand der Art und Weise, wie sie geschrieben sind, nachvollziehen, was im SOI beachtet werden muss. Um die Systematik und Nachvollziehbarkeit der Analyse zu erhöhen wird empfohlen, dass jede Zeile in Abbildung 6.5 *nur eine* genaue Bedrohung und *nur eine* entsprechende Kontrollmaßnahme enthält. Eine EVR kann mehrere Bedrohungen haben. Und eine Bedrohung kann mehrere Kontrollmaßnahmen bedingen. Eine Kontrollmaßnahme kann auch gleichzeitig mehrere Bedrohungen verschiedener EVRs adressieren. Aber diese ganze Dynamik ist in mehreren Zeilen festzuhalten, damit der Überblick nicht verloren geht. Dies impliziert, dass Zeilen u. U. redundante Information enthalten. Außerdem wird an dieser Stelle systematisch die begonnene nummerierte Auflistung und Nachverfolgung von Kernwerten über Wertqualitäten zu EVRs fortgesetzt. Alle Elemente einer Tabelle lesen sich nicht nur wie eine Wertgeschichte von links nach rechts,

I, Kernwert	II. Wertqualität	III. Ethische Wertanforderungen (EVRs)	IV. EVR Bedrohungen (Threats)	V. EVR Kontrollen (Systemanforderung)
1. Privatsphäre	1.1. Informierte Zustimmung	1.1.1 Eine aussagekräftige und umfassende Beschreibung der Verarbeitungsaktivitäten von personenbezogenen Daten	T 1.1.1.1◄────────► Eine Datenschutzrichtlinie ist nicht sinnvoll und verschleiert Informationen, die wirklich relevant für den Benutzer aus der Perspektive der Privatsphäre sind (wie Praktiken der Datenweitergabe, externe Partner und Datenempfänger)	C 1.1.1.1 Stellen Sie einen vollständigen und ehrlichen Überblick bereit über die Weitergabe und Verarbeitung personenbezogener Daten mit Blick auf die Bereiche, die für die Beurteilung der Privatsphäre der Patienten relevant sind.
1. Privatsphäre	1.1. Informierte Zustimmung	1.1.1 Eine aussagekräftige und umfassende Beschreibung der Verarbeitungsaktivitäten von personenbezogenen Daten	T 1.1.1.2◄────────► Die Datenschutzrichtlinie ist nicht leicht zu verarbeiten oder zu lesen, insbesondere für Laien	C 1.1.1.2 Nutzen Sie eine kurze, mehrschichtige Datenschutzerklärung, möglicherweise unter Verwendung standardisierter Datenschutzsymbole, die auf ihre Verständlichkeit getestet wurden.
1. Privatsphäre	1.1. Informierte Zustimmung	1.1.2 Eine tatsächlich freiwillige Einholung der Patientenzustimmung zur Verarbeitung der Gesundheitsdaten	T 1.1.2.1◄────────► Die Nutzer werden dazu verleitet aus Versehen einer Datenverarbeitung zuzustimmen, die sie eigentlich nicht wollen.	C 1.1.2.1 Die Einwilligung muss so gestaltet sein, dass keine Fehler passieren; jede Art von Einwilligungsoption muss gleichermaßen leicht zugänglich sein und als freiwillige Wahlmöglichkeit angesehen werden.
1. Privatsphäre	1.1. Informierte Zustimmung	1.1.3 Die Bereitstellung leicht zugänglicher Optionen für die Verweigerung der Zustimmung	T.1.1.3.1◄────────► Die Nutzer werden zu einem Koppelungsgeschäft gezwungen, z. B. dürfen sie nicht auf den Dienst zugreifen, ohne einer umfassenden Datenweitergabe zuzustimmen.	C 1.1.3.1 Vermeiden Sie nach Möglichkeit eine Kopplung der Nutzung des Dienstes mit der Notwendigkeit der Nutzung von Daten, indem Sie die Möglichkeit bieten, nur die für die Verarbeitung erforderlichen Informationen weiterzugeben.

Abbildung 6.5: Nachvollziehbares risikobasiertes Systemdesign in Tabellenform.

sondern sind auch über eine Nummerierungskette miteinander verknüpft. Diese Kette ermöglicht die Rückverfolgung aller wertbasierten Systemanforderungen zu den Kernwerten, die sie unterstützen sollen. Der IEEE 7000^{TM} Standard beschreibt diesen Schritt wie folgt: „Kennzeichnen Sie jede wertbasierte Systemanforderung mit einer eindeutigen Referenznummer, ihrer Rückverfolgbarkeit zu einer EVR, den damit verbundenen Risiken und den zugehörigen Annahmen und Einschränkungen" (siehe Aufgaben 9.3 c] 4], S. 45 im Standard). Abbildung 6.5 veranschaulicht die Risikologik am Beispiel.

Risikoorientiertes „Requirements Engineering" in dieser Form ist nicht neu. Das Spiralmodell des Systemdesigns beispielsweise, bei dem die Versionen eines Systemdesigns auf der Grundlage einer Risikoperspektive ständig iteriert werden, war schon in den 1980er Jahren weit verbreitet (Boehm, 1988). Und auch die Folgenabschätzungen für Datenschutz und Sicherheit folgen einer ähnlichen Risikologik (Oetzel & Spiekermann, 2013).

Risikobasierte Systemanforderungen versus Risikomanagement

Die Art der Risikologik, die hier verwendet wird, um Systemanforderungen zu identifizieren, wird manchmal mit dem sogenannten „Risikomanagement" verwechselt und/oder vermengt. In großen Organisationen werden Projekte oft von Risikomanagern begleitet. Wie der Begriff „Management" bereits andeutet, bestehen die Aktivitäten dieser Manager jedoch primär in der Überwachung und Handhabung all der Dinge, die bei einem IT-Projekt schiefgehen können. Zum Beispiel: Überschreitung des Budgets, unzureichende Dokumentation der Schritte, unzureichende Einbeziehung von Stakeholdern, zu wenig Zeit usw. (eine aktuelle Übersicht über solche Risiken in der agilen Softwareentwicklung finden Sie beispielsweise in Hammad, Inayat, & Zahid, 2019). All diese Projekt*management*-Risiken können natürlich auch bei VBE-Projekten auftreten, und Organisationen, die den IEEE 7000^{TM}-Standard einhalten wollen, werden dazu ermutigt, Risikomanager in die Überwachung von VBE-Projekten einzubeziehen, je nach dem Grad des Projektrisikos.[61] Aber solche Managementrisiken sind nicht dasselbe wie das oben beschriebene „risikobasierte Systemdesign". Im Value-Based Engineering verwenden wir die „Threat-Control"-Analyse – also eine Risikologik – vor allem zur Identifikation von Systemeigenschaften. Diese Ableitung von Systemanforderungen mit einer Risikologik ist nicht dasselbe wie das Management von Projektrisiken, das ein separater und potenziell ergänzender Aufwand ist.[62]

Das risikobasierte Systemdesign in IEEE 7000^{TM}

In IEEE 7000^{TM} ist der risikobasierte Ansatz für das System Requirements Engineering für EVRs in die folgenden Aufgaben geteilt (9.3. c), S. 45 in IEEE, 2021a):

1. Analysieren Sie die Wertdemonstranten [hier „Wertqualitäten" genannt] und Risikominderungen der EVRs, um potenzielle Wertdispositionen zu identifizieren.
2. Formulieren Sie für jede EVR eine oder mehrere zugehörige wertbasierte Systemanforderungen (funktional oder nicht-funktional), die die EVR innerhalb des SOI realisieren.
3. Identifizieren Sie qualitative oder quantitative Messziele und Akzeptanzkriterien in Verbindung mit jeder Systemanforderung.

Die Analyse der Wertqualitäten [„Wertdemonstratoren"] und ihrer EVRs impliziert die Untersuchung, wie diese Werte bedroht oder gefährdet werden können (Spalte IV in Abbildung 6.5). Bei der „Risikominderung" werden dann Kontrollmaßnahmen für diese Bedrohungen festgelegt (Spalte V in Abbildung 6.5). Diese Kontrollmaßnahmen beschreiben eine „Systemeigenschaft, die für einen oder mehrere Werte förderlich oder hinderlich ist" (S. 23 in IEEE, 2021a), oder was IEEE 7000™ auch als „Wertdisposition" bezeichnet. Bei der Formulierung der Systemanforderungen (Spalte V) müssen die Projektteams darauf achten, dass die in den EVRs (Spalte III) festgelegten Schwellenwerte (Annahmen und Einschränkungen) eingehalten werden. Sie tun dies, indem sie die EVRs so formulieren, dass sie „qualitative und quantitative Messziele und Annahmenkriterien" enthalten (9.3. c] 3]). So wird beispielsweise in Zeile 2 in Abbildung 6.5 darauf hingewiesen, dass die informierte Zustimmung eines Systembenutzers nur dann gegeben ist, wenn die Datenverarbeitung des Systems „sinnvoll und umfassend" beschrieben sind. Es besteht jedoch die realistische Gefahr, dass dies nicht erreicht wird, wenn eine Datenschutzrichtlinie nicht leicht zu lesen ist, insbesondere nicht für Laien (Zeile 2, Spalte IV). Eine Möglichkeit, diese Gefahr abzuschwächen, ist die Verwendung einer „kurzen, mehrschichtigen Datenschutzrichtlinie" (sog. „Layered Policy"), die standardisierte und getestete Symbole enthält, die die Benutzer einfach verstehen können. Solche Layered Policies sind derzeit unter Datenschutzexperten allgemein akzeptiert. Sie ist die derzeit beste verfügbare Technik (zu Englisch: „best available technique" oder kurz „BAT"), um das (qualitative) Ziel der Lesbarkeit oder Verständlichkeit zu erreichen. Damit ist der dritte Punkt des Standards (9.3. c] 3]) erfüllt, konkret „qualitative ... Akzeptanzkriterien zu identifizieren ..."

Woher wissen Projektteams von den „BATs", die zur Förderung von Werten wie Sicherheit oder Transparenz beitragen könnten? Hier kommen die qualifizierten Value Leads wieder ins Spiel. Ihre Ausbildung muss sicherstellen, dass sie die BATs für verschiedene Werte kennen oder in der Lage sind, sie für ein bestimmtes Projekt in Zusammenarbeit mit den Stakeholdern zu entwickeln. Value Leads können BATs zum Beispiel in wertespezifischen Standards finden. Der IEEE 7000™-Standard beschreibt zum Beispiel den Wert der Transparenz. Der Value Lead kann sich auch Musterkataloge (sog. „Pattern Catalogues") verwenden, die BATs sammeln. So gibt es z. B. den an der Wirtschaftsuniversität Wien entwickelten Datenschutz-Musterkatalog[63] oder den von der KU Leuven entwickelten Sicherheits-Musterkatalog.[64] Wenn weder Standards noch Musterkataloge existieren, müssen Value Leads auf einschlägige Fachliteratur zurückgreifen. Ein Beispiel dafür ist der Bericht „Understanding algorithmic decision-making", der einschlägige Praktiken für algorithmische Transparenz beschreibt (Catelluccia & Le Métayer, 2019).

Integration von Wertanforderungen in die Roadmap des SOI

Sobald die Systemanforderungen formuliert sind (Spalte V in Abbildung 6.5), sollten sie in die integrierte Roadmap (Product Backlog) des SOI aufgenommen werden (Abbildung 6.4). Zu diesem Zweck weist der Standard an, „die EVRs und die wertorientierten Systemanforderungen zu analysieren und mit den Anforderungen, die aus *nicht* wertorientierten Mitteln abgeleitet wurden, zu harmonisieren und konkurrierende oder unterstützende Anforderungen für das SOI zu identifizieren und zu rationalisieren" (9.3. d] 2], S. 45).

Wie sieht das in der Praxis aus? Häufig beschreiben nicht-wertorientierte Anforderungen, was getan werden muss, um ein SOI zum Laufen zu bringen oder funktional einzurichten. Die technische Roadmap der Telemedizin-Plattform könnte beispielsweise zunächst die Aufgabe vorgeben, die Landing Page zu erstellen, die Benutzerregistrierung einzurichten, die Facharztdatenbank aufzusetzen, usw. Die Liste dieser funktionalen Aufgaben wird mit einem Zeitplan versehen. Wertorientierte Systemanforderungen, die aus EVRs abgeleitet werden, werden nun als zusätzliche To-Dos zu dieser Roadmap hinzugefügt. Sie liefern Informationen darüber, *wie* bestehende oder eben zusätzliche nicht-funktionale *und* funktionale To-Dos umgesetzt werden sollten. Die wertorientierten Kontrollmaßnahmen legen fest, was von einer Funktionalität (über ihre Zuverlässigkeit hinaus) zu erwarten ist. So wird beispielsweise die technische Aufgabe, eine „Benutzerregistrierung" einzurichten, durch die Anforderung ergänzt, eine „Datenschutzrichtlinie" und eine „Benutzerzustimmung" als Teil dieser Registrierung zu haben. Und diese beiden werden wiederum im Einklang mit der Analyse der Bedrohungen charakterisiert, die teilweise in Abbildung 6.5 beschrieben ist: Die Datenschutzrichtlinie sollte also mehrschichtig sein, sich visuell abheben, von Laien gelesen werden können usw. Mit anderen Worten: Die wertbasierten Systemanforderungen erkennen die Schwellenwerte oder „Messziele und Akzeptanzkriterien" (9.3. c] 3] S. 45 in IEEE, 2021a) aus den EVRs an. Die daraus resultierende System-Roadmap, die dann diese qualifizierten und integrierten Anforderungen enthält, ist die Grundlage für ein Entwicklungsteam, das das SOI implementiert. Abbildung 6.6 veranschaulicht diesen Ablauf.

Diese gesamte risikobasierte Arbeit an den Systemanforderungen wird von der Stakeholder-Gruppe begleitet. Oben wurde bereits beschrieben, wie wichtig externe Stakeholder für ein ethisch ausgerichtetes Design sind und wie sie sorgfältig ausgewählt werden, um Teil eines ständigen projektbegleitenden Verifizierungsgremiums zu werden, das die getroffenen ethischen Entscheidungen regelmäßig überprüfen muss. Diese Gruppe von Interessenvertretern genehmigt den integrierten Fahrplan mit seinen Systemanforderungen und stellt damit sicher, dass die ethisch abgeleiteten Anforderungen nicht unter den Tisch fallen. IEEE 7000™ besagt (siehe 9.3. e]): „Analysieren, verfolgen und dokumentieren Sie den weiteren Umgang mit wertorientierten Anforderungen in Absprache mit dem Projektteam und den Stakeholdern" (S. 46). Das Ergebnis dieser Bemühungen muss dann validiert und im Value Register zusammen mit einem verfeinerten Betriebskonzept festgehalten werden. Die Hoffnung der Autoren von IEEE 7000™ war dass sowohl die Zustimmung der Stakeholder zum Gesamtsystemfahrplan als auch die Aufzeichnung dieser einvernehmlichen Entscheidung die Organisationen dazu ermutigen würde, ethisch abgeleitete Systemanforderungen in angemessener Weise zu priorisieren.[65]

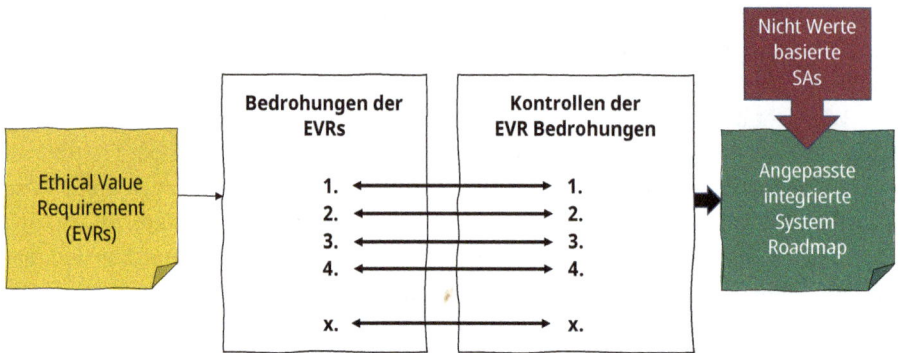

Abbildung 6.6: Die Risikologik führt zu Systemanforderungen für eine integrierte SOI-Roadmap.

Die Ethik des Gesamtsystems

Nachdem die wertbasierten und nicht wertbasierten Systemanforderungen in die SOI-Roadmap (das Product Backlog) eingeflossen sind, ist es wichtig, dass die von einem Projektteam ausgesuchten Designfunktionen mit den ethischen Anforderungen übereinstimmen. Es gibt durchaus verschiedene Patterns, aus denen Systementwickler wählen können. In Abschnitt 10 von IEEE 7000™ werden daher Aktivitäten und Aufgaben beschrieben, die sicherstellen sollen, dass das gesamte System im Einklang mit dem Wertauftrag steht. Beachten Sie, wie fundamental es ist, dass das gesamte System betrachtet wird. Wertbasierte Funktionen müssen mit den nicht-wertbasierten Funktionen integriert und „harmonisiert" werden. Dies kann jedoch zu politischen Problemen führen, wenn der Zeitplan oder das Budget für die Komplettierung eines Projekts knapp bemessen ist. Bei VBE-Projekten muss alles getan werden, um sicherzustellen, dass die wertorientierten Funktionen nicht zu den weniger priorisierten gehören. Die im VBE-Prozess abgeleiteten Wertanforderungen müssen mit den nicht wertebasierten Anforderungen harmonisiert werden, so dass die priorisierten Kernwerte und ihre

Wertqualitäten bereits im „Minimum Viable Product" enthalten sind (siehe 10.3] a] 2]).
Das Minimum Viable Product ist – in der Sprache des Design Thinking – die erste auf
dem Markt lancierte Produktversion.

Die Harmonisierung von Systemanforderungen besteht jedoch nicht nur im Zu-
sammenführen konkreter Softwareentwicklungsaufgaben. Sie beruht u. U. auch auf
umfassenderen Entscheidungen, wie der Entscheidung für oder gegen bestimmte Sys-
temarchitekturen. Zum Beispiel könnten datenschutzfreundliche Systeme eine technisch dezentralere Architektur erfordern, als dies aus rein funktionaler Sicht erforderlich wäre. Das Niveau der Sicherheit oder der Benutzerkontrolle könnte ebenso
weit höher sein als für die Erfüllung einer reinen Rechenfunktion erforderlich ist. Solche zusätzlichen ethischen Anforderungen an die Systemarchitektur müssen daher
mit den rein funktionalen, nicht wertorientierten Plänen für das Systemdesign in Einklang gebracht werden.

Abschließend sollten Stakeholder und das Projektteam dann noch einmal prüfen,
ob die integrierte Liste der auszuliefernden Funktionen nicht ihre eigenen Risiken birgt
(IEEE 7000[TM] 10.3 b). Ein solches Risiko, das bei den heutigen verteilten Softwarearchi-
tekturen auftreten kann, ist die fehlende Kontrolle über extern bezogene Softwareele-
mente. Projektteams müssen etwa überprüfen, ob sie über eine ausreichende technische und organisatorische Kontrolle über ihr SOI und die externen Serviceelemente
verfügen, mit denen sie gekoppelt sind (10.3 c). Diese Kontrollüberprüfung scheint
besonders wichtig zu sein, wenn eine externe KI-Komponente oder ein Webdienst
verwendet wird, um eine Funktionalität mit ethischer Bedeutung bereitzustellen. Es
muss sichergestellt werden, dass die ethisch abgeleitete Systemanforderung (Spalte V,
Abbildung 6.5) nicht beeinträchtigt wird. Um dies zu gewährleisten, schreibt der Standard in Abschnitt 10.3 c) vor, dass jedes Systemelement (z. B. die KI-Komponente) einen
identifizierten Eigentümer haben muss, kontrolliert werden muss (10.3 c] 3] & 4], S. 48)
und auf seine Effektivität und Akzeptanz getestet werden sollte (durch Simulation
oder „Prototyping") (10.3 c 5). Wenn es Risiken oder Kontrollprobleme gibt, muss eine
Organisation alternative Optionen identifizieren und auswählen (10.3. d), die dann zusammen mit dem Rest des Entwurfs überprüft und validiert werden (10.3. e). Beachten
Sie, dass die Validierungsaktivität in Abschnitt 10.3 e) (S. 48) auch eine Beobachtung
des Designs umfasst, das dann auf den Markt gebracht wird (10.3 e] 8). Wenn also
Systemanbieter oder Aufsichtsbehörden einen „kontinuierlichen, iterativen Prozess der
Systemvalidierung und -verifizierung während des gesamten Produktlebenszyklus"
(EU-Kommission, 2021b) suchen, wird dies durch die Aufgabe 10.3 e) 8) von IEEE 7000[TM]
gewährleistet, die wie folgt lautet:

> „Bestimmen Sie durch Designverifizierung und kontinuierliche Überwachung, wann das Design
> geändert werden muss, um sich ändernden Kontexten, anderen Wertprioritäten oder geänderten
> technischen Anforderungen anzupassen, und wiederholen Sie die entsprechenden Prozesse."
> (IEEE 7000[TM], S. 49)

Design von Hochrisikosystemen

Ergänzend zum einfachen risikobasierten Systemdesign des IEEE 7000™ bietet das VBE einen zusätzlichen Entwicklungspfad für Hochrisikosystem, der auf dem oben beschriebenen Risikoansatz aufbaut und diesen für besonders sensible Systeme erweitert. Nehmen Sie den Wert der geistigen Gesundheit als Beispiel: Wenn eine neue Technologie wie die transkranielle Gleichstromstimulation (Abbildung 6.7) auf den Massenmarkt käme, ohne dass eine detaillierte Folgenabschätzung für die gesundheitlichen Auswirkungen durchgeführt worden wäre, bestünde ein großes Risiko, dass sie den nutzenden Menschen schaden könnte. Zumindest legt die Forschung dies nahe (Wurzman, Hamilton, Pascual-Leone, & Fox, 2016). Die Technologie ist daher ein Kandidat, der ein noch strengeres ethisches und risikobasiertes Systemdesign erfordert als das, was hier oben vorgestellt worden ist.

Abbildung 6.7: Transkranielle Gleichstromstimulation des Gehirns.

Auf der Folgenabschätzung basierende Entwurfsmethoden sind bereits für Sicherheitssysteme oder den Schutz hochsensibler Daten standardisiert (siehe zum Beispiel NIST, 2013; Oetzel & Spiekermann, 2013). Die in diesen Standards angewandten Methoden haben ein gemeinsames Muster: Sie alle untersuchen das Schadensausmaß und die Wahrscheinlichkeit einer fehlgeleiteten Technologie und leiten aus diesen zwei Parametern den angemessenen Schutzbedarf ab. Sie führen eine detaillierte Analyse der Wertbedrohungen durch und passen die Kontrollmaßnahmen an das notwendige Schutzniveau an. Je größer die wahrscheinlichen negativen Auswirkungen einer Technologie sind, desto stärker müssen die entsprechenden technischen Kontrollen sein. Bevor wir uns jedoch mit den Details solcher hochrisikobasierten Designschritte befassen, muss eine Frage beantwortet werden: Wann sind Organisationen tatsächlich mit einem so hohen Risiko konfrontiert, dass eine Folgenabschätzung nötig wird?

Wann ist ein System hochriskant?

Die Norm ISO/IEC 16085 aus dem Jahr 2006 zum Risikomanagement im System- und Softwaremanagement definiert Risiko als „die Kombination aus der Wahrscheinlichkeit eines Ereignisses und seiner Folge" (S. 4 in ISO & IEC, 2006).[66]

Die beiden Risikodimensionen (potenzielle Schadensfolgen und Eintrittswahrscheinlichkeit) treten normalerweise unabhängig voneinander auf. Das heißt, die potenziellen schädlichen Folgen einer Technologie können für sich genommen so groß sein, dass selbst eine geringe Wahrscheinlichkeit ihres Eintretens das Gesamtrisiko nicht ausgleichen kann. Ein Beispiel ist die Kernkrafttechnologie. Das Schadenspotenzial von Konstruktionsfehlern in Kernkraftwerken ist so schwerwiegend für Mensch und Natur, dass selbst die kleinste Wahrscheinlichkeit ihres Eintretens das Gesamtrisiko nicht ausgleichen kann. Abbildung 6.8 veranschaulicht diese Dynamik.[67]

Schadensausmaß

RISIKO	unbedeutend	geringfügig	mäßig	groß	verheerend
fast sicher	mittel	hoch	hoch	extrem	extrem
wahrscheinlich	mittel	mittel	hoch	extrem	extrem
möglich	nierig	mittel	mittel	hoch	extrem
unwahrscheinlich	niedrig	niedrig	mittel	hoch	hoch
selten	niedrig	niedrig	niedrig	mittel	hoch

(Wahrscheinlichkeit — linke Achsenbeschriftung)

Abbildung 6.8: Risikomatrix.

Eine solche Risikokonzeption hat aufgrund ihrer Struktur einen hohen logischen Reiz. Das Modell verschleiert jedoch leicht die Herausforderung, die entsteht bei der Beurteilung von Wahrscheinlichkeiten und Schadensausmaßen. Projektteams und/oder Aufsichtsbehörden sehr schwer, das mit einem Systemausfall verbundene Schadenspotenzial wahrheitsgemäß zu bestimmen. Unternehmen können natürlich versuchen, auf monetäre Indikatoren zurückzugreifen, um das Schadenspotenzial zu beurteilen, zum Beispiel indem sie die wahrscheinlichen Kosten für eine Schadensbeseitigung, Umsatzeinbußen, Entschädigungszahlungen oder rechtliche Sanktionen antizipieren. Aber das Sammeln korrekter Zahlen bzw. Schätzungen ist mühsam und fehleranfällig. Und was noch wichtiger ist: Es ist viel schwieriger, solche monetären Schadenszahlen den sozialen, menschlichen oder ökologischen Kosten zuzuordnen, die ebenfalls typischerweise mit einem entgleisten System verbunden sind. Darüber hinaus ist es schwierig, die Wahrscheinlichkeit von Schadensereignissen korrekt vorherzusagen. Wie kann die tatsächliche Wahrscheinlichkeit des Schadenseintritts erkannt werden, wenn es „unbekannte Unbekannte" (zu Englisch: „unkown unknowns") und „bekannte Unbekannte" gibt (zu Englisch: „known unknowns"), die das wahre Risiko von Projekten bestimmen?[68]

Ein weiterer Kritikpunkt an dieser Form der Risikokonzeptionalisierung ist, dass sie eine rein organisatorische Perspektive einnimmt. Es wird nur gefragt, ob die Folgen einer Technologie für eine Organisation schwerwiegend sind, zum Beispiel in finanzieller Hinsicht, während menschliche oder soziale Schäden weniger berücksichtigt werden. Es wurden daher Alternativen für die genannte Risikokonzeptionalisierung vorgeschlagen, die das Risiko expliziter aus einer menschlichen und sozialen Perspektive betrachten, insbesondere im Hinblick auf algorithmische Entscheidungssysteme wie KI. Ein bemerkenswerter Ansatz stammt von Krafft, Zweig und König (2020), die vorschlagen, dass das Schadenspotenzial eines Systems durch den Grad der menschlichen und sozialen Verwundbarkeit (oder die Schwere/Intensität des Schadens) bestimmt werden sollte. Diese Verwundbarkeit lässt sich anhand der Bedeutsamkeit der Werte, die auf dem Spiel stehen, verstehen und zwar in Bezug auf die Anzahl der betroffenen Menschen oder durch die aggregierten kollektiven Auswirkungen.[69] Wenn also ein System beispielsweise die psychische Gesundheit seiner Nutzer untergräbt, würde dies eine höhere Verwundbarkeit bedeuten, als wenn es nur deren Effizienz untergräbt. Komplexe Informationssysteme wie soziale Netzwerke sind dafür bekannt, dass sie die demokratische Stabilität untergraben können, wenn sie zum Beispiel Fake News verbreiten oder Nutzer in Echokammern versammeln. Solche kollektiven Effekte machen ganze Nationalstaaten verwundbar.

Die Dimension der Verwundbarkeit wird in dem Modell von Krafft et al. mit einer zweiten Dimension kombiniert, die den Handlungsspielraum eines Systems beschreibt (zu Englisch: „Agency"). Wie groß ist die Möglichkeit, dass ein System von den legitimen Erwartungen und Interessen der betroffenen Interessengruppen abweicht (Krafft et al., 2020)? Der Handlungsspielraum eines Systems ist groß, wenn die Nutzung eines Systems von Regulierungsbehörden vorgeschrieben wird oder wenn die Nutzer keine Alternative zu einem wettbewerbsfähigen Angebot haben. Das System nimmt also einen nicht zu negierenden Raum ein, dem die Nutzer ausgeliefert sind. Krafft et al. argumentieren, dass das Risiko, dass Menschen und/oder die Gesellschaft geschädigt werden, umso höher ist, je größer die Reichweite bzw. der Handlungsspielraum eines Systems ist. Große Freiheitsgrade und eine weite unvermeidbare Verbreitung steigern das Risiko.

Wie beide konzeptionellen Ansätze zum Systemrisiko zeigen, gibt es verschiedene Variablen und strittige Kriterien, um zu beurteilen, wann ein System wirklich ein hohes Risiko darstellt. Diese Unklarheit könnte Systemanbieter dazu verleiten, zu behaupten, ihr System sei nicht risikoreich. Dies würde sie Zeit und Geld sparen für Aufwände, die eine auf Folgenabschätzung basierende Systementwicklung mit sich bringt.

Angesichts dieser Herausforderung haben sich Regulierungsbehörden wie die Europäische Kommission der Suche nach konkreten Leitlinien zugewandt und ermittelt, wann Systeme als risikoreich oder nicht risikoreich gelten. Im der KI-Verordnung der EU wird beispielsweise argumentiert, dass immer dann ein hohes Risiko besteht, wenn die Werte Gesundheit oder Sicherheit beeinträchtigt werden oder wenn ein System sich auf Werte auswirkt, die als Grundrechte der EU angesehen werden. Letztere sind in der EU-Grundrechtscharta festgeschrieben und umfassen unter anderem die Menschenwürde, die Privatsphäre, die Fairness (Nichtdiskriminierung), die Gleichstellung von Männern und Frauen, die Meinungsfreiheit und die Versammlungsfreiheit (EU, 2012).

Darüber hinaus gibt es konkrete Technologiebereiche, die von der Aufsichtsbehörde aufgrund ihrer Art, ihres Umfangs, ihres Kontexts oder ihrer Verarbeitungszwecke per se als risikoreich eingestuft werden. Die KI-Verordnung der Europäischen Kommission listet die Folgenden:

- Biometrische Identifizierung und Kategorisierung von natürlichen Personen,
- Verwaltung und Betrieb kritischer Infrastrukturen (z. B. Wasser-, Gas-, Wärme- und Stromversorgung),
- Zugang zu allgemeiner und beruflicher Bildung,
- Beschäftigung, Arbeitnehmermanagement und Zugang zur Selbstständigkeit,
- Zugang zu bzw. Inanspruchnahme von wesentlichen privaten und öffentlichen, Dienstleistungen und Vergünstigungen (wie Krediten und Notfalldiensten),
- Strafverfolgung,
- Migration, Asyl und Grenzkontrolle,
- Rechtspflege und demokratische Prozesse.

Für alle diese konkreten Technologieeinsatzbereiche verlangt die KI-Verordnung perse, dass konkrete Werte wie Transparenz, menschliche Aufsicht (Kontrolle), Genauigkeit, Robustheit, Sicherheit usw. bei der Systemgestaltung beachtet werden (HLEG der EU-Kommission, 2020). Zusammengenommen wird deutlich, dass Systemanbieter (zumindest in Europa) auf ein breites Spektrum von Werten achten müssen, entweder weil die Regulierungsbehörde dies verlangt oder weil der Kontext des Betriebs und des Risikomanagements des Unternehmens dies empfiehlt.

Organisationen, die Value-Based Engineering für das Systemdesign verwenden, sind in einer guten Position, um diese Forderungen zu erfüllen. Aufgrund der zuvor beschriebenen Analysen können sie transparent und nachvollziehbar darlegen, wie sie die Werte ihres Systems ermittelt haben und wissen, ob ihr Kontext und ihr Betriebskonzept einen der im Gesetz anerkannten Werte berührt. Sie haben auch die Kernwerte des Systems priorisiert und dabei regionale Gesetze und/oder bestehende Industriestandards berücksichtigt. Darüber hinaus haben sie eine Bedrohungsanalyse durchgeführt und verfügen daher über ein fundiertes Verständnis der Risiken, die mit der Bereitstellung relevanter Wertqualitäten verbunden sind. Sie kennen also das Risiko ihres Systemdesigns.[70] Der nächste Schritt besteht für sie darin, die Risikologik, die sie bereits für das einfache risikobasierte Systemdesign durchlaufen haben, zu detaillieren. Mit anderen Worten: VBE-Organisationen, die hochriskante Systeme betreiben wollen, durchlaufen zunächst den oben skizzierten Designpfad (mittlerer Pfad in Abbildung 6.3) und ergänzen ihn dann durch Aktivitäten zur Folgenabschätzung.

Risikobewertungsaktivitäten, die auf einer Folgenabschätzung beruhen, sind in IEEE 7000[TM] nicht enthalten (vor allem da sie anderswo bereits weitgehend standardisiert sind). Die im Folgenden vorgestellte Methode ist angelehnt an das vom deutschen Bundesamt für Sicherheit in der Informationstechnik (BSI, 2008) vorgeschriebene Verfahren zur Sicherheitsbewertung.

Analyse eines Hochrisikosystems

Bei Folgeabschätzungen gehen die Projektteams von den Wertqualitäten des jeweiligen Kernwerts aus, der besonders geschützt werden muss (z. B. Sicherheit, Privatsphäre, Gesundheit). Denken Sie daran, dass jeder Kernwert verschiedene Wertqualitäten hat, die im Kontext des Systems als relevant erkannt worden sind. Die Wertqualitäten wurden aus den Bedenken der Stakeholder heraus abgeleitet und dann vom Value Lead konzeptionell verfeinert, der die Literatur oder bestehende gesetzliche/industrielle Standards konsultiert hat. Nun werden die *Folgen* bestimmt, wie schwerwiegend es wäre, wenn eine negative Wertqualität den Kernwert untergraben würde bzw. eine positive Wertqualität nicht gegeben wäre. In einigen Standards wird die Analyse dieser Folgen auch als „Schutzbedarf" bezeichnet (Bundesamt für Sicherheit in der Informationstechnik, 2008) oder als die „Bedeutsamkeit" (IEEE, 2021b) einer Wertqualität verstanden. Die Folgen (die Bedeutsamkeit) eines Wertverlusts lassen sich durch eine Analyse der Auswirkungen ermitteln, die sich ergeben würden, wenn die jeweilige Wertqualität für Stakeholder untergraben würde. Abbildung 6.9 zeigt ein Schema für eine systematische Folgenanalyse. Es unterscheidet verschiedene Stakeholder-Perspektiven, spezifiziert die wahrscheinlichen Schadensszenarien und erfasst die Art des zu erwartenden Schadens. Mit Hilfe dieser Analyse können die VBE-Projektteilnehmer über das Ausmaß oder den Schweregrad des Schadens entscheiden, der den Schutzbedarf bestimmt.

Das Schema der Folgenanalyse in Abbildung 6.9 enthält neben der eher quantitativen, vermögenswertgesteuerten Bewertung (siehe z. B. ISO, 2008) auch eine qualitative Bewertung der Schäden. Das VBE umfasst somit kontextbezogene qualitative Bewertungsdimensionen (wie z. B. die Beeinträchtigung der psychischen Gesundheit oder des sozialen Ansehens), über das ein Projektteam nachdenken muss. Der Grund dafür ist, dass die Folgen vieler Werteinbußen „weicher" kontextabhängiger Natur sind. Verstöße gegen den Schutz der Privatsphäre zum Beispiel haben oft mit verletzten Gefühlen zu tun. Wie würden zum Beispiel die Auswirkungen einer geleakten

Nacktaufnahme eines Flughafenscanners oder die eines Scans, der die Figur eines Passagiers vollständig bloßstellt, quantitativ bewertet werden können?

Da es schwierig ist, die emotionalen und persönlichen Folgen vieler menschenzentrierter Werteverletzungen zu quantifizieren, unterscheidet das VBE für jedes Schadens- bzw. Folgenszenario einfach nur zwischen begrenzten, erheblichen und verheerenden Folgen. Je nach der höchsten für ein Schadensszenario ermittelten Folgenstufe fordert VBE dann einen entsprechenden Grad an Schutz, der ebenso begrenzt (niedrig), erheblich (mittel) oder entsprechend hoch sein muss. Später wird diese Bewertung (niedrig, mittel, hoch) verwendet, um angemessene Kontrollmaßnahmen zu wählen.

EVR-Bedrohungsanalyse für Hochrisikosysteme

Nach der Analyse der Auswirkungen der einzelnen Wertqualitätseinbußen werden die Projektteams für die Bedeutung und Priorität der jeweiligen Werte und der ihnen zugehörigen EVRs sensibilisiert. Den Wertqualitäten und EVRs mit mittlerem oder hohem Schutzbedarf wird eine höhere Aufmerksamkeit geschenkt, als dies beim einfachen Risiko-basierten Systemdesign der Fall ist, was oben in Abbildung 6.5 skizziert wurde. Zwar dient die frühere EVR-Analyse den VBE-Teams auch hier als Grundlage für die Ableitung der Systemanforderung. Aber nicht alle diese EVR-Bedrohungen sind gleich wahrscheinlich. Ihre Wahrscheinlichkeit hängt von vielen Faktoren ab, wie zum Beispiel der IT-Architektur, den beteiligten Interessengruppen, der Informationsverwaltung und -kultur einer Organisation, dem Grad der Auslagerung von Softwareentwicklung, der Komplexität der Systempartnerstruktur, der Attraktivität und Sensibilität der betroffenen personenbezogenen Daten, der Ausbildung der Mitarbeiter usw. Zum Beispiel kann die Wahrscheinlichkeit, dass eine Datenschutzbestimmung nicht sinnvoll ist und relevante Informationen verschleiert, von der Unternehmenskultur abhängen.

Da all solche Variablen die Wahrscheinlichkeit einer EVR-Bedrohung beeinflussen, erfordert die Hochrisikoanalyse hier die Abschätzung konkreter *Bedrohungswahrscheinlichkeiten*. Wie wahrscheinlich ist es, dass die ethische Systemanforderung nicht eingehalten und damit der Wert untergraben wird? Diese Wahrscheinlichkeiten, die von 0 bis 100 reichen können, bestimmen, welche Kontrollmaßnahmen (Systemanforderungen) die Entwicklungsteams später bei der Systemimplementierung berücksichtigen sollten. Wenn eine EVR-Bedrohung im Zusammenhang mit der Sicherheit sehr wahrscheinlich ist, sollte sie auch im System mit einer ebenso hohen Schutzmaßnahme versehen werden. Das Gleiche gilt für andere Werte, deren Verletzung direkte, quantifizierbare Auswirkungen auf das Unternehmensvermögen hätte.

Die pauschale Bezifferung von Bedrohungswahrscheinlichkeiten ist jedoch weniger ratsam für solche Wertqualitätsbereiche, die an zentrale menschliche und soziale Werte gebunden sind. Wenn beispielsweise Menschenrechte wie Fairness oder Gleich-

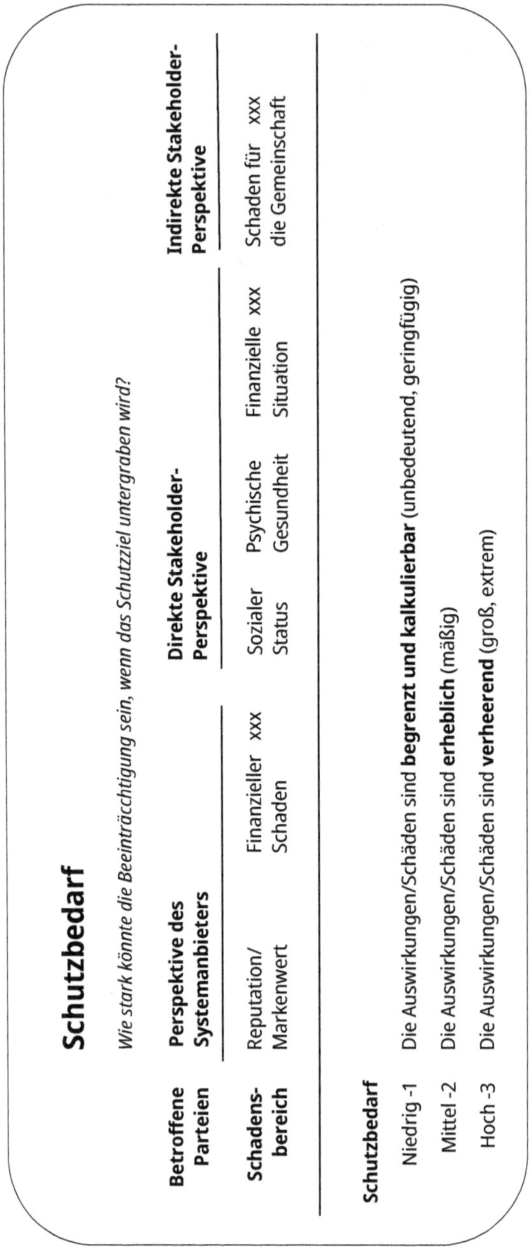

Schutzbedarf

Wie stark könnte die Beeinträchtigung sein, wenn das Schutzziel untergraben wird?

Betroffene Parteien	Perspektive des Systemanbieters	Direkte Stakeholder-Perspektive			Indirekte Stakeholder-Perspektive
Schadens-bereich	Finanzieller xxx Schaden (Reputation/Markenwert)	Sozialer Status	Psychische Gesundheit	Finanzielle xxx Situation	Schaden für xxx die Gemeinschaft

Schutzbedarf

Niedrig -1 Die Auswirkungen/Schäden sind **begrenzt und kalkulierbar** (unbedeutend, geringfügig)

Mittel -2 Die Auswirkungen/Schäden sind **erheblich** (mäßig)

Hoch -3 Die Auswirkungen/Schäden sind **verheerend** (groß, extrem)

Abbildung 6.9: Folgenabschätzung der Verletzung einer Wertqualität.

Wie wahrscheinlich ist eine EVR-Bedrohung?

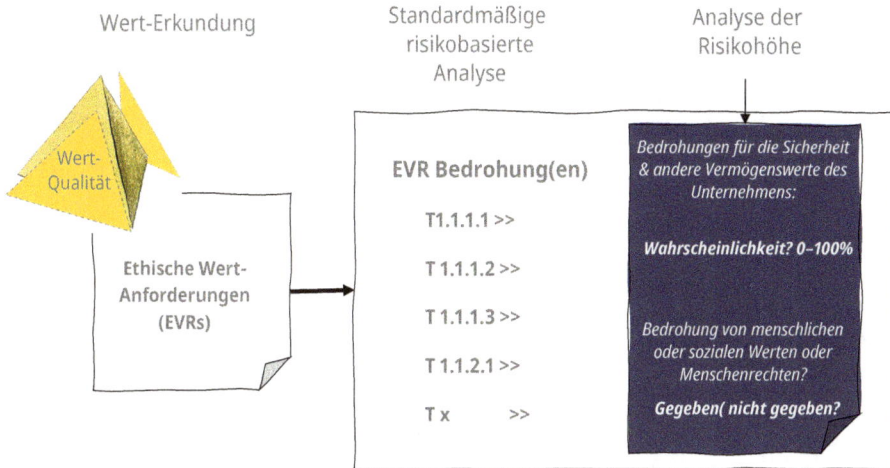

| Wert-Erkundung | Standardmäßige risikobasierte Analyse | Analyse der Risikohöhe |

Wert-Qualität

Ethische Wert-Anforderungen (EVRs)

EVR Bedrohung(en)

T1.1.1.1 >>

T 1.1.1.2 >>

T 1.1.1.3 >>

T 1.1.2.1 >>

T x   >>

Bedrohungen für die Sicherheit & andere Vermögenswerte des Unternehmens:

Wahrscheinlichkeit? 0–100%

Bedrohung von menschlichen oder sozialen Werten oder Menschenrechten?

Gegeben(nicht gegeben?

Abbildung 6.10: Verstehen der Wahrscheinlichkeit einer EVR-Bedrohung.

berechtigung bedroht sind, sollten diese so früh wie möglich in der Systementwicklung berücksichtigt werden, ganz unabhängig von ihrer Wahrscheinlichkeit. Aus diesem Grund vergibt eine VBE-Analyse bei Menschenrechten keinen Wahrscheinlichkeitswert für die Bedrohung. Eine Bedrohung ist entweder gegeben und damit relevant, oder sie ist nicht gegeben und damit auch vernachlässigbar. Und wenn eine Bedrohung gegeben ist, egal wie wahrscheinlich, muss sie immer durch ein entsprechendes Systemdesign adressiert werden. Die Kontrollmaßnahme (Systemanforderung), die solch eine Bedrohung adressiert, muss ferner bei der Systementwicklung Priorität haben und sollte immer Teil der ersten Produktversionen sein. Abbildung 6.10 fasst die Vorgehensweise bei der EVR-Bedrohungsanalyse zusammen.

Ein Gerichtsverfahren aus dem Jahr 2021, in dem es um den Meta-Dienst Instagram ging, veranschaulicht, warum das VBE so streng darauf achtet, dass die Adressierung menschenrechtsbezogener Bedrohungen stets Vorrang hat. In diesem Verfahren argumentierte die Whistleblowerin Frances Haugen, dass Meta die bekannten negativen Auswirkungen von Instagram auf die psychische Gesundheit junger Nutzerinnen ignoriert habe (Abbildung 6.11). Offenbar hatte das Unternehmen durch Marktforschung erfahren, dass die Instagram-App bei 32 % seiner weiblichen jugendlichen Nutzer ein negatives Körperbild hervorruft. Aber Meta entschied, diese Erkenntnis zu ignorieren. Vielleicht hielt das Unternehmen eine Bedrohungswahrscheinlichkeit von 32 % für vernachlässigbar?[71] Meta wurde wegen dieser Ignoranz gegenüber dem menschlichen Schadenspotenzial, das es mit Instagram wissentlich auslöst, vor Gericht gestellt. Es wurde dem Unternehmen vorgeworfen, dass es keine Kontrollmaßnahmen ergriffen hatte, um diese bekannte Wirkung zu reduzieren oder zu unterbinden. Der Fall zeigt, dass ein solch ignorantes Verhalten, gerade wenn es um menschliche Werte wie die psychische Gesundheit geht, von der Öffentlichkeit abgestraft wird. Es kommt zu einer Art „Schwarz-Weiß-Schema" des Marktes. Wusste das Unternehmen von der Bedrohung oder nicht? Wenn ja, dann muss es etwas dagegen tun. Wenn es nichts tut, dann ist es schuldig. Der VBE-Ansatz hätte Meta von Anfang an empfohlen, die bekannte Bedrohung der jugendlichen Gesundheit zu dokumentieren und bei der nächsten möglichen Serviceversion zu adressieren.

Abbildung 6.11: Frances Haugen beschuldigt Facebook.

Die Wahl der richtigen Kontrollmaßnahmen

Der entscheidende Schritt in einem von der Folgenabschätzung geleiteten Systementwicklungsprozess ist die Identifizierung der richtigen Kontrollmaßnahmen (Systemanforderungen), die die identifizierten Bedrohungen minimieren, abmildern oder beseitigen können. Wie für den einfachen risikobasierten Entwurfsprozess beschrieben, können die Kontrollmaßnahmen technischer oder nicht-technischer Natur sein. Technische Kontrollen werden direkt in das SOI eingebaut, während es bei nicht-technischen Kontrollen um Management- und Verwaltungsschritte sowie um Maßnahmen zur Rechenschaftspflicht geht.

Strenge und umfangreiche Kontrollmaßnahmen sind wahrscheinlich kostspieliger und auch schwieriger zu realisieren. Aus diesem Grund empfiehlt das VBE drei Stufen der Kontrollstrenge: (1) befriedigend, (2) stark und (3) sehr stark. Für jede

Wertqualität hängt das erforderliche Maß an Systemstrenge vom Grad des Schutzbedarfs ab, der zuvor ermittelt wurde (Abbildung 6.9). So sollte beispielsweise ein hoher Schutzbedarf (3) in Verbindung mit einer wahrscheinlichen Bedrohung durch sehr starke Kontrollen (3) adressiert werden. Im Gegensatz dazu können Wertqualitäten mit geringen Auswirkungen (1) mit einer zufriedenstellenden Kontrollmaßnahme (1) angegangen werden. Wie Abbildung 6.12 zeigt, kann eine Kontrollmaßnahme auch mehrere Wertbedrohungen abschwächen.[72]

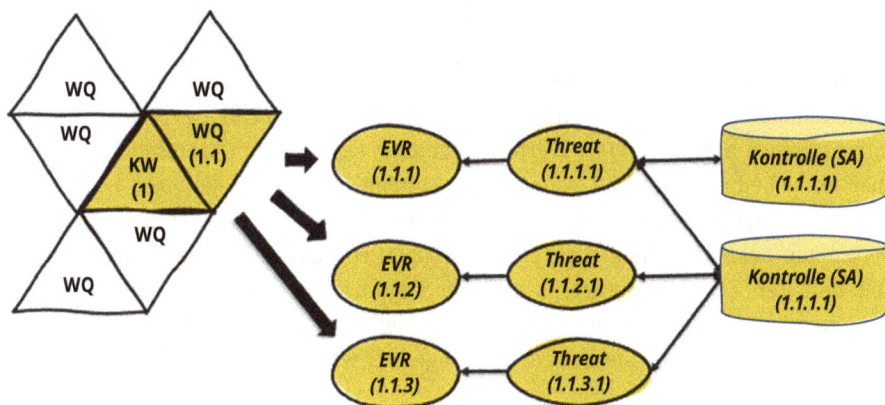

KW = Kernwert, **WQ** = Wertqualität, **EVR** = Ethische Wertanforderung, **SA** = Systemanforderung

Abbildung 6.12: Eine Systemkontrolle kann mehrere Bedrohungen abwehren.

Sobald die wertbasierten Kontrollmaßnahmen ausgewählt sind, müssen sie in das System integriert werden. Die Durchführbarkeit aller empfohlenen Systemanforderungen (Kontrollen) muss mit den Systemingenieuren, die die nicht-wertbasierte Entwicklung vorangetrieben haben, erneut besprochen werden. Außerdem sollte die VBE nutzende Organisation die Stakeholder-Vertreter erneut einladen, um die Akzeptanz alternativer technischer Kontrolloptionen zu diskutieren. Nehmen wir zum Beispiel an, dass ein Einzelhändler RFID Tags an all seinen Produkten verwenden möchte und die Möglichkeit hat, die Barcode-Tags an den Ausgängen des Geschäfts zu deaktivieren oder, alternativ, sie mit einem Passwortschutz zu versehen. Nehmen wir an, dass diese beiden Kontrollen das gleiche Maß an Schutz der Privatsphäre bieten würden. In diesem Fall kann der Einzelhändler die Kontrolloptionen mit den technischen Teams und den Stakeholder-Vertretern gleichermaßen diskutieren und gemeinsam festlegen, welcher Ansatz gewählt werden sollte.

Während die Systemanforderungen bewertet und ausgewählt werden, aktualisiert die Organisation ihr Betriebskonzept und ihr Product Backlog. Dabei wird klar festgelegt, wie und wann ein Risiko im System entschärft wird und auch, wo Bedrohungen zunächst unbehandelt bleiben können. Schließlich können nicht alle

Systemanforderungen immer gleich sofort umgesetzt werden. Bedrohungen, die zunächst unbehandelt bleiben (weil sie bei der Systementwicklung keine Priorität haben), stellen ein sogenanntes „Restrisiko" dar. Ein Restrisiko besteht auch dann, wenn eine implementierte Kontrolle die Auswirkungen einer Bedrohung nur mindert, sie aber nicht vollständig beseitigt. Ob ein Restrisiko akzeptabel ist, hängt von den Risikomanagementstandards einer Organisation ab (Naoe, 2008). Restrisiken sollten im Value Register vermerkt werden.

Das VBE sieht vor, dass dieser gesamte Prozess der Ableitung und Auswahl von System; bzw. Kontrollanforderungen, der Priorisierung bei der Systementwicklung und der Feststellung von Restrisiken in dem von IEEE 7000^{TM} beschriebenen Werteregister dokumentiert wird. Hier wird die Kette von den Kernwerten zu den jeweiligen Wertqualitäten, den EVRs, den Bedrohungen und den für die Umsetzung gewählten Systemanforderungen abgebildet. Das Werteregister stellt sicher, dass Organisationen gegenüber Aufsichtsbehörden und potenziellen Kunden nachweisen können, wie sie auf Wertbedrohungen reagiert haben. Sie können damit ihre ehrlichen Bemühungen nachweisen, auf bekannte Schadenspotenziale adäquat reagiert zu haben. Die Dokumentation hilft den Entwicklungsteams und der Organisation insgesamt, den Überblick über die eigene ethische Reife zu behalten. Jeder kann sehen, welche Werte bereits kontrolliert werden, wie sie in dem SOI umgesetzt wurden und welche noch auf der Warteliste stehen.

Prüfungsfragen

- Wie unterscheiden sich die EVRs von den Systemanforderungen?
- Was ändert sich an einer SOI-Roadmap, wenn VBE verwendet wird?
- Wie unterscheidet sich ein auf einer Folgenabschätzung basierender SOI-Entwurf von einem einfachen risikobasierten SOI-Entwurf?
- Warum sollte ein VBE-Projektteam hohen menschlichen Werten/Menschenrechten keine Schadenswahrscheinlichkeiten zuweisen?

Kapitel 7
Transparenz und Informationsmanagement

Wie in den vorherigen Kapiteln beschrieben gibt es eine ganze Reihe von Informationen, die im Laufe eines VBE-Projekts gesammelt werden und die zu Zwecken der Compliance mit IEEE 7000^{TM} nachzuweisen sind. All diese Informationen werden in einem sogenannten „Case for Ethics" (Anhang I, S. 75 in IEEE, 2021a) geführt, der auch das Value Register enthält.

Der Case for Ethics sollte folgende Elemente enthalten:

1. **Einführung**
   1.1 Gesellschaftlicher Kontext
       1.1.1 In welchem Markt oder in welcher Branche wird das SOI eingesetzt?
       1.1.2 In welchen Ländern/kulturellen Regionen wird das SOI eingesetzt?
   1.2 Die wichtigsten Treiber (zu Englisch: „Key Drivers")
       1.2.1 Wie könnte das SOI den gesellschaftlichen Kontext, in dem es eingesetzt wird, auf positive Weise bereichern? / Systemzweck
2. **SOI, Umfang und Grenzen (ursprüngliches Betriebskonzept)**
   Hinweis: Das High-Level-Konzept für den Systembetrieb muss möglicherweise mehrere SOI-Ansichten abbilden
   2.1 **SOI-Beschreibung**
       2.1.1 Worum es bei dem SOI geht, was es tut und welchen Zweck es erfüllt
       2.1.2 Diagramm(e) zur Darstellung der internen und externen Elemente des SOI
   2.2 **Kontext**
       2.2.1 Interessengruppen:
           2.2.1.1 Direkte Stakeholder, mit verschiedenen wahrscheinlichen Rollen (Personas)
           2.2.1.2 Indirekte Stakeholder, einschließlich allgemeiner Entitäten wie Gesellschaft und Natur
           2.2.1.3 Organisatorische Beteiligte (Vertreter des Managements, Projektteam)
       2.2.2 Daten- und Dienstflüsse:
           2.2.2.1 Kontextdiagramm (oder ein ähnliches Diagramm), das die Partner und das SOS erfasst, für die Verantwortung übernommen wird
           2.2.2.2 Datenflüsse (Hervorhebung personenbezogener oder sensibler Datenflüsse, Datenqualitäten, Herkunft)
           2.2.2.3 Für die Datenverarbeitung Verantwortliche und Datenverarbeiter
           2.2.2.4 Service Level Agreement und Zugang zur Infrastruktur von Partnern

https://doi.org/10.1515/9783111633930-007

2.2.3   Unterstützende oder abhängige Systeme (SOS)

    2.2.3.1   Auswahl der Grenzen der SOI-Analyse

    2.2.3.2   Partneranalyse und Bedingungen der Zusammenarbeit

3.   Ethische Kontextbedingungen

Der untersuchte reale Kontext und/oder das/die realistische(n) Szenario(s) werden beschrieben, einschließlich der möglicherweise getroffenen Annahmen und der potenziell unterschiedenen SOI-Ansichten.

3.1   Realistische Szenariobeschreibung oder Einsatzkontext

SOI-Nutzungsszenarien, die realistisch <u>und</u> potenziell ethisch problematisch sind

3.1.1   Geplante Marktanteilsannahme

Hinweis: Bei einer ethischen Analyse wird in der Regel davon ausgegangen, dass das geplante SOI „in großem Maßstab" genutzt wird (d. h. weit verbreitet ist oder sogar ein Monopol darstellt).

3.1.2   Angenommene(r) Ort(e) der Nutzung des Dienstes (Industrie, Haushalte, Orte, an denen die Beteiligten den Dienst antreffen)

3.1.3   Angenommene(r) geografische(r) Standort(e) des Dienstleistungsangebots

3.1.4   Angenommene primäre Benutzeroberfläche(n) (falls vorhanden)

3.2   Vorläufige Schäden und Nutzen

Welche Werte werden als unmittelbar wesentlich erkannt?

3.3   Die wichtigsten Stakeholder und ihre Konsultation

Welche Interessengruppen/Stakeholder werden als Vertreter ausgewählt?

Können diese Akteure externe und kritische Ansichten vertreten?

3.4   Konsultation

Wie und wann werden die Stakeholder-Vertreter mit einbezogen?

Wurden ideale Sprechsituationsbedingungen geschaffen?

3.5   Werte Register (Value Register)

3.5.1   Werteliste

    3.5.1.1   Werteerhebungsmatrix, die im philosophischen Modus erstellt wurde, siehe Abbildung 5.10

    3.5.1.2   Werteliste verfeinert durch Wertqualitätsangaben, siehe Abbildung 5.12

3.5.2   Wert-Cluster

    3.5.2.1   Konzeptionell abgeleitete Cluster, die die von den Interessengruppen aggregierten Wertqualitäten enthalten (ähnlich wie in Abbildung 5.11 oder Abbildung 5.14)

    3.5.2.2   Konzeptionell verfeinerte Cluster, dokumentiert durch den Value Lead (ähnlich wie in Abbildung 5.17)

    3.5.2.3   Unterschrift der Stakeholder Vertreter zur Genehmigung der Wertecluster

3.5.3 Werte Narrativ

    3.5.3.1 Priorisierte Cluster und deren Begründung

    3.5.3.2 Narrativ der Wertstrategie (Wertvision)

    3.5.3.3 Unterschrift zur Genehmigung der Wertepriorisierung und des damit verbundenen Narrativs durch die Stakeholder-Vertreter

4. Unternehmensethische wertorientierte Strategie

4.1 Erklärung zur Unternehmensethik / Enterprise Ethical Policy Statement (fasst die Werteprioritäten in einem öffentlichen Dokument zusammen)

4.2 EVRs und ihr Wertursprung mit Schwellenwerten, Abbildung 6.2 (EVRs und ihre Herkunft werden über ein Nummerierungssystem im Ethical Value Register nachvollzogen)

4.3 Unternehmensweiter, ethisch ausgerichteter Gestaltungsprozesse (legen Sie fest, welche EVRs nur administrativer Natur sind, welche eine Standard-Risikobewertung benötigen und welche einer Folgenabschätzung bedürfen)

5. Risikobewertung und Management-Ergebnisse

5.1 Wertebemessung und Toleranzgrenzen

    5.1.1 EVRs und ihre Werteherkunft, mit Schwellenwerten, Abbildung 6.2

    5.1.2 Für Hochrisikosysteme: „Folgenabschätzung der Verletzung einer Wertqualität", Abbildung 6.9 sowie eine Darstellung der Bedrohungswahrscheinlichkeit im Wertregister werden Teil von Schema in Abbildung 6.5

5.2 Aufrechterhaltung oder Förderung ethischer Werte

    5.2.1 EVRs, ihre Bedrohungen und die Systemanforderungen zur Kontrolle der Bedrohungen sind zusammengefasst, Abbildung 6.5 („Tracing standard risk-based design in table form")

    5.2.2 Systemanforderungen, wie in Abbildung 6.5 identifiziert, werden mit nicht-wertbasierten Systemanforderungen in Einklang gebracht und für die Bearbeitung priorisiert (abhängig von den Formaten der Unternehmens-Roadmap bzw. des Product Backlogs)

5.3 Risikominderung und Kontrollmaßnahmen

    5.3.1 Alle EVR-Bedrohungen werden mit den entsprechenden Kontrollmaßnahmen abgeglichen

    5.3.2 Bei Systemen mit hohem Risiko müssen diese Kontrollen dem Schutzbedarf entsprechen, wie in Abbildung 6.9 dargestellt und als Teil einer erweiterten Abbildung 6.5

6. Nachverfolgung funktionaler und nicht-funktionaler Anforderungen

Verfolgen Sie, wie die Systemfunktionen oder Verwaltungsprozesse den identifizierten Anforderungen entsprechen

7. Ethische Schlussfolgerungen und Zusammenfassung

Zusammenfassung von Kernwerten, Wertqualitäten, EVR-Ketten pro Release; Dokumentation von Restrisiken

8. Wichtigste Ressourcen und Referenzen

Verantwortliches Personal, verwendete Referenzen

Kapitel 8
Werte und Disruptive Innovationen

Zum Ende dieses Buches möchte ich noch einige Überlegungen anstellen, die verdeutlichen, wie sich das VBE grundlegend von modernen Innovationspraktiken unterscheidet und wie die Arbeit mit Wertpotenzialen eine Form des positiven sozialen Wandels auslösen könnte, die sich mit anderen Innovationsverfahren nur schwer erreichen lässt.

Die an Werten orientierte Innovationsvision ist eine, die tief in unserer europäischen Geschichte verwurzelt ist. Wenn Sie etwa eine gotische Kathedrale besichtigen, können Sie eine Vorstellung davon bekommen, was es bedeutet, ein echtes Value-Based Engineering zu betreiben. Mit unübertroffenem technischem Geschick und Know-how errichteten die Handwerker des Mittelalters Bauwerke, die die Jahrhunderte nicht nur überdauert haben, sondern das Bild der Welt von Europa bis heute prägen. Wenn eine dieser Kathedralen, wie zum Beispiel Notre-Dame, Schaden nimmt, ist das ein weltbewegendes Ereignis. Warum? Was ist an ihnen so besonders? Meine Hypothese ist, dass die Art, wie sie gebaut wurde, hohe intrinsische Kernwerte birgt: Schönheit, Durchlässigkeit, Feinheit, vor allem aber die Heiligkeit wurden von dieser Architektur zelebriert (Duby, 1983). Außerdem waren die Zeiten damals bescheidener. Wenn es einen Wandel gab, dann wurde dieser nicht unbedingt mit schreiendem Hype vermarktet. Veränderungen wurden schrittweise und positiv akzeptiert, wenn sie sich respektvoll im Kontext bewährten; genauso wie das VBE versucht, ein neues SOI respektvoll in einen Kontext einzubetten und sensibel auf die Beteiligten zuzugehen. Schließlich wurde Fortschritt nicht mit neuen Dingen (Gadgets) verwechselt. Stattdessen war Fortschritt menschenzentriert. Er stand für die Reife der Tugenden und Fähigkeiten eines Menschen.

All dies änderte sich in der Neuzeit. Langsam und im Laufe der Jahrhunderte versank die Vorstellung von menschlicher Vortrefflichkeit durch Charakterbildung in der Märchenwelt und wurde durch den Glauben an die Beherrschung der Natur und an die menschliche Perfektion ersetzt, wobei Perfektion heute mehr für das „Haben" von Dingen (Wissen, Autos usw.) als für das „Sein" einer bestimmten Art von Menschen steht (Fromm, 1976). Die antike Vorstellung von einem eingebetteten Fortschritt der Menschen wurde durch die Anbetung dessen ersetzt, was Jaron Lanier „Gadgets" nennt (Lanier, 2011) (Abbildung 8.1).

Heute ist die Verehrung neuer Dinge so ausgeprägt, dass die Menschheit in einen permanenten Gadget-Wandel verwickelt ist. Der Humanismus hat sich allmählich in den Dienst dieser Gadgets gestellt. Die Techniker preisen ihre Erfindungen so sehr an, dass der Fortschritt in Stein gemeißelt scheint, nur weil etwas digitalisiert wird. Nur wenige wagen zu bezweifeln, dass die digitalen Geisteskinder oft nicht den positiven Fortschritt bringen, den sie versprechen, sondern stattdessen regelmäßig ethisch problematisch und überflüssig sind bzw. sogar auf dem Markt versagen.

https://doi.org/10.1515/9783111633930-008

Nehmen Sie etwa die Idee der allgemeinen KI. Viele Menschen glauben, dass diese Technologie bald Teil unseres Alltags sein wird. Sie stellen sich vor, einem Humanoiden zu begegnen, wie er in Filmen wie *Terminator, Westworld* oder *Ex Machina* dargestellt wird. Sie sind zutiefst davon überzeugt, dass solche Roboter kommen, die Industrie (wenn nicht sogar die Welt) verändern und als „Superintelligente" besser sein werden als die Menschen. Einige Länder wie Saudi-Arabien haben solchen Maschinen die Staatsbürgerschaft verliehen, und Politiker werden von IT-Lobbyisten überredet, Personenrechte für sie zu diskutieren. Vor kurzem hat ein Google-Entwickler sogar einen Anwalt für einen Chatbot engagiert, von dem er glaubte, dass er ein Bewusstsein besitzt (Tiku, 2022).

Sicherlich wird KI innerhalb ihrer natürlichen Grenzen immer leistungsfähiger (Spiekermann, 2019).[73] Jedoch ist die deterministische Zukunftsrhetorik der IT-Branche („this and that *will* be so and so …") und der Glaube an ihren Wahrheitsgehalt so stark geworden, dass sich ein kritischer Geist manchmal fragen muss, ob die Zukunft wirklich so einfach vorhergesagt werden kann – oder ob es sich hier nur um den außergewöhnlichen persönlichen Willen einiger visionärer Tech-Persönlichkeiten handelt, die zutiefst davon überzeugt sind, dass es im Rahmen ihrer menschlichen Macht liegt, die Zukunft zu bestimmen. Die Geschichte lehrt, dass selbst der außergewöhnlichste Wille, auch bei ausreichend vorhandenen Mitteln, durch äußere Zwänge begrenzt ist, die nicht nur von realen technischen Beschränkungen herrühren, die der Physik des Digitalen inhärent sind (Spiekermann, 2019, 2020), sondern auch von politischen, wirtschaftlichen, sozialen und kulturellen Faktoren. Letztere werden im VBE anerkannt und bestimmen, ob eine Erfindung zu dem werden kann, was wir letztlich eine „Innovation" nennen sollten; das heißt eine Erfindung, die sich auch in funktionierenden Märkten mit kostendeckender Preisbildung durchsetzen würde und die von Kunden produktiv verwertet und genutzt werden könnte (Hausschildt, 2004).

Um die wirklichen Herausforderungen des Fortschritts zu verstehen, ist es sinnvoll, die „Innovationen des reinen Willens" der Tech Industrie (zu Englisch: „Pure Will Innovations") von solchen zu unterscheiden, die echtem Wert generieren (zu Englisch: „Real-Value Innovations"). Pure Will Innovations können als Produkte und Dienstleistungen definiert werden, die größtenteils einer körperlosen menschlichen Fantasie entspringen, inspiriert von Erzählungen, die eine bestimmte Zeit dominieren, so wie uns heute transhumanistische Science-Fiction dominiert.[74] Im Gegensatz dazu entspringen Real-Value Innovations dem schlummernden Wertpotenzial, das der tatsächlichen materiellen Welt einer Zeit innewohnt. Die Stärkung von Werten wie Nachhaltigkeit, Gemeinschaftlichkeit oder Wissen treiben Menschen heute auf der ganzen Welt an, den Herausforderungen des Klimawandels, der Einsamkeit und der industriellen Spezialisierung zu begegnen.

Innovationen von echtem Wert scheinen zu einem Zeitpunkt in der Geschichte aufzutauchen, an dem die Gesellschaft sie braucht. Denken Sie nur an das wachsende Bewusstsein für den Umweltschutz. Lange Zeit lagen Erfindungen oder Ideen zum Schutz der Umwelt (wie z. B. Elektroautos) in den Schubladen der Unternehmen. Obwohl sie bereits erfunden waren, wurden sie nicht als Innovationen umgesetzt. Mit

Abbildung 8.1: Jaron Lanier denkt über das Leben nach.

dem sich ändernden Kontext (wachsenden Umweltschäden und Katastrophen) ändert sich dies. Der schlummernde Wert der ökologischen Nachhaltigkeit gewinnt an Bedeutung. Und Innovationen, die dieser Realität Rechnung tragen, werden als „real" bezeichnet, denn im Gegensatz zu Pure Will Innovations reagieren sie auf die Welt, in der wir leben. Nichtsdestotrotz bestimmen Pure Will Innovations die Welt, in der wir leben und haben auch eine gewisse Daseinsberechtigung, weshalb ihre Möglichkeiten und Gefahren besser verstanden werden sollten.

Pure Will Innovations

Science-Fiction-Geschichten haben die Menschheit seit der zweiten Hälfte des 19. Jahrhunderts kontinuierlich inspiriert. Jules Verne (1828–1905) und H. G. Wells (1866–1946) schrieben über Flugzeuge, unterirdische Hochgeschwindigkeitsreisen, die Besiedlung des Weltraums, Satellitenfernsehen usw. und nahmen damit viele Technologien vorweg, die wir heute kennen (Abbildung 8.2). Seit den 1950er Jahren haben Fantasten wie Gene Roddenberry, der Schöpfer von *Star Trek*, Isaac Asimov, der Autor von *Robot Tales*, oder William Gibson, der Erfinder des *Metaverse*, einen ungeheuren Einfluss auf die Entwicklung der digitalen Technologie genommen. Sie sind die geistigen Gründerväter von mobiler Kommunikation, Robotern und Cyberspace. Ihre Science-Fiction als Kunstform hinterlässt tiefe Spuren in unserer Gegenwartskultur. Ihre Träume scheinen uns zu bereichern, sowohl geistig als auch körperlich. Wenn jedoch dunkle Träume wie der von der allgemeinen KI, von der Unsterblichkeit eines Cyborgs, von militärischen Robotern und Drohnenflotten Milliarden an Kapitalinvestitionen verschlingen, sollte sich die Frage gestellt werden, ob wir unser Geld und unsere Energie richtig einsetzen. Stehen Science-Fiction-Träume im Dienst der Menschheit?

Letzteres ist nicht sicher. Zwar liefert das Science-Fiction-Genre einen intellektuellen Boden für unser funktionsorientiertes und technisches Verständnis von Fortschritt. Ja es scheint gerade so, als rechtfertige es viele technische Anwendungen, die die reale Welt eigentlich nicht braucht. Aber erfolgreich ist Science-Fiction am Markt unter anderem, weil sich die IT-Industrie eines sehr professionellen, wissenschaftlich geframten Marketing-Diskurses bedient. Dieser Marketing-Diskurs sucht sich typischerweise irgendein ausgefallenes, nach Fortschritt anmutendes Akronym aus (z. B. „RFID", „EDGE", „GPT", „AI/something") oder einen nebulösen Begriff wie „Big Data" oder „Cloud". Und dank einer professionellen Vermarktung wird dieser Begriff dann ins öffentliche Bewusstsein gedrückt; unterstützt vom Hype-Zyklus-Modell einer von IT-Firmen finanzierten Analysten-Welt (Abbildung 8.3). Mit einer Mischung aus so kreierten Tech-Marketing, großen Branchenveranstaltungen, einem Einlullen von Journalisten, Druck aus der Lieferkette usw. wird sichergestellt, dass jeder (ob nun in der IT-Branche oder nicht) von der (vermeintlich) brandneuen Technologie gehört hat. Auf dem Höhepunkt der Marketingausgaben scheint es, als sei die jeweilige Technik so unvermeidlich „alternativlos", dass sich Führungskräfte verpflichtet fühlen, zu investieren.[75] Beispiele sind RFID-Chips, die als Barcodes in allen Alltagsprodukten fungieren, Roboter, die Hotel-Rezeptionisten überflüssig machen, Blockchain-Technologie, die das Geld oder sogar Notare ersetzt, KI-Technik, die jeden Mitarbeiter verspricht zu ersetzen.

Trotz der aufwendigen Marketingkampagnen ist die tatsächliche Akzeptanz dieser „Pure Will Innovations" in Bezug auf den tatsächlich damit erzielten Umsatz oder die Kapitalrendite (ROI) jedoch oft enttäuschend; von der Qualität der digital transformierten Dienstleistungen ganz zu schweigen. Einige Technologien scheitern völlig und verschwinden still und leise aus dem Hype-Cycle-Modell. Aber nicht selten kommt es vor, dass sich die so in den Markt gedrückten Innovationen auch halten. Sie bleiben präsent, denn da so viel Geld und Zeit in sie investiert wurde, ist es schwer, sie wieder loszuwerden. Die Innovationen sind rasch so tief in die IT-Infrastruktur einer Organisation integriert, dass es entweder ein Risiko ist, sie zu entsorgen, oder dass es sich einfach schlecht anfühlt, sie abzuschreiben. Nach vielen technischen An-

Abbildung 8.2: Star Trek hat das Mobiltelefon angekündigt.

passungen haben sie ihren Platz gefunden; Prozesse wurden um sie herum organisiert. Sie erfüllen zwar an dieser Stelle nicht mehr die Science-Fiction-Versprechungen, für die sie ursprünglich angepriesen und gekauft wurden. Aber mit ihrer Anpassung und dem Zuschnitt auf relevante Anwendungsfälle gewöhnen sich die Menschen an sie; ja leben sogar teilweise von ihrer Servicierung. Am Ende haben Pure Will Innovations die Art und Weise beeinflusst, wie wir Dinge tun. Es ist nicht so, dass sie dabei irgendeinen menschlichen oder unternehmerischen Fortschritt bewirkt hätten; in Wahrheit haben sie oft nur Veränderungen zu relativ hohen Kosten gebracht. Aber es besteht zumindest die Illusion eines Fortschritts.

Diese kritische Darstellung von Pure Will Innovations soll nicht bedeuten, dass Science-Fiction oder die aus diesem Genre heraus geborenen technischen Fähigkeiten per se überflüssig sind. Hochgesteckte Ziele, wie die Besiedlung des Mars, sind wissenschaftlich inspirierend (Abbildung 8.4). Auf dem Weg zur Verwirklichung technischer

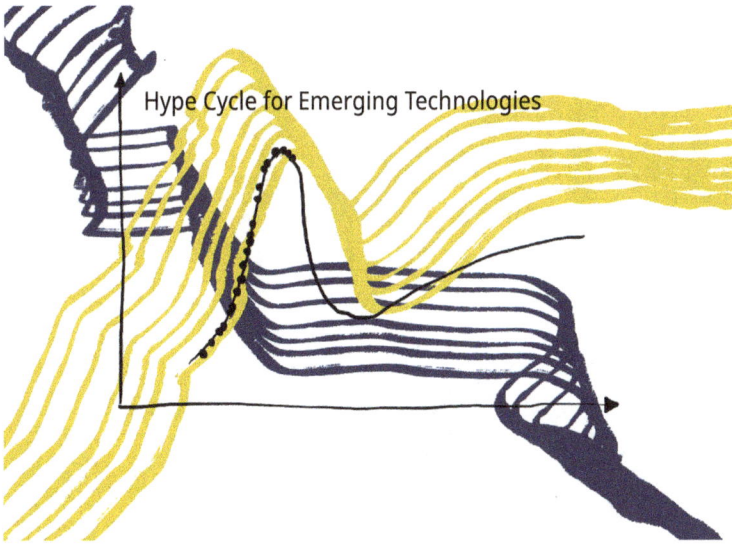

Abbildung 8.3: Gartner ebnet mit seinem Hype-Cycle-Modell den Weg zum IT-Markt.

Träume wachsen Wissenschaftler oft über sich hinaus. Während sie versuchen, all die schwierigen Probleme zu lösen, die sich ihren Fantasien in den Weg stellen, schaffen sie oft unerwartete Begleitinnovationen, die sich dann als äußerst nützlich erweisen. Um die Erde verlassen zu können, musste die Raumfahrtindustrie zum Beispiel hoch hitzebeständige Materialien entwickeln, die heute in Automotoren verwendet werden. Ebenso musste sie hochabsorbierende Materialien entwickeln, die heute in Babywindeln stecken. Die Raumfahrt hat auch so manches Mal den Wert von vorher vernachlässigten Erfindungen aufgedeckt. Da ist etwa die Geschichte der Teflonbeschichtung, die heute in jeder Küche von unschätzbarem Wert ist. Solche Beispiele zeigen, dass der wahre Nutzen von Innovationen, die aus reinem Willen entstehen, in sekundären Begleiterkenntnissen liegen kann. Mit anderen Worten: Der Drang, eine Fantasie zu erfüllen, erzeugt bei innovativen Köpfen ein inneres Bedürfnis, ein Problem zu lösen, das dann zu einer echten Innovation von wahrem Wert führt.

Dennoch bleibt die Frage, ob bessere Babywindeln und Topfbeschichtungen die immensen Ausgaben für Fantasien rechtfertigen können, wenn gleichzeitig viele Menschen hungern, keine Bildung und keinen Zugang zu Wasser und medizinischer Versorgung haben und die Gesellschaften weit hinter den Investitionen zurückbleiben, die zum Schutz des Planeten, auf dem wir leben, erforderlich sind.

Problematisch an Science-Fiction-Fantasien ist schließlich das darin üblicherweise enthaltene Menschenbild. Science-Fiction-Geschichten haben eine Vision von der Menschheit, die nicht auf der Weisheit und Entfaltung von Individuen beruht, sondern auf technologischer Verbesserung (Harari, 2017) und Schwarmintelligenz (siehe z. B. die Vision der Borg in *Star Trek*). Sehr oft werden Menschen als Cyborgs

Abbildung 8.4: Herz-aus-Gold-Rakete.

gedacht – Hybride zwischen einer menschlichen und einer technologischen Spezies (z. B. *Blade Runner*, *Star Trek*) – oder sie werden als Energiequelle für Maschinen dargestellt (z. B. *The Matrix*). Die Visionen, die für die menschliche Spezies von der Science-Fiction entworfen werden, beschreiben selten Menschen, die das Potenzial ihres natürlichen Wesens ausschöpfen (wie Luke Skywalker in *Star Wars*). Stattdessen wird typischerweise eine Welt dargestellt, in der eine kleine Elite von Technologiekontrolleuren über eine verblödete, degradierte und vernachlässigte menschliche Ethnie regiert. Diese degradierende Mainstream-Darstellung des Menschen in Science Fiction kann zu einem Problem werden, weil sie Technologieanbieter dazu verleiten kann, technologische Entscheidungen zu treffen, die die Kraft der natürlichen Entwicklung des Menschen missachten. Value-Based Engineering versucht, hier ein Gegengewicht zu setzen. Es empfiehlt nicht, sich Maschinen als tugendhaft vorzustellen, sondern hilft Innovationsteams, die tatsächlichen Grenzen der Digitalisierung herauszuarbeiten. Gleichzeitig bringt es die Projekte dazu, über echte Wertpotenziale für die Menschen im Hier und Jetzt nachzudenken und Werte zu respektieren, die die Beteiligten schützen und stärken wollen.

Innovationen von gesellschaftlichem Wert

Innovationen von echtem gesellschaftlichen Wert kommen oft auf eine von zwei Arten in die Welt. Entweder sind sie die Antwort auf ein dringendes Bedürfnis, wie der Bedarf an Impfstoffen angesichts der Covid-19-Pandemie sowie der Bedarf an einer geeigneten Raketenbeschichtung, um zum Mars zu fliegen. Oder sie entspringen dem individuellen Bedürfnis von sogenannten „Lead-Usern". Letztere fühlen sich dazu hingezogen, einen schlummernden Wert zu enthüllen, den sie als unerfüllt erkennen. Ein Beispiel für einen berühmten Lead User ist Gary Fisher, der das Mountainbike erfunden hat. Gary Fisher war ein professioneller Radrennfahrer, der zu Trainingszwecken bergab auf Schotterstraßen fahren wollte. Tatsächlich hatten die Fahrräder in den frühen 1970er Jahren schmale Reifen und mittelmäßige Bremsen, so dass es unmöglich war, eine hügelige Schotterstraße hinunterzufahren. Zusammen mit seinem Freund Joe Breezer begann Fisher daher, die schlanken Rennräder seiner Zeit mit Teilen von Motorrädern zu modifizieren, um ihre Stabilität zu erhöhen und die Sicherheit durch bessere Bremsen zu verbessern. Das Ergebnis war das erste Mountainbike, das 1977 auf den Markt kam. Auf diese Weise verschaffte sich Fisher Zugang zu den für ihn relevanten Werten: höhere Sicherheit beim Radfahren, bessere Robustheit des Fahrrads und gesteigerte körperliche Freude beim Befahren von Schotterstraßen (Abbildung 8.5).

Das Beispiel mit dem Mountainbike mag im Vergleich mit *Star Trek* oder *Ex Machina* zwar langweilig erscheinen. Aber auf der anderen Seite hat eine ungemein größere Anzahl von Menschen von dem berauschenden Nervenkitzel profitiert, mit einem Mountainbike auf Schotterstraßen bergab zu fahren, als zum Mars zu reisen. Und die Wahrheit ist, dass Gary Fisher nicht allein ist. Lead-User-Innovationen wie das Mountainbike sind viel weiter verbreitet, als viele Experten glauben (Bradonjic, Franke, & Lüthje, 2019). Tatsächlich sind mehr als die Hälfte (54 %) aller relevanten Innovationen der letzten Jahrzehnte in allen Branchen auf so ein Lead-User-Engagement zurückzuführen (Bradonjic et al., 2019). Lead User wie Gary Fisher ebnen einen authentischen Weg zum Fortschritt, angetrieben von einem echten Bottom-up-Wertbestreben.[76] Die Frage ist, ob diese Art der Innovation tatsächlich systematisiert werden kann.

Abbildung 8.5: Gary Fisher erfindet das Mountainbike.

Schulbuch-Innovationsmanagement versus Innovation von echtem Wert

Im klassischen Innovationsmanagement, wie es heute in Wirtschaftshochschulen oder dem Design-Thinking gepredigt wird, wird selten über Lead User nachgedacht. Es wird gelehrt, dass Innovation auf ein Bedürfnis reagiert oder mit etwas bereits Greifbarem beginnt. Vielleicht beginnt es mit einem Prototyp oder einem Patent, das aus der Forschung und Entwicklung stammt. Eine Organisation baut auf geistigem Eigentum auf, das erworben oder übernommenen wurde (Ahmed & Shepherd, 2012); wie heute zum Beispiel einem GenAI-Service. Es gibt eine greifbare Technologie (Prototyp, geistiges Eigentum usw.) und dann wird die Frage gestellt, wie damit Geld gemacht werden kann. Welches Geschäftsmodell kann gefunden werden, damit die Technologie einen Absatzmarkt bekommt? Die primäre Motivation für die Innovation besteht darin, schnell monetäre Vorteile für die Aktionäre zu schaffen; angedockt an die Überzeuger, dass irgendwo ein Marktbedürfnis vorhanden ist oder geschaffen werden kann.

Der typische Ablauf ist so, wie in (Abbildung 8.6) dargestellt: Wenn eine neue Technik verfügbar wird (t1), versucht das Unternehmen sie von Anfang an gemeinsam mit den Kunden zu testen. Ein Design-Thinking (Brown, 2008) organisiert diese „Kopplung" einer Technologie mit dem Markt durch eine sogenannte „Ideationsphase" (t2). Ideation bedeutet, dass Innovationsmanager sich in den Markt hineinfühlen (zu Englisch: „to empathize") und versuchen sollen, Kundenbedürfnisse zu verstehen. Nach dieser Ideation wird dann angewandte Forschung (t3) genutzt, um die neue Technologie im Einklang mit den gesammelten Markterwartungen zu konstruieren. Prototypen, später „Minimum Viable Products" genannt, die das Ergebnis dieser Bemühungen sind (t4), werden gebaut und dann in Zusammenarbeit mit Nutzern weiter verfeinert. Schließlich (zu t5) wird die Technologie auf den Markt gebracht und oft in Echtzeit getestet, um sie iterativ und kontinuierlich weiterzuentwickeln.

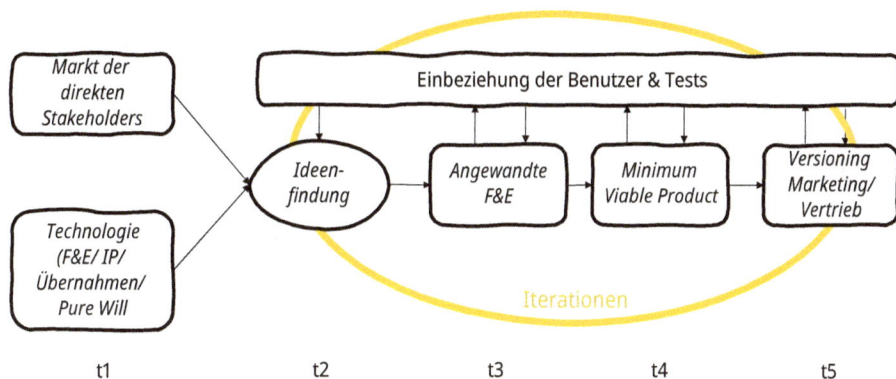

Abbildung 8.6: Design Thinking hat die Markteinführung neuer Systeme positiv beeinflusst.

Beachten Sie, dass der eigentliche Ausgangspunkt oder die Quelle eines solchen Innovationsprozesses sehr oft eine bereits vorhandene Technologie ist, die aus der Forschung und Entwicklung, dem IP-Geschäft oder einem Hype-Zyklus stammt. Alternativ kann die Quelle auch eine strategische Markt-, Kunden- oder Technologieportfolioanalyse sein. In all diesen Fällen liegt dem Innovationsprojekt jedoch kein genuines Bedürfnis einer Person wie Gary Fisher zugrunde oder gar ein schlummernder Wert, den es zu entbergen gilt, sondern es handelt sich immer nur um rein strategische Überlegungen, mit dem Ziel, geldwerte Vorteile zu generieren.[77]

Im Gegensatz dazu besteht die Motivation der Lead User aus dem, was Platon „Eros" nannte. Der Eros ist weit entfernt von monetären Anreizen. Er könnte als ein tiefes Verlangen nach einem potenziellen Wert, der noch unsichtbar ist, beschrieben werden – so wie der imaginierte Nervenkitzel, mit dem Fahrrad sicher und wild auf einer Schotterstraße bergab zu fahren. Das ist es, was die Innovationskraft der Lead User (t1) konstituiert (Abbildung 8.7).[78] Der Eros führt zu einer intensiven kreativen

Phase, in der ein erster Prototyp gebaut wird, wobei alle verfügbaren technologischen Hilfsmittel als Ausgangspunkt dienen, um die Aufgabe zu meistern (t2). Der erste Prototyp wird dann mit Begeisterung einer kleineren Gemeinschaft freundlich gesinnter Menschen vorgeführt (die großzügig genug sind, viele kleine Fehler zu übersehen ...) (t3). Widerwillig, aber weise, macht sich der Lead User mit diesem Feedback dann daran, seinen Prototypen zu perfektionieren (t4). Das Ergebnis kann ein Minimum Viable Product sein (t5). Im Anschluss daran kann die Mundpropaganda – heute vor allem über die sozialen Medien – Investoren dazu bringen, auf den neuen Zug aufzuspringen und das Produkt einer breiteren Öffentlichkeit zugänglich zu machen, was dann möglicherweise dazu führt, dass der oben beschriebene traditionelle Innovationsprozess fortgesetzt wird (t6). Abbildung 8.7 fasst diesen genuinen Innovationsprozess zusammen, der hohes Potenzial birgt, echten Wert zu schaffen (wie auch die oben erwähnte tatsächliche Erfolgsbilanz nahelegt).

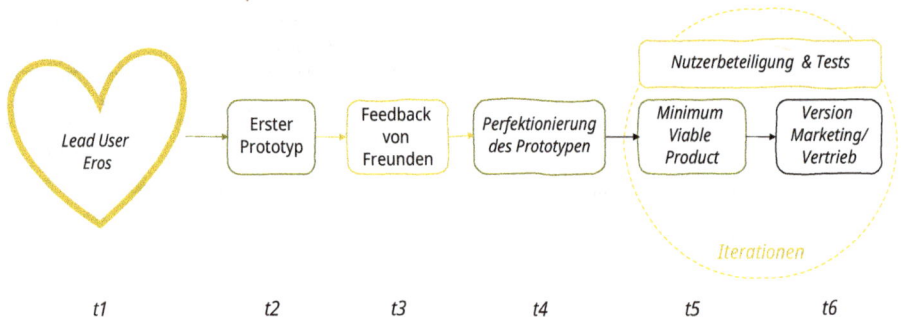

Abbildung 8.7: Der Innovationsprozess von echtem Wert beginnt mit dem Eros.

Große Köpfe auf dem Gebiet der Unternehmensinnovation verstehen die Bedeutung genuiner Innovation, von Eros und nicht-monetärer Beschäftigung mit einer Sache. Aber es ist nicht einfach, eine solche echte Kreativität in einer Unternehmensumgebung zu reproduzieren. Ein Versuch in diese Richtung besteht darin, sich an offenen Innovationsprozessen für Nutzer zu beteiligen (sog. „open innovation") (Baldwin & von Hippel, 2011). Hier wird der Eros begeisterter Kunden und ihre Kreativität systematisch für die Produktentwicklung genutzt. Ein Beispiel aus der Praxis ist die „Lego Challenge". Lego lädt seine Kunden regelmäßig zur Teilnahme an Wettbewerben ein, bei denen Kinder und ihre Familien ihre eigenen Lego-Modelle vorschlagen können. Eine Gemeinschaft von Nutzern und eine Lego-Jury geben dann Feedback, wie dieser Lego-Prototyp noch verbessert werden könnte (Abbildung 8.8). Wenn ein Prototyp die Unterstützung der Community erhält, baut Lego das vorgeschlagene neue Spielzeug und vermarktet es. Da davon ausgegangen werden kann, dass sich die Teilnehmer der Lego Challenge nicht in erster Linie deshalb engagieren, um später mit ihrer Idee Geld zu verdienen, scheint Lego erfolgreich einen Innovationsfluss von echtem Wert ins eigene Geschäft integriert zu haben. In der Terminologie des VBE schlagen die Kunden neue Wertqualitäten und Wertdispositionen für die Bausteine von Lego vor (Wertträger).

Beachten Sie jedoch einen Vorbehalt. Kundeninnovation dieser Form kann von Unternehmen nur für inkrementelle Produktentwicklung verwendet werden. Der Grund dafür ist, dass Unternehmen immer einen Wertträger haben müssen, der bereits im Mittelpunkt ihres Geschäftsauftrags steht, bevor sie ihren Kunden oder Nutzer einbeziehen können. Der Innovationsfluss, den sie betreiben, schafft also zusätzlichen Wert aus etwas Greifbarem, das bereits existiert.

Im Gegensatz dazu schaffen disruptive Innovationen in dem von Clayton Christensen beschriebenen Sinne oft völlig neue Werte aus etwas noch gar nicht Existentem (Christensen, Raynor, & McDonald, 2015). Und hierin liegt eine Herausforderung für etablierte Unternehmen. Sie müssen auf schlummernde, also unsichtbare, noch nicht erschlossene Werte vorbereitet sein, die die Märkte, in denen sie tätig sind, fundamental verändern könnten. Dies ist eine besondere und weitaus seltenere Form von Innovation, die von Lead Usern oder einfachen Stakeholdern (wie Lego-Fans) kaum zu erwarten ist.

Abbildung 8.8: Lego inspiriert Kunden zu Innovationen.

Zur Bedeutung schlummernder Werte für disruptive Innovation

Im Jahr 1997 prägte Clayton Christensen erstmals den Begriff „disruptive Innovation" und inspirierte damit die Technologiebranche. Denn die Tech-Branche sieht sich selbst sehr stark im Geschäft der Disruption. Viele verwenden diesen Begriff, weil sie davon ausgehen, dass ihre Dienstleistungen und Produkte ein entsprechend hohes Veränderungspotenzial in sich bergen. Im Jahr 2015 beklagte Christensen jedoch die inflationäre Nutzung des Disruptionsbegriffs vor allem dort, wo Innovationsteams weit von seinem Verständnis dieses Begriffs entfernt schienen (Christensen et al., 2015). Uber, zum Beispiel, würde zu Unrecht (so argumentierte er) mit diesem Potenzial beschrieben. Christensen zufolge wirken technische Neuerungen oder Geschäftsmodelle wie die von Uber nur Innovation *unterstützend*, nicht disruptiv. Sie machen Dienstleistungen oder Dinge ein wenig anders, vielleicht ein wenig besser, anders oder billiger. Aber wirklich disruptive Innovationen, so argumentiert er, sollten nur dann als solche bezeichnet werden, wenn eine Reihe von Kriterien erfüllt sind, die im Lichte dessen gesehen werden können, was in diesem Buch als *echte Wertschöpfung* bezeichnet wird.

Ein historisches Beispiel für eine disruptive Innovation im Sinne Christensens ist die Druckerpresse. Natürlich haben die Menschen auch vor dem Buchdruck Bücher benutzt. Es gab eine unglaublich teure manuelle Buchproduktion. Aber es gab auch ein zunächst unsichtbares, schlummerndes Marktsegment, das von diesem elitären Buchmarkt nicht bedient wurde. Die Mehrheit der Menschen konnte sich keine handgefertigten Bücher leisten. Disruptive Innovationen fügen sich in eine bestehende Praxis ein, die von etablierten Unternehmen betrieben wird, aber sie richten sich an einen bisher nicht bedienten Teil des Marktes, wie in diesem Fall an das riesige Segment des erwachenden Bürgertums, das den Wert eines plötzlichen Zugangs zu Werten, Wissen, Religion und Bildung dankbar aufnahm (Abbildung 8.9).

Der Erfolg der Druckerpresse erweckt auf den ersten Blick den Anschein, als ob ihn nur der niedrigere Preis der gedruckten Bücher bedingt habe. Aber Christensen argumentiert, dass disruptive Innovationen nicht nur in Low-End-Produktversionen von High-End-Märkten entstehen, sondern sie im Gegenteil einen völlig „neuen Boden" bereiten – für Abnehmer, die es vorher gar nicht gab. Die Druckerpresse zum Beispiel, die scheinbar aus dem Nichts entstand, schuf einen neuen Boden für Leser. Menschen, die ursprünglich Analphabeten waren, hatten plötzlich die Möglichkeit, lesen zu lernen und Bücher zu kaufen. Die Technologie veränderte die Menschheit, indem sie ein in ihr schlummerndes Wertpotenzial ansprach: die Fähigkeit, individuell Wissen zu erwerben.

Aber wie kann etwas so Wichtiges aus dem Nichts entstehen? Christensen gibt keine Antwort auf diese Frage. Bei Hinzuziehen der in diesem Buch vertretenen Wertphilosophie, könnte argumentiert werden, dass ein neuer Markt entsteht, wo disruptive Innovationen Werte aufblühen lassen, die zuvor nicht verwirklicht wurden. Die von Johannes Gutenberg durch den Buchdruck geschaffenen Wertqualitäten sind vielschichtig. Die neuen Bücher waren nicht nur von größerer Erschwinglichkeit, sondern auch von einfacherer Handhabbarkeit, Gleichmäßigkeit und Symmetrie, wo-

Abbildung 8.9: Die Innovation der Druckerpresse war disruptiv, weil sie schlummernde Wertpotenziale freilegte.

durch der Kernwert der Lesbarkeit erhöht wurde. Gleichzeitig ermöglichte die Effizienz und Schnelligkeit des Drucks und der noch nie dagewesene sowie allgegenwärtige leichte Zugriff auf Bücher, einer breiteren Bevölkerung den Kernwert des Wissens zugänglich zu machen und parallel die Lust am Lesen zu entfachen. Der Erfolg der Innovation lässt sich also nicht nur durch Marktpreise (Erschwinglichkeit) erklären, sondern auch durch die Werte, Handlichkeit, Lesbarkeit, Wissen und Freude.

Ein zweites Beispiel unterstreicht das gleiche Argument: das des Fotokopierers. Es ist bekannt, dass Chester Carlson auf der Suche nach Schmerzlinderung war, als er den Fotokopierer erfand. Er war ein Patentanwalt, der an Arthritis litt, was bedeutete, dass das regelmäßige manuelle Kopieren von Patenten im Rahmen seiner Arbeit so schmerzhaft war, dass er einen neuen Weg suchte, das Gebrechen auszugleichen. Er musste seine Schmerzen lindern und gleichzeitig die Effektivität seiner Arbeit aufrechterhalten.

Sowohl Gutenberg als auch Carlson entdeckten ein schlummerndes Wertpotenzial, für das es vor ihrer Erfindung kein greifbares Produkt gab. Ihre Geschichten legen nahe, dass disruptive Innovationen nicht nur unterversorgte Kunden zu günstigeren Preisen mit inkrementellen Produktverbesserungen bedienen. Stattdessen entbergen sie schlummernde Wertpotenziale eines gänzlich nichtexistierenden Marktes.

Eine faszinierende Erkenntnis, über die Christensen berichtet, ist, dass disruptive Innovationen von etablierten Unternehmen oft am Anfang ihrer Entstehung nicht ernst genommen werden. Die etablierten Unternehmen erwarten nicht den Erfolg, den ihr disruptiver Konkurrent einzuschätzen erfährt. Christensen begründet diese Dynamik damit, dass etablierte Unternehmen ihre Prozesse so optimiert haben, dass sie nicht bereit sind, sich zu ändern, zumal sie ihr Angebot oft für qualitativ hochwertiger halten (Christensen et al., 2015). Es könnte jedoch argumentiert werden, dass es einen weiteren Grund für ihre abwehrende Haltung gibt, die Christensen nicht nennt; und zwar die, dass es schlichtweg keinen rationalen Grund gibt, ein unsichtbares Wertpotenzial korrekt einzuschätzen. Nur Chester Carlson, der von Arthritis geplagt war, sah die Notwendigkeit einer Alternative zum manuellen Kopieren. Menschen, die von einem für sie hypothetischen Problem entfernt sind, scheinen nicht in der Lage zu sein, ein schlummerndes Wertpotenzial eines nicht existierenden Produkts für einen nicht existierenden Markt zu erkennen. Wie sollten sie auch? Unsere Welt glaubt nicht an das Unsichtbare und nicht bereits Messbare.

Vor diesem Hintergrund ist es nicht verwunderlich, dass der Präsident von IBM, Thomas J. Watson, in den 1940er Jahren die berühmte Aussage machte (Abbildung 8.10): „Ich glaube, es gibt einen Weltmarkt für etwa fünf Computer." Watson war einfach rational. Aber Rationalität ist nicht die Art von Intelligenz, die erforderlich ist, um die in Computern schlummernden Wertpotenziale wie Genauigkeit, Professionalität, kommerzielle Flexibilität oder Schnelligkeit zu erkennen. Watson sah die schlummernden Werte nicht, weil sie zu seiner Zeit tatsächlich nicht durch die bis dahin erfundenen Computer gegeben waren; sie waren unsichtbar – und Rationalität kann nur mit dem Sichtbaren arbeiten. Selbst als die „Value Proposition" von Computern zum ersten Mal den Markt durchdrang, war dies nicht sofort sichtbar, bis die Verkaufszahlen das Phänomen plötzlich klar belegten. An diesem Punkt war IBM gezwungen, eine Kehrtwende zu vollziehen. Bei der Buchproduktion ist es wahrscheinlich ähnlich verlaufen. Warum hätten die gebildeten Mönche des 15. Jahrhunderts erwarten sollen, dass ein Großteil der Bevölkerung, die Analphabeten waren, ein Bedürfnis nach Büchern haben könnten? Das wäre im Mittelalter undenkbar gewesen.

Zusammengenommen könnte argumentiert werden, dass disruptive Innovationen ihre überraschend starke und unerwartete Wirkung haben, weil sie nicht dem Sichtbaren dienen. Stattdessen entfachen disruptive Innovationen eine schlafende Sehnsucht nach neuen Wertebündeln, die zunächst nur von einigen Wenigen gesehen und entdeckt werden können.

Echte Werte versus Bedürfnisse

Indem wir die Rolle der Werte bei der Innovation betonen, streiten wir gleichzeitig einem populären Begriff den Rang ab, der in der Innovationsliteratur und in der Praxis üblicherweise verwendet wird: das ist der Begriff „Bedürfnis". Normalerweise wird davon ausgegangen, dass die Bedürfnisse der Marktteilnehmer der Ursprung der Innovation sind, also des Markterfolgs. Bei genauerer Betrachtung verwenden viele

"Ich glaube, es gibt
einen Weltmarkt für
etwa 5 Rechner"
(Thomas J. Watson)

Abbildung 8.10: Thomas Watson erkannte das in Computern schlummernde Wertpotenzial nicht.

Innovationsschulen diesen Begriff sogar zur Erklärung von disruptiver Innovation, darunter auch Christensen selbst. Experten sollten jedoch die Bedeutung des Wortes „Bedürfnis" kritischer hinterfragen. Streng genommen impliziert das Wort „Bedürfnis" sprachlich gesehen, dass eine Person einen Mangel an etwas empfindet (Schönpflug, 1998) oder etwas unbedingt braucht. Den Bürgern des 15. Jahrhunderts mangelte es jedoch nicht an Büchern, denn nur sehr wenige Menschen konnten überhaupt lesen. Auch in den 1960er Jahren hat niemand einen Mangel an Internet wahrgenommen. Niemand brauchte ein Smartphone, bis das erste auf den Markt kam. Die Gemeinsamkeit all dieser bahnbrechenden Technologien besteht darin, dass sie nicht auf ein *Bedürfnis im Markt reagierten*. Stattdessen appellierten sie an ein schlummerndes Wertpotenzial – eines, das sich erst materialisierte, wenn es in die Welt kommt. Erst zu diesem Zeitpunkt – das heißt, wenn die Innovation bereits stattgefunden hat –, können die Menschen ein Bedürfnis nach ihr entwickeln. Daraus ergeben sich drei logische Schlüsse:

Bedürfnisse ≠ Werte

Werte > Bedürfnisse

Werte sind Bedürfnissen zeitlich vorgelagert

Vor diesem Hintergrund sollten sich Unternehmen nicht zu sehr und ausschließlich auf die Erforschung von Kundenbedürfnissen konzentrieren, wenn sie nach disruptiver Innovation suchen. Disruption entsteht nicht dadurch, dass Menschen etwas fehlt, oder durch das, was Design Thinker manchmal „Schmerzpunkte" (zu Englisch: „pain points") nennen. „Was das Auge nicht sieht, darüber trauert das Herz nicht", heißt es in einem alten Sprichwort. Stattdessen sollten Innovatoren den schlummernden Strom potenziell unerfüllter menschlicher und sozialer Werte suchen, der Menschen motiviert, ein Produkt oder eine Dienstleistung nachzufragen. Und sie können sich fragen, ob dieses Wertpotenzial stark genug ist, um einen Boden für etwas Neues zu bereiten, das eine bestehende Praxis ersetzen kann. Das ist es, was Value-Based Engineering in seiner Phase der Werterkundung betreibt: Es sucht nach dem Unsichtbaren, noch nicht Erfüllten.

Wenn Wertpotenziale jedoch einmal gefunden wurden, dann kommt das Bedürfnis nach ihnen machtvoll ins Spiel. Lead User wie Gerry Fisher, die für den Fortschritt der Gesellschaft und der Wirtschaft so wichtig sind, scheinen plötzlich ein überwältigendes Bedürfnis danach zu verspüren, das Gefundene anwendbar und somit fruchtbar zu machen. An ihnen realisiert sich dann ein zweiter Akt der Schöpfung. Sie folgen einem Bedürfnis, das ihrer eigenen Geschichte und ihrem Milieu entspringt und in dem das vorher gefundene Wertpotenzial mitschwingt, welches bereit ist, durch sie von der materiellen Welt freigelegt zu werden, ähnlich wie Künstler eine Skulptur aus einem Stein freilegen (Vasari, 1987).

Was Unternehmen also tun sollten, ist, Lead User zu fördern. Sie könnten zum Beispiel systematisch die Maker-Szene oder ein Bildungssystem unterstützen, das solche individuellen Talente entdeckt und pflegt. Dazu lohnt es sich jedoch, zu verstehen, wer diese Lead User eigentlich sind und was bei ihrem Schaffensprozess vor sich geht.

Wer sind Lead User?

Um zu verstehen, wer Lead User sind, lohnt es sich, Everett M. Rogers' bahnbrechende Studie über die „Diffusion von Innovationen" aus dem Jahr 1962 zu konsultieren (Rogers, 1995). Rogers, der unter anderem die Verbreitung von Unkrautspray untersuchte, fand heraus, dass an der Quelle der Innovationsdiffusion eine besondere Art von Mensch steht, die er damals „die Wagemutigen" nannte (zu Englisch: „the venturesome"). Die Wagemutigen, die etwas ganz Neues erfinden, sind in der Regel keine Wissenschaftler in unserem heutigen Verständnis. Weder Gary Fisher oder Steve Wozniak noch Johannes Gutenberg waren Wissenschaftler, wie die akademische Welt sie definiert. Sie alle hatten jedoch bestimmte Persönlichkeitsmerkmale, die Rogers auch sehr gut beschreibt: Nach ihm haben die Wagemutigen ein ständiges Interesse an neuen Ideen. Diese führen sie auf ihrem Lebensweg oft aus dem lokalen Kreis von Freunden heraus. Sie sind in der Lage, komplexes technisches Wissen zu erwerben und anzuwenden, können mit einem hohen Maß an Ungewissheit umgehen und sind unter Gleichaltrigen nicht unbedingt beliebt. Steve Wozniak zum Beispiel, der Lead User der Apple-Computer war, wurde oft als „schüchtern" beschrieben (Isaacson, 2011) (Abbildung 8.11).

Was Lead User gemeinsam haben, ist ein zuverlässiges Urteil über die Werteigenschaften der Dinge, mit denen sie arbeiten. Steve Wozniak war von Jugend an Ingenieur und Hacker. Dadurch wurde er darin geschult, Komponenten auf einer Hauptplatine anzuordnen und Software zu schreiben, um sie zu integrieren. Er wusste intuitiv, welche Qualitäten vorhanden sein müssen, damit ein digitaler Schaltkreis funktioniert und welche nicht (Abbildung 8.11).

Lead User arbeiten in einem Feld, was Max Scheler als Milieu bezeichnet hat (siehe Kapitel 3). Ein „Milieu" ist der materielle Resonanzraum, den eine erfahrene Person in der Praxis tatsächlich erlebt, wenn sie mit einem Material interagiert.[79] Bei der Arbeit an seiner Druckerpresse verstand Gutenberg die Werteigenschaften von Zinn und Blei, Materialien, mit denen er in seiner Lehrlingszeit täglich gearbeitet hatte. Sein implizites Wissen über die Eigenschaften dieser Materialien ermöglichte es ihm, intuitiv zu erkennen, was möglich ist und was nicht. „Milieu" ist die praktisch als wirksam erlebte Wertewelt, schrieb der Wertphänomenologe Max Scheler (S. 143, 1921 [2007]).

Das Milieu, in dem die Werteigenschaften der Dinge den experimentellen Prozess bestimmen, sollte nicht mit dem Kontext eines gut organisierten wissenschaftlichen Prozesses gleichgesetzt werden, in dem jede mögliche Versuchsanordnung im Voraus geplant und begründet wird. Wenn wir geschickt sind, besitzen wir die Fähigkeit, die Dinge ‚praktisch zu berücksichtigen', was eine Erfahrung ihrer Wirksamkeit impliziert. Es ist eben diese ‚praktische Berücksichtigung', die erfahrungsgemäß unser Handeln bestimmt und die selbst zwar ‚gegeben', aber keineswegs schon vorher als ‚Grund' für sie existiert (S. 140 in Scheler, 1921 [2007]).

Aufgrund dieser entwickelten Fähigkeiten verfügen Lead User wie Wozniak über das praktische Wissen, wie Computerkomponenten am besten angeordnet und integriert werden, was dann „erfahrungsgemäß" und intuitiv bestimmt hat wie er den ersten Apple-Computer zum Laufen brachte. Was Wozniak oder jeder andere Innovator tut, ist ein performativer Akt der Wertschöpfung.

Performativität im Innovationsakt

Der performative Wertschöpfungsakt, den ein qualifizierter Lead User vollzieht, ist von vollkommen anderer Natur als der Kausalprozess, wie ihn sich die Forschung und Innovationsförderung heute vorstellt. Performative Schöpfungsakte sind mit den Mitteln des Innovationsmanagements nicht kontrollierbar, messbar, steuerbar, vernünftig oder vor-

Abbildung 8.11: Steve Wozniak war der Lead User der Apple Computer, weil er das Milieu der Computertechnik verstand.

hersehbar. Und genau aus diesem Grund können disruptive Innovationen auch nicht durch Pure Will erzwungen oder in die Welt gebracht werden. Erfindungen können nicht befohlen werden. Und sie sind auch nicht das Ergebnis von Science-Fiction.

Ein Gelehrter, der dies sehr gut verstanden hat, aber dennoch erforschte, wie die Managementpraxis in ihrem Streben nach Innovation angeregt werden kann, ist der japanische Gelehrte Ikujiro Nonaka. Nonaka untersuchte, wie das implizite Wissen von Experten expliziert und übertragen werden kann, um es für Innovationen zugänglicher zu machen (Nonaka & Takeuchi, 1995). In einem gemeinsamen Kontext, den Nonaka „*ba*" nannte (und den Scheler vielleicht als Milieu bezeichnet hätte), findet ein Wissenstransfer zwischen dem erfahrenen Experten und einem Lehrling statt. Durch einen zeitintensiven Prozess der Ausbildung, bei dem die Unternehmensinnovatoren das Milieu eines Handwerks kennenlernen, versuchen sie, von den Experten die impliziten Wertqualitäten und die notwendigen Dispositionen, die den Materialien innewohnen, sowie die besten Praktiken im Umgang mit ihnen zu lernen. Diese Wertqualitäten und Praktiken werden dann expliziert und, wenn möglich, in konkrete Produkteigenschaften übersetzt. Eines von Nonakas Beispielen für diese zeitintensive Innovationspraxis ist eine Brotbackmaschine. Japanische Ingenieure mussten die Praxis des Brotbackens selbst in einer Bäckerei zunächst üben. Dabei lernten sie die spezifischen Drehungen und Handbewegungen, die von professionellen Bäckern bei der Bearbeitung des Teigs ausgeführt werden. Nur dadurch, dass sie sich diese Praxis physisch selbst angeeignet hatten, konnten sie verstehen, wie Wertqualitäten zustande kommen, etwa die Fluffigkeit oder Konsistenz des Teigs. Es war eine bestimmte Drehung der Hand, die sie zunächst am eigenen Leib verstehen mussten, bevor sie in der Lage waren, eine funktionierende Brotbackmaschine zu konstruieren. Der Erfahrungs- und Innovationsweg dieser japanischen Ingenieure erklärt, was gemeint ist, wenn im VBE von „Wertqualitäten" gesprochen wird. Wertqualitäten, die dann die funktionalen Anforderungen an eine neue Maschine bestimmten. Die Japaner wandten (ohne es zu wissen), das oben für Phase 1 des Value-Based Engineering beschriebene Verfahren an, die ein tiefes Verständnis des Kontextes einfordert.

Resümee

Die Reflexion der aktuellen Innovationstheorie und -praxis ermöglicht es, das VBE mit bestehenden Fortschrittsbemühungen abzugleichen und schafft zugleich ein Vokabular, was es erlaubt, Innovation besser zu verstehen und einzuordnen. Es kann gesagt werden, dass Lead User in einem bestimmten persönlichen Milieu leben, welches es ihnen ermöglicht, mit potenziellen Wertqualitäten in Resonanz zu treten, die in den Dingen schlummern. Diese latenten Wertqualitäten werden dann durch das geschickte Experimentieren der Lead User mit Materialien und Prozessen in die Welt gebracht. So kommt es zu einer technischen Funktionalität, die als neue Wertdisposition im Markt zur Verfügung gestellt wird. Mit anderen Worten: Der Lead User schafft neue technische Möglichkeiten (Dispositionen) für noch unbekannte Wertqualitäten und Kernwerte. Er oder sie gibt dem Objekt die Form, die nur er oder sie bereits sieht. Wenn das resultierende innovative Objekt dann später vermarktet und genutzt wird, materialisiert sich auch der bis dahin latente Wert in den Augen eines neuen Kunden. Auf diese Weise kommt die disruptive Innovation in die Welt. Und diese Innovationen treffen auf eine intuitiv positive Reaktion eines in Wahrheit wertorientierten Marktes. Solche Innovationen werden fast sofort angenommen und unterscheiden sich stark von dem, was auch als resignierende Markt „Akzeptanz" bezeichnet werden könnte, wo Pure Will Innovations von einem Tech-Marketing in Märkte gedrückt werden, die in Wahrheit niemand will oder braucht.

Anhang 1
Fallstudie: Die Lernsieg-App

Stellen Sie sich vor, Sie besitzen einen Risikokapitalfonds und versuchen, in junge und innovative Unternehmen zu investieren. Ein 18-jähriger österreichischer Abiturient namens Benjamin bittet Sie um eine Investition. Er ist der Meinung, dass Schulen und Lehrer sehr davon profitieren könnten, wenn Schüler ihren Lehrern ein digitales Feedback gäben: ähnlich den Sternchen, die heute im Internet für alle möglichen Dienstleistungen abgegeben werden. Zu diesem Zweck hat Benjamin einen ersten Prototyp programmiert, die er „Lernsieg" nennt (sie läuft bereits auf iOS und Android) (Abbildung A1.1). Sie ermöglicht es Schülern, ihre Schule und ihre Lehrer zu benoten. Sie können die allgemeine Atmosphäre der Schule, die Digitalversorgung und Sporteinrichtungen, das Kursangebot, die Qualität der Bibliothek und die Sauberkeit bewerten. Lehrer werden nach ihrer Unterrichtsqualität, Fairness, Vorbereitung, Pünktlichkeit, Motivationsfähigkeit, Geduld und Durchsetzungsvermögen evaluiert. Die Schüler können bis zu fünf Sterne auf all diesen Dimensionen vergeben, wobei 5 Sterne = sehr gut, 4 Sterne = gut, 3 Sterne = befriedigend, 2 Sterne = schlecht und 1 Stern = sehr schlecht sind.

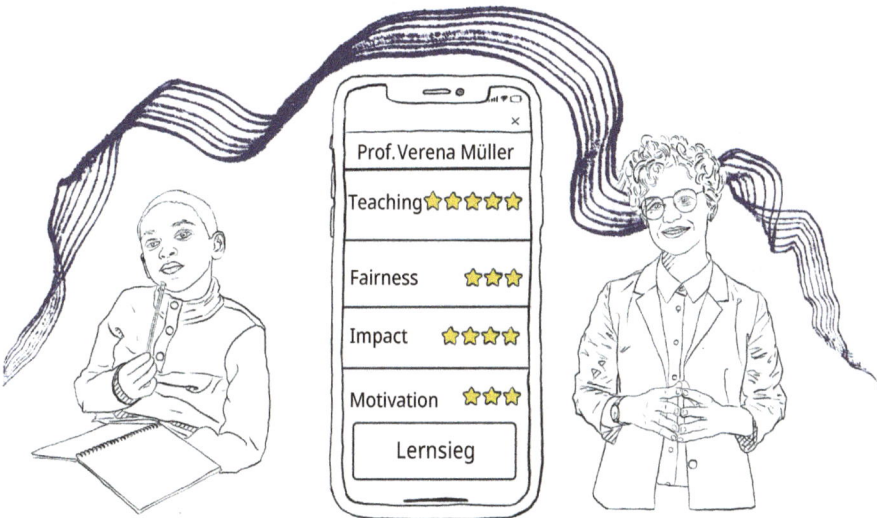

Abbildung A1.1: Illustration der Lernsieg-App.

Jeder Schüler ab der fünften Klasse kann sein Feedback abgeben. Wenn ein Lehrer eine Note von weniger als 5 Sternen erhält, können die Schüler auf ein paar vorkonfigurierte Gründe klicken, um zu erklären, warum sie die jeweilige Note vergeben haben (siehe Abbildung A1.1). Aber Benjamin möchte diese vorkonfigurierten Auswahlmöglichkeiten

https://doi.org/10.1515/9783111633930-009

durch eine viel anspruchsvollere Kommentarfunktion ergänzen. In dieser Kommentarfunktion sollen die Schüler schreiben, warum sie eine bestimmte Note gegeben haben, und sie dürfen so viele Wörter verwenden, wie sie möchten. Da es jedoch 90.000 Lehrer in Österreich gibt, die nach Benjamins Vorstellung benotet und kommentiert werden sollen, muss die Analyse dieser Kommentare automatisiert werden. Das ist ein Grund, warum er sich an Sie als Investor gewandt hat, um das Wachstum seines Dienstes zu finanzieren und einen hochentwickelten KI-basierten Textanalysedienst zu integrieren. Benjamin hat herausgefunden, dass es einen in den USA ansässigen KI-Dienst namens „Texty" gibt, der hier ein Partner werden könnte. Texty präsentiert sich als Marktführer im Bereich der Textanalyse, der in der Lage ist, jeden eingegebenen Text zu verarbeiten und dessen Inhalt kurz und bündig zusammenzufassen, einschließlich „Stimmungsanalyse" und „Synthese" von Textnachrichten. Mit anderen Worten: Es wäre möglich, alle über Feedback gesammelten Kommentare zu einem Lehrer zu aggregieren (zwei bis drei Zeilen in der Anzeige der App), die die vermutlich wichtigsten Erkenntnisse über diesen Lehrer und die durchschnittliche Stimmung der Schüler, die diese Kommentare schreiben, enthalten.

Benjamin hat seine Ideen in einem Betriebskonzept dargelegt. Hier hat er auch einige zusätzliche Ideen skizziert: vergleichende Lehrer- und Schulrankings sollten verfügbar werden. Er nennt diese „Stock Charts". Außerdem sollten Lehrer und Schulen sehen können, wie sie im Laufe der Zeit selbst und im Vergleich zu anderen abgeschnitten haben. Benjamin kämpft auch mit dem Problem, dass er gezwungen war, alle Lehrernamen manuell von den jeweiligen Schulwebseiten zusammenzutragen, und dabei nur 1.000 Lehrerdaten für sein System generieren konnte. Er möchte daher, dass sich die Lernsieg-Lehrerdatenbank automatisch aktualisiert, wenn ein Lehrerwechsel auf der öffentlichen Website einer Schule veröffentlicht wird. Was bisher nicht erfasst wird und von Benjamin auch nicht geplant ist, sind die (meist internen) Informationen darüber, welcher Lehrer welchen Schüler bzw. welche Klasse unterrichtet. Die App fragt nur nach dem Alter eines Schülers. Mit anderen Worten: Die App kann nicht überprüfen, ob ein Schüler, der einen Lehrer bewertet, tatsächlich in der Klasse des jeweiligen Lehrers war oder ist bzw. den Unterricht je besucht hat.

Sie, als Investor, begutachten die Lernsieg-App so, wie sie ist und mit allen technischen Plänen. Sie ist einfach zu benutzen. Die Schüler müssen kein eigenes Konto anlegen, wenn sie sich mit einem Benutzernamen und einem Passwort registrieren. Sie geben einfach ihre Handynummer in die App ein und fordern einen Verifizierungscode an. Der Verifizierungscode wird per SMS an das Mobiltelefon gesendet, dessen Empfang der Schüler bestätigen muss. Auf diese Weise weiß der Server von Lernsieg, dass eine Telefonnummer existiert (er reagiert auf den Verifizierungscode) und dass eine Telefonnummer nur eine Bewertung eines Lehrers oder einer Schule abgeben und nicht einen Lehrer oder eine Schule mehrmals bewerten kann. Allerdings kann jemand alte Bewertungen bearbeiten. Der Name des wertenden Schülers wird niemandem angezeigt; der Schüler wird nur durch seine Telefonnummer repräsentiert.

Lernsieg plant, Geld durch Werbung zu verdienen, die in der App platziert werden könnte, wenn sie auf den Markt kommt. Da es in Österreich über 700.000 Schüler gibt, könnte dies eine lukrative Einnahmequelle darstellen.

Als Investor haben Sie sich verpflichtet, nur Start-ups zu finanzieren, die ein Value-Based Engineering durchlaufen haben. Sie setzen sich hin und überlegen, ob Sie investieren sollen oder nicht, und zwar vor dem Hintergrund der Werte, die von der Lernsieg-App betroffen sind, sowie der organisatorischen und technischen Herausforderungen, vor denen sie steht. Sie leiten die EVRs und die Systemanforderungen ab.

Anhang 2
Anmerkungen zur Bildsprache in diesem Buch

Wenn Sie das abstrakte Konzept von dem zeichnen wollten, was „Wert" genannt wird, was würden Sie zeichnen?

Wie Werte und ihre verschiedenen ontologischen Aspekte dargestellt werden können, ist eine schwierige Frage. Am Anfang gab es die Idee, Werte könnten als Herzchen gezeichnet werden. Aber das wurde schnell verworfen. Stattdessen wurde für dieses Buch Platons Timaios Dialog als Inspiration gewählt. Timaios spricht mit Sokrates, Kritias und Hermokrates über das Werden und den Grund für die Erschaffung der Welt sowie über die vier Elemente Feuer, Wasser, Luft und Erde, aus denen die Welt nach antiker Auffassung besteht. Timaios beschreibt auch die „platonischen Festkörper". Dabei handelt es sich um geometrische Darstellungen der vier Elemente, die einen großen Einfluss auf die Architektur hatten, zum Beispiel auf den Grundriss gotischer Kathedralen.

In diesem Lehrbuch dient die Verwendung der platonischen Körper nur der Veranschaulichung und ist nicht streng durch Platons Philosophie begründet. Andere Wissenschaftler könnten untersuchen, ob die unten aufgeführten Analogien zwischen platonischen Körpern, Werten und Technologie aus einer akademisch geprüften Perspektive tatsächlich sinnvoll sind. Es werden jedoch einige Zitate und Ideen aus dem Timaios angeführt, um spielerisch zu begründen, warum zum Beispiel Kernwerte als Tetraeder dargestellt werden.

Der Tetraeder (siehe Abbildung A2.1a) steht in Platons Theorie für das Element des Feuers. Timaios beschreibt das Element des Feuers mit den Worten: „... wir müssen uns darauf einigen, dass es zuerst die unveränderliche Idee gibt, die nicht geschaffen und nicht vergänglich ist, die weder etwas von außen in sich aufnimmt noch selbst in etwas anderes eingeht, die unsichtbar und in keiner Weise wahrnehmbar ist" (übersetzt aus dem Englischen, S. 183 in 52a [Plato, 1888]). In Kapitel 3 dieses Buches wird erklärt, wie Kernwerte wie Sicherheit oder Schönheit in Wirklichkeit nicht geschaffen, unvergänglich und unsichtbar sind (a priori gegeben). Deshalb wurden sie in diesem Buch als Tetraeder dargestellt und das Element Feuer wurde ihnen zugeordnet. Außerdem passt Feuer zu der Farbe Gelb. Wenn also in diesem Buch Werte oder wertehaltige Denkprozesse dargestellt werden oder ein inspirierendes, wertehaltiges Milieu im Spiel ist, wird die Farbe Gelb verwendet (siehe Abbildung A2.1b).

Timaios fährt fort und sagt: „Das Zweite ist das, was nach ihr [der unvergänglichen Idee] benannt und ihr ähnlich ist, erfahrbar, geschaffen, immer in Bewegung, an einem bestimmten Ort entstehend und von dort wieder vergehend, durch die Meinung mit der Empfindung wahrnehmbar" (aus dem Englischen übersetzt, S. 183 in 52a [Plato, 1888]). Diese Beschreibung drückt im Wesentlichen die Natur der Wertqualitäten aus, die bewegliche Manifestationen der idealen Kernwerte sind, Wertqualitäten sind in der wahrnehmbaren Realität verankert und sind von Menschen und Tieren

https://doi.org/10.1515/9783111633930-010

erfahrbar. Da Wertqualitäten „geschaffen" und wahrnehmbar sind, werden sie in diesem Buch als die sichtbaren Flächen des Tetraeders dargestellt (Abbildung A2.2).

Timaios führt dann aus, dass „... jede geradlinige Ebene aus Dreiecken zusammengesetzt ist ... Diese halten wir für die Grundlage des Feuers und der anderen Körper ..." (S. 191 in 54a [Plato, 1888]). In diesem Buch signalisieren die gepunkteten Dreiecksmarkierungen innerhalb der Tetraederflächen (siehe Abbildung A2.2) die Grundlage, die eine wahrnehmbare Wertqualität in der zugrunde liegenden materiellen Realität hat. In Kapitel 3 wird zum Beispiel beschrieben, wie die Verschlüsselung die Grundlage für die Wertqualität der Vertraulichkeit bildet. Aber die Verschlüsselung, die selbst eine Wertdisposition darstellt, ist in Wirklichkeit nur ein Potenzial für Vertraulichkeit. Sie garantiert sie nicht. Wenn sich die Wertqualität der Vertraulichkeit aufgrund einer guten Verschlüsselung verwirklicht, beobachten wir die Verwirklichung einer Potenzialität, welche hier als gestricheltes Dreieck dargestellt wird.

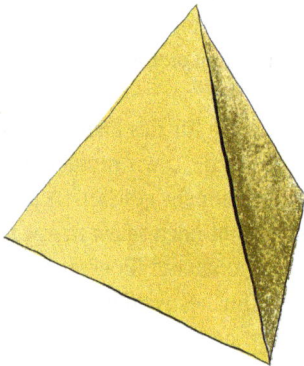

Abbildung A2.1a: Tetraeder = Wert.

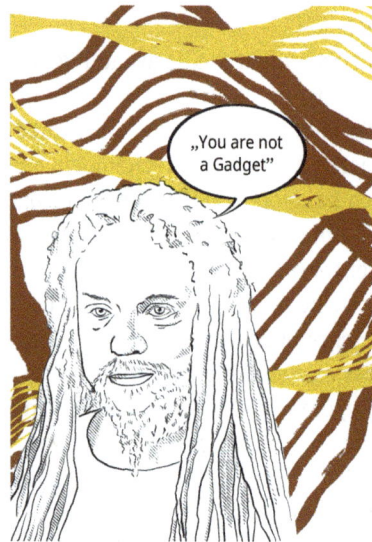

Abbildung A2.1b: Werteinspirierte Gedanken eines Jaron Lanier.

Die Methode des Value-Based Engineering (VBE) zeigt dem Leser, wie Kernwerte und ihre Wertqualitäten in Software eingebettet werden. Software-Artefakte werden am Ende (im Idealfall) verschiedene Wertqualitäten, die im Designprozess antizipiert wurden, manifestieren oder aktualisieren. In diesem Buch symbolisiert ein Oktaeder die Software (Abbildung A2.3). Beachten Sie jedoch, dass Software nicht notwendigerweise die Ansammlung einer so geringen Anzahl von Wertqualitäten ist, nur weil ein Oktaeder acht Flächen (Wertqualitäten) enthält. Das Oktaeder dient lediglich als Metapher, um zu signalisieren, dass Software-Wertqualitäten und die

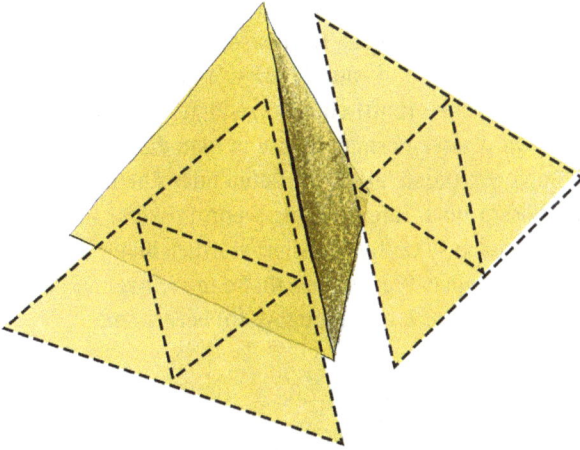

Abbildung A2.2: Tetraeder mit Wertqualitäten als wahrnehmbare Oberflächen.

materiellen Dispositionen, die sie ermöglichen, integrieren sollte. In Platons Timaios wird der Oktaeder mit dem Element Luft in Verbindung gebracht. Timaios sagt: „… zwei Teilchen des Feuers verbinden sich zu einer Figur der Luft" (S. 205 in 57a [Plato, 1888]). Sind zwei Kernwerte (Feuer) eine ideale Zahl für eine Softwarekomponente? Dies ist eine offene Frage. Luft, gleichgesetzt mit Software, wird in diesem Buch als Oktaeder und in Rot dargestellt.

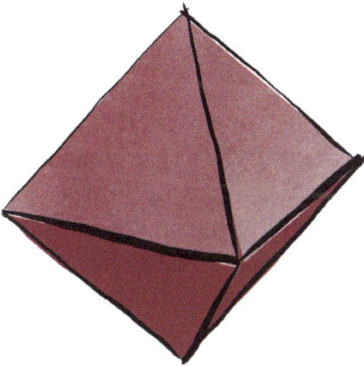

Abbildung A2.3: Oktaeder: Software.

Luft bewegt und formt Wasser. Analog dazu bewegt und formt Software [Luft] Daten [Wasser]. Je nachdem, wie Software konfiguriert ist, werden Daten unterschiedlich „bewegt". Daten, wie sie sich in Computersystemen manifestieren, werden also von der Softwareverarbeitung beeinflusst, die sie durchlaufen haben, und werden von den in der Software eingebetteten Wertqualitäten beeinflusst. Aus diesem Grund wird das Ikosaeder als Symbol für Daten in VBE verwendet (Abbildung A2.4a). Ein Ikosaeder ist der platonische Körper für Wasser. Die Idee ist hier, dass Daten fließen wie Wasser. Außerdem sagt Timaios: „Wenn die Luft durchlaufen und zerteilt ist, wird aus zwei ganzen und einem halben Teilchen [Luft] eine ganze Figur des Wassers gebildet" (S. 203 in 57a [Plato, 1888]). Da Wasser normalerweise in Blau dargestellt wird, wird die Farbe Blau in diesem Buch zur Darstellung von Daten oder Fakten verwendet. Darüber hinaus werden in diesem Buch immer dann, wenn Prozesse oder Entscheidungen als rein rational oder datengesteuert visualisiert werden, blaue Elemente im Bild verwendet; zum Beispiel, als Thomas Watson von IBM den weltweiten Bedarf an Computern ganz rational auf drei (Kapitel 7, Abbildung A2.4b) berechnete.

Abbildung A2.4a: Ikosaedere = Daten.   **Abbildung A2.4b:** Von Daten inspirierte Gedanken am Beispiel Thomas Watson.

Ideen, Software und Daten kommen in einem SOI zusammen. Ein System wird in VBE durch ein Dodekaeder symbolisiert. In Platons Timaios stellt das Dodekaeder das „Universum" (S. 197, in 55 c [Plato, 1888]) dar (Abbildung A2.5), und in der Tat ist ein SOI oft mit einem kleinen Universum vergleichbar. So wie das Mischen der Farben Gelb, Rot und Blau Grün ergibt, werden die Systeme, die abstrakt durch das Dodekaeder dargestellt werden, in Grün gezeichnet.

Schließlich gibt es noch den Würfel als Körper. Vier gleichschenklige Dreiecke (Wertpotenziale) bilden eine von sechs Seiten eines Würfels. Der Würfel steht in Platons Philosophie für das Element Erde. Und die Erde ist braun. In diesem Buch ist die Erde (Würfel) immer der Ausgangspunkt für ein SOI (Abbildung A2.6). Eine sichtbare braune Fläche (eine sichtbare Würfelfläche) ist symbolisch für die „Erde", in die neuen Wertvorstellungen (Feuer) eingefügt werden. Das Element Erde entspricht auch der Analogie eines Gartens, auf die im gesamten Buch angespielt wird. Wertvorstellungen werden in die Erde gepflanzt. Vermischt mit Luft (Software) und Wasser

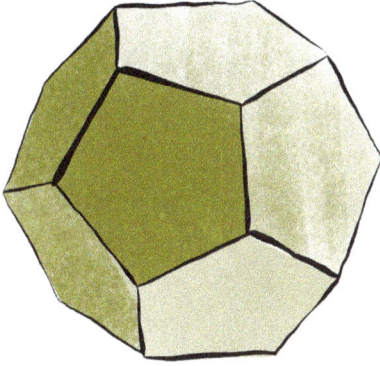

Abbildung A2.5: Dodekaeder = SOI.

(Daten) entsteht etwas Neues, oder wie Platon schreibt: „Wenn die Erde mit dem Feuer zusammentrifft und sich durch dessen Schärfe auflöst, würde sie sich verschieben, ob sie nun im Feuer selbst oder in einer Masse von Luft oder Wasser aufgelöst würde, bis die Teile, sich treffen und wieder vereinigt werden, wieder zu Erde werden" (S. 203 in 56d [Plato, 1888]).

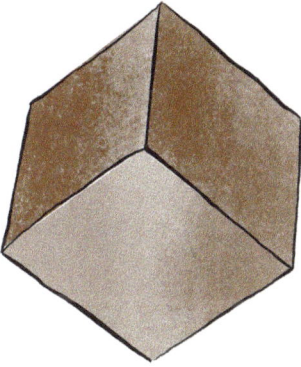

Abbildung A2.6: Würfel = Rohe Erde zu Beginn eines Projekts.

Literaturverzeichnis

Aboujaoude, E. (2012). *Virtually You – The Dangerous Powers of the E-Personality*. New York, London: W.W. Norton & Company.

Ahmed, P., & Shepherd, C. (2012). *Innovation Management*. New York: Financial Times/Prentice Hall.

Arendt, H. (1965 [2006]). *Eichmann in Jerusalem: A Report on the Banality of Evil*. New York: Penguin Classics.

Aristotle. (2000). *Nichomachean Ethics* (R. Crisp, Trans.). Cambridge: Cambridge University Press.

Aumayr-Pintar, C., Cerf, C., & Parent-Thirion, A. (2018). *Burnout in the Workplace: A Review of Data and Policy Responses in the EU*. Retrieved from Luxembourg.

Baldwin, C. Y., & von Hippel, E. A. (2011). Modeling a paradigm shift: From producer innovation to user and open collaborative innovation. *Organization Science, 22*(6), 1399–1417. doi:10.1287/orsc.1100.0618.

Bednar, K., & Spiekermann, S. (2021). On the power of ethics: How value-based thinking fosters creative and sustainable IT innovation *Working Paper:* https://bach.wu-wien.ac.at/d/research/results/ris/export/97385/.

Bednar, K., & Spiekermann, S. (2022). Eliciting values for technology design with moral philosophy: An empirical exploration of effects and shortcomings. Science, Technology, & Human Values, forthcoming.

Bednar, K., Spiekermann, S., & Langheinrich, M. (2019). Engineering privacy by design: Are engineers ready to live up to the challenge? *Information Society, 35*(3), 122–142. doi:10.1080/01972243.2019.1583296.

Berenbach, B., & Broy, M. (2009). Professional and ethical dilemmas in software enginneering. *IEEE Computer*, (1), 74–80. doi:10.1109/MC.2009.22.

Biesecker, A., & Kesting S. (2003). Mikroökonomik – Eine Einführung aus sozial-ökologischer Perspektive. Berlin/Boston: DeGruyter.

Black, J., & Baldwin, R. (2010). Really responsive risk-based regulation. *Law & policy, 32*(2), 181–213. doi:10.1111/j.1467-9930.2010.00318.x.

Boehm, B. W. (1988). A spiral model of software development and enhancement. *IEEE Computer Society Press, 21*(5), 61–72. doi:10.1109/2.59.

Bradonjic, P., Franke, N., & Lüthje, C. (2019). Decision-makers' underestimation of user innovation. *Research Policy, 48*(6), 1354–1361. doi:10.1016/j.respol.2019.01.020.

Brown, T. (2008). Design thinking. *Harvard Business Review, 86*(6), 84–92.

BSI (Bundesamt für Sicherheit in der Informationstechnik). (2008). Risk analysis on the basis of IT-Grundschutz. Bonn.

Cambridge Dictionary (Ed.) (2014). Cambridge Dictionariy. Cambridge University Press.

Catelluccia, C., & Le Métayer, D. (2019). *Understanding algorithmic decision-making: Opportunites and challenges*. Research Report.

Christensen, C. M., Raynor, M. E., & McDonald, R. (2015). What is disruptive innovation? *Harvard Business Review, 93*(12), 44–53. Retrieved from https://hbr.org/2015/12/what-is-disruptive-innovation.

Christl, W. (2017). *Corporate Surveillance in Everyday Life – How Companies Collect, Combine, Analyze, Trade, and Use Personal Data on Billions*. Retrieved from Vienna: http://crackedlabs.org/dl/CrackedLabs_Christl_CorporateSurveillance.pdf.

Cooper, R. G. (2008). Perspective: The stage-gate ideal-to-launch process – Update, what's new, and nexgen systems. *Journal of Product Innovation, 25*(3), 213–232. doi:10.1111/j.1540-5885.2008.00296.x.

Duby, G. (1983). *The Age of the Cathedrals: Art and Society, 980–1420*. Chicago: University of Chicago Press.

Eco, U. (2010) History of Beauty. New York: Rizzoli.

Charter of Fundamental Rights of the European Union, (2012).

EU Commission. (2021). Artificial Intelligence Act. In *COM(2021) 206 final*, edited by EU Commission. Brussels: EU Commission.

https://doi.org/10.1515/9783111633930-011

EU Commission. (2016). Regulation (EU) 2016/679 of the European parliament and of the council of 27 April 2016 on the protection of natural persons with regard to the processing of personal data and on the free movement of such data, and repealing Directive 95/46/EC (General Data Protection Regulation), L119/1 C.F.R. (2016).

Feser, E. (2013). Kurzweil's phantasms – a review of how to create a mind: The secret of human thought revealed. *First Things*. Retrieved from https://www.firstthings.com/article/2013/04/kurzweils-phantasms.

Frankena, W. (1973). *Ethics* (2nd ed.). New Jersey, USA: Prentice-Hall.

Frauenberger, C. (2019). Entanblement HCI The Next Wave? *ACM Transactions on Computer Human Interaction (TOCHI)*, *27*(1), 1–27. doi:10.1145/3364998.

Friedman, B., & Hendry, D. (May, 2012a). *The Envisioning Cards: A Toolkit for Catalyzing Humanistic and Technical Imaginations*. Paper presented at the Computer Human Interaction (CHI), Austin, Texas, USA.

Friedman, B., & Hendry, D. (2012b). *The envisioning cards: a toolkit for catalyzing humanistic and technical imaginations*. Paper presented at the Conference on Human Factors in Computing Systems, New York, NY, USA.

Friedman, B., & Hendry, D. G. (2019). *Value Sensitive Design: Shaping Technology with Moral Imagination*. Mit Press.

Friedman, B., & Kahn, P. (2003). Human values, ethics, and design. In J. Jacko & A. Sears (Eds.), *The Human-Computer Interaction Handbook* (pp. 1177–1201). Mahwah: NY, USA: Lawrence Erlbaum Associates.

Fromm, E. (1976). To have or to be. New York: Harper & Row.

Fuchs, T. (2017). *Ecology of the Brain*. Oxford: Oxford University Press.

Fuchs, T. (2020). *Verteidigung des Menschen – Grundfragen einer verkörperten Anthropologie* (2. Auflage ed.). Berlin: Suhrkamp Verlag.

Fusaro, R. (2004). None of our business. *Harvard Business Review*, *82*(12), 33–44.

Gibson, J. J. (1986 [1979]). *The Ecological Approach to Visual Perception*. Hillsdale, NJ: Erlbaum.

Gotterbarn, D., & Rogerson, S. (2005). Responsible risk analysis for software development: creating the software development impact assessment. *Communications of the Association of Information Systems*, *15*, 730–750. doi:10.17705/1CAIS.01540.

Grunwald, A. (2017). "Responsible Research and Innovation (RRI): Limits to Consequentialism and the Need for Hermeneutic Assessment." In The Future Information Society: Social and Technological Problems, edited by Wolfgang Hofkirchner and Mark Burgin, 139–152. Singapore: World Scientific.

Habermas, J. (1985). *The Theory of Communicative Action Vol 1: Reason and the Rationalization of Society*. London: Beacon Press.

Hammad, M., Inayat, I., & Zahid, M. (2019). *Risk Management in Agile Software Development: A Survey*. Paper presented at the 2019 International Conference on Frontiers of Information Technology (FIT), Islamabad, Pakistan.

Hao, K. (January 21st, 2019). AI is sending people to jail – and getting it wrong. *MIT Technology Review*. Retrieved from https://www.technologyreview.com/2019/01/21/137783/algorithms-criminal-justice-ai/.

Harari, Y. N. (2017). *Homo Deus: A Brief History of Tomorrow*. Harper Perennial.

Hartmann, N. (1932). *Ethics*. London: George Allen & Unwin.

Hartmann, N. (1953). *New Ways of Ontology* (R. C. Kuhn, Trans.). Chicago: Henry Regnery Company.

Hausschildt, J. (2004). *Innovationsmanagement* (3rd ed.). Munich, Germany: Verlag Vahlen.

HLEG of the EU Commission. (2020). *Assessment List for Trustworthy AI (ALTAI)*. Retrieved from Brussels: https://ec.europa.eu/newsroom/dae/document.cfm?doc_id=68342.

Hobbs, D. (2017). *Investigations of Worth: Towards a Phenomenology of Values*. (PhD). Marquette University, Milwaukee, Wisconsin. Retrieved from https://epublications.marquette.edu/cgi/viewcontent.cgi?article=1751&context=dissertations_mu.

Hoff, J. (2021). *Verteidigung des Heiligen – Anthropologie der digitalen Transformation*. Freiburg: Herder.

Hoffer, J. A., George, J. F., & Valacich, J. S. (2002). *Modern Systems Analysis and Design* (3rd ed.). New Jersey, USA: Prentice Hall.

Husserl, E. (1908–1914 [1988]). Vorlesungen über Ethik und Wertlehre. In U. Melle (Ed.), *Husserliana Band XXVIII*. Dodrecht: Kluwer Academic Publishers.

IEEE. (2021a). IEEE 7000 – Model Process for Addressing Ethical Concerns During System Design. In Piscataway: IEEE Computer Society.

IEEE. (2021b). IEEE Standard for an Age Appropriate Digital Services Framework Based on the 5Rights Principles for Children. In New York: IEEE Consumer Technology Society.

Ihde, D., & Malafouris, L. (2019). Homo faber revisited: Postphenomenology and material engagement theory. *Philosophy & Technology, 32*, 195–214. Retrieved from https://link.springer.com/article/10.1007/s13347-018-0321-7.

Introna, L. (2009). Ethics and the speaking of things. *Theory, Culture & Society, 26*(4), 25–46. doi:10.1177/0263276409104967.

Isaacson, W. (2011). *Steve Jobs: A Biography*. New York: Simon & Schuster.

ISO. (2008). ISO/IEC 27005 Information technology – Security techniques – Information Security Risk Management. In (Vol. ISO/IEC 27005:2008): International Organization for Standardization.

ISO. (2014). ISO/IEC 27000 Information technology – Security techniques – Information security management systems – Overview and vocabulary. In (Vol. ISO/IEC 27000:2014): International Organization for Standardization.

ISO. (2015). ISO/IEC/IEEE 15288: Standard on Systems and software engineering – System life cycle processes. In (Vol. ISO/IEC/IEEE 15288:2015(E), pp. 1–118). Geneva, New York: ISO/IEC.

ISO/IEC. (2006). Systems and software engineering – Life cycle processes – Risk management. In (Vol. ISO/IEC 16085:2006[E]). Geneva: Software & Systems Engineering Standards Committee of the IEEE Computer Society.

ISO/IEC. (2018). ISO/IEC 29101: Information Technology – Security techniques – Privacy architecture framework. In I. I. J. S. 27 (Ed.), (Vol. ISO/IEC 29101:2018[E]): DIN Deutsches Institut für Normung e.V.

ISO/IEC/IEEE. (2017). ISO/IEC/IEEE 12207: 2017, Systems and software engineering – software life cycle processes. In.

Jobin, A., Ienca, M., & Vayena, E. (2019). The global landscape for AI ethics guidelines. *Nature – Machine Intelligence, 1*, 389–399. doi:10.1038/s42256-019-0088-2.

Kant, I. (1785/1999). Groundwork for the metaphysics of morals (M. J. Gregor, Trans.). In M. J. Gregor & A. W. Wood (Eds.), *Practicle Philosophy*. New York: Cambridge University Press.

Kelly, E. (2011). *Material Ethics of Value: Max Scheler and Nikolai Hartmann* (Vol. 203). Heidelberg London New York: Springer.

Klenk, M. (2019). Moral philosophy and the 'ethical turn' in anthropology. *Zeitschrift für Ethik und Moralphilosophie, 2*, 331–353.

Klenk, M. (2021). "How Do Technological Artefacts Embody Moral Values." Philosophy & Technology 34:525–544. doi: 10.1007/s13347-020-00401-y.

Kluckhohn, C. (1962). Values and value-orientations in the theory of action: An exploration in definition and classification. In T. Parsons, E. A. Shils, & N. J. Smelser (Eds.), *Toward a General Theory of Action* (pp. 388–433). Cambridge, Massachussetts: Transaction Publishers.

Krafft, T. D., Zweig, K. A., & König, P. D. (2020). How to regulate algorithmic decision-making: A framework of regulatory requirements for different applications. *Regulation & Governance*. doi:10.1111/rego.12369.

Krasnova, H., Widjaja, T., Buxmann, P., Wenninger, H., & Benbasat, I. (2015). Research note – why following friends can hurt you: An exploratory investigation of the effects of envy on social networking sites among college-age users. *Information Systems Research, 26*(3), 585–605. doi:10.1287/isre.2015.0588.

Laakasuo, M., Drosinou, M., Koverola, M., Kunnari, A., Halonen, J., Lehtonen, N., & Palomäki, J. (2018). What makes people approve or condemn mind upload technology? Untangling the effects of sexual disgust, purity and science fiction familiarity. *Nature, 4*(84). doi:10.1057/s41599-018-0124-6.

Lahlou, S., Langheinrich, M., & Röcker, C. (2005). Privacy and trust issues with invisible computers. *Communications of the ACM, 48*(3), 59–60. doi:10.1145/1047671.1047705.

Lanier, J. (2011). *You are not a Gadget: A Manifesto.* London: Penguin Books.

Le Dantec, Christopher A., Erika Shehan poole, and Susan P. Wyche, 2009. "Values as Lived Experience: Evolving Value Sensitive Design in Support of Value Discovery." Computer Human Interaction (CHI) Conference, Boston, MA, April 7th 2009.

Liao, S. (2018). Amazon warehouse workers skip bathroom breaks to keep their jobs, says report. *The Verge.* Retrieved from https://www.theverge.com/2018/4/16/17243026/amazon-warehouse-jobs-worker-conditions-bathroom-breaks.

MacIntyre, A. (1984). *After Virtue: A Study in Moral Theory* (2nd ed.). Notre Dame, Indiana: University of Notre Dame Press.

Makena, K. (2019). Google hired microworkers to train its controversial Project Maven AI. Retrieved from https://www.theverge.com/2019/2/4/18211155/google-microworkers-maven-ai-train-pentagon-pay-salary.

Maslow, A. (1970). *Motivation and Personality* (2nd ed.). New York: Harper & Row Publishers.

Mingers, J., & Walsham, G. (2010). Toward ethical information systems: The contribution of discourse ethics. *MIS Quarterly, 34*(4), 833–854. doi:10.2307/25750707.

Moody, D. L. "The "Physics" of Notations: A Scientific Approach to Designing Visual Notations in Software Engineering." IEEE Transactions on Software Engineering 35 (6):756–779. doi: 10.1109/TSE.2009.67.

Mumford, E. (2000). A socio-technical approach to systems design. *Requirements Engineering, 5*(2), 125–133. doi:10.1007/PL00010345

Munn, L. (2020). Angry by design: Toxic communication and technical architectures. *Humanities and Social Sciences Communications, 7*, 53. doi:10.1057/s41599-020-00550-7.

Nagel, T (1986). The View from Nowhere. New York Oxford: Oxford University Press.

Naoe, K. (2008). Design culture and acceptable risk. In P. E. Vermaas, P. Kroes, A. Light, & S. A. Moore (Eds.), *Philosophy and Design – From Engineering to Architecture* (pp. 119–130). Miton Keynes UK: Springer Science + Business Media.

NIST. (2013). *NIST 800-53: Security and Privacy Controls for Federal Information Systems and Organizations.* Gaithersburg, MD: U. S. Department of Commerce.

Noe, A. (2005). *Action in Perception.* Cambridge: MIT Press.

Nonaka, I., & Takeuchi, H. (1995). *The Knowledge Creating Company: How Japanese Companies Create the Dynamics of Innovation.* London: Oxford University Press.

Nonaka, I., & Takeuchi, H. (2011). The wise leader. *Harvard Business Review, 89*(5), 58–67.

Norman, D. A. (1988). *The Psychology of Everyday Things.* New York, USA: Basic Books.

Oetzel, M., & Spiekermann, S. (2013). A systematic methodology for privacy impact assessments: a design science approach. *European Journal of Information Systems, 23*(2), 126–150. doi:10.1057/ejis.2013.18.

Orlowski, J. (Writer). (2021). The Social Dilemma. In E. Labs (Producer).

Osterwalder, A., & Pigneur, Y. (2010). *Business Model Generation: A Handbook for Visionaries, Game Changers, and Challengers.* Hoboken, New Jersey, USA: John Wiley & Sons.

Plato. (1888). *The Timaios of Plato.* New York: MacMillan and Co.

Polanyi, M. (1974). *Personal Knowledge: Towards a Post-Critical Philosophy.* Chicago: University Of Chicago Press.

Porter, M., & Kramer, M. R. (2011). Creating shared value. *Harvard Business Review, 89*(1–2), 62–77.

Pruitt, J., & Grudin, J. (2003). *Personas: Practice and Theory.* Paper presented at the Conference on Designing for user experiences (DUX'03), San Francisco, California, USA.

Rogers, E. (1995). *Diffusion of Innovations* (4th ed.). New York, USA: The Free Press.

Ronnow-Rassmussen, T. (2015). Intrinsic and extrinsic value. In I. Hirose & J. Olson (Eds.), *The Oxford Handbook of Value Theory* (pp. 29–43). New York: Oxford University Press.

Ross, W. D. (1930). *The Right and the Good*. Oxford: Oxford University Press.

Saffron H. et al. (2025). Values in the Wild: Discovering and Analyzing Values in Real-World Language Model Interactions; under review: doi: 10.48550/arXiv.2504.15236; URL last visited 16th of July 2025.

Sagoff, M. (1986). Values and preferences. *Ethics, 96*(2), 301–316. doi:10.1086/292748.

Scheler, M. (1921 [1973]). *Formalism in Ethics and Non-formal Ethics of Values: A New Attempt Toward the Foundation of an Ethical Personalism*. USA: Northwestern University Press.

Scheler, M. (1921 [2007]). *Der Formalismus in der Ethik und die Materiale Wertethik – Neuer Versuch der Grundlegung eines ethischen Personalismus* (2. unveränderte Auflage ed.). Halle an der der Saale: Verlag Max Niemeyer.

Scholtes, J. (August 17th, 2015). Price for TSA's failed body scanners: $160 million. *POLITICO*.

Schönpflug, U. (1998). Bedürfnis. In *Historisches Wörterbuch der Philosophie* (Vol. 1, pp. 765–771). Deutschland: Schwabe Verlag.

Schwab, K. (2017). *The Fourth Industrial Revolution*. New York: Currency.

SDSN. (2022). *World Happiness Report 2022*. Retrieved from New York: http://worldhappiness.report/.

Technical Guidelines for the Secure Use of RFID, (2008).

Shanafelt, T., West, C., Sinsky, C., Trockel, M., Tutty, M., Satele, D., Carlasare, L. E., Dyrbye, L. (2019). *Changes in Burnout and Satisfaction With Work-Life Integration in Physicians and the General US Working Population Between 2011 and 2017*.

Shilton, K. (2013). Values levers: Building ethics into design. *Science, Technology & Human Values, 38*(3), 374–397. doi:10.2307/23474474.

Skelton, A. (2012). William David Ross. In *The Stanford Encyclopedia of Philosophy*. Stanford: The Metaphysics Research Lab.

Sommerville, I. (2016). *Software Engineering* (10th ed.). International: Addison Wesley Pub Co Inc.

Spiekermann, S. (2012). Privacy-by-design and airport screening systems. Retrieved from https://www.derstandard.at/story/1331779737264/privacy-by-design-and-airport-screening-systems.

Spiekermann, S. (2016). *Ethical IT Innovation – A Value-based System Design Approach*. New York, London and Boca Raton: CRC Press, Taylor & Francis.

Spiekermann, S. (2019). *Digitale Ethik – Ein Wertesystem für das 21. Jahrhundert*. Munich: Droemer.

Spiekermann, S. (2020). Human intelligence vs. artificial intelligence: On the unethical effects of false anthropomorphism. In A. C. f. R. a. T. Development (Ed.), *Ethical Challenges in the Age of Digtial Change*. Wien.

Spiekermann, S. (2021a). Value-based Engineering: Prinzipien und Motivation für bessere IT Systeme. *Informatik Spektrum, 44*, 247–256. Retrieved from https://link.springer.com/article/10.1007/s00287-021-01378-4?wt_mc=Internal.Event.1.SEM.ArticleAuthorAssignedToIssue&utm_source=ArticleAuthorAssignedToIssue&utm_medium=email&utm_content=AA_en_06082018&ArticleAuthorAssignedToIssue_20210831.

Spiekermann, S. (2021b). Zum Unterschied zwischen künstlicher und menschlicher Intelligenz und den ethischen Implikationen der Verwechselung. In K. Mainzer (Ed.), *Philosophisches Handbuch Künstliche Intelligenz* (pp. 1–20). München: Springer Verlag.

Spiekermann, S., Korunovska, J., & Langheinrich, M. (2018). Inside the organization: Why privacy and security engineering is a challenge for engineers. *Proceedings of IEEE, 107*(3), 1–16. doi:10.1109/JPROC.2018.2866769.

Spiekermann, S., Winkler, T., & Bednar, K. (2019). A telemedicine case study for the early phases of value based engineering. In I. f. I. a. Society (Ed.), (Vol. 1). Vienna: Vienna University of Economics and Business.

Taatgen, N. A., & Lee, F. J. (2003). Production compilation: A simple mechanism to model complex skill acquisition. *Human Factors, 45*(1), 61–76. doi:10.1518/hfes.45.1.61.27224.

Thieme, S. (2024). Wohlstand - Ideengeschichtliche Positionen von der Frühgeschichte bis heute. Opladen & Toronto 2024: Verlag Barbara Budrich.

Tiku, N. (June 11th, 2022). The Google engineer who thinks the company's AI has come to life. *The Washington Post*. Retrieved from https://www.washingtonpost.com/technology/2022/06/11/google-ai-lamda-blake-lemoine/.

Transatlantic Reflection Group. (2021). In Defence of Democracy and the Rule of Law in the Age of "Artificial Intelligence". In T. F. Society (Ed.). Online: Transatlantic Reflection Group, on Democracy and the Rule of Law in the Age of "Artificial Intelligence".

Ulrich, W. (2000). Reflective practice in the civil society: The contribution of critically systemic thinking. *Reflective Practice, 1*(2), 247–268. doi:10.1080/713693151.

Vallor, S. (2016). *Technology and the Virtues – A Philosophical Guide to a Future Worth Wanting*. New York: Oxford University Press.

van de Poel, I. (2018). Design for value change. *Ethics and Information Technology, 23*, 27–31.

van de Poel, I., & Kroes, P. (2014). Can technology embody values. In P. Kroes & P.-P. Verbeek (Eds.), *The Moral Status of Technical Artefacts* (pp. 103–124). Delft: Springer.

Vasari, G. (1987). *Lives of the Artists* (Vol. 1). New York: Oxford University Press.

Venkatesh, V., Morris, M. G., Davis, G. B., & Davis, F. (2003). User acceptance of information technology: Toward a unified view. *MIS Quarterly, 27*(3), 425–478. doi:10.2307/30036540.

Verbeek, P.-P. (2016). Toward a theory of technological mediation – a program for postphenomenological research. In J. K. Berg, O. Friis, & R. C. Crease (Eds.), *Technoscience and Postphenomenology: The Manhatten Papers* (pp. 184–204). London: Lexington Books.

von Ehrenfels, C. (1890). Über Gestaltqualitäten. *Vierteljahresschrift für wissenschaftliche Philosophie, 4*, 249–292.

Wittgenstein, L. (1993). Cause and effect: Intuitive awareness. In J. C. Klagge & A. Nordmann (Eds.), *Philosophical Occasions* (pp. 1912–1951). Indianapolis: Hacket.

Wurzman, R., Hamilton, R. H., Pascual-Leone, A., & Fox, M. D. (2016). An open letter concerning do-it-yourself users of transcranial direct current stimulation. *Annals of Neurology, 80*(1), 1–4. doi:10.1002/ana.24689.

Zuboff, S. (2018). Big other: Surveillance capitalism and the prospects of an information civilization. *Journal of Information Technology, 30*, 75–89. doi:10.1057/jit.2015.5.

Zuboff, S. (2019). *The Age of Surveillance Capitalism: The Fight for a Human Future at the New Frontier of Power*. New York: Public Affairs.

Endnoten

1 Eine potenziell falsche Annahme der engen ökonomischen Sichtweise des Wertes ist, dass Wohlbefinden, Nachhaltigkeit der natürlichen Ressourcen usw. immer in Geldwert konvertierbar sind. Dies ist jedoch schwierig, denn hohe Werte wie Freiheit oder Würde sind unbezahlbar und können kaum gehandelt werden.

2 Laut dem Informationsportal statista https://www.statista.com/statistics/1310597/virtual-reality-use-frequency-us/ sind 3 % täglich in virtuellen Welten, was bei ca. 320 Millionen US-Einwohnern auf ca. 10 Millionen hochrechnet. 6 % sind mehrfach wöchentlich in VR.

3 https://www.theguardian.com/lifeandstyle/2019/aug/21/cellphone-screen-time-average-habits.

4 Im Jahr 2024 wurden beispielsweise allein im Jahr 2024 in den USA 1.728.519.397 „data breaches" gemeldet: https://www.hipaajournal.com/1-7-billion-individuals-data-compromised-2024/ (24.03.2025).

5 https://www.upguard.com/blog/cost-of-data-breach.

6 Bei der Verwendung klassischer Maschinen haben wir uns daran gewöhnt, dass sie zwar kaputtgehen können, aber solange sie nicht kaputt sind, arbeiten sie sehr zuverlässig und weitgehend fehlerfrei. Wir gehen fälschlicherweise davon aus, dass dies auch bei digitalen Systemen der Fall ist. Es ist nicht verwunderlich, dass ein großer Teil der Entwicklung von Software-Systemen auf eine Aktivität namens „Debugging" verwendet wird. In der klassischen Luftfahrt zum Beispiel verbringen Software-Ingenieure nur drei von 24 Monaten mit dem Schreiben von neuem Programmcode. Der Rest wird für Tests und Fehlersuche verwendet. Das Ergebnis solcher Debugging-Prozesse ist eine offizielle Fehlerquote, die ein Qualitätsmerkmal einer Software ist. Bei der Entwicklung eines Systems für Hochsicherheitsbereiche, wie zum Beispiel im Bereich der Luftfahrttechnik oder bei Krankenhaussystemen, streben die Hersteller jeweils weniger als 0,5 Fehler pro 1.000 Zeilen Code an. Und inzwischen gibt es auch Methoden, wie das modellbasierte Design von Software, die das Erreichen solch niedriger Fehlerraten einfacher und schneller machen. Aber diese beruhigend niedrige Fehlerquote sollte uns nicht den Blick für die Realität verstellen, konkret dass komplexe Systeme Millionen von Codezeilen enthalten. Ein hochdigitalisiertes Auto zum Beispiel kann bis zu 100 Millionen Codezeilen enthalten. 0,5 Fehler pro 1.000 Codezeilen bedeuten also 50.000 Fehler.

7 https://vbe.academy/

8 Zwischen 2014 und 2015 ist die Zahl der jährlich weltweit angemeldeten Patente laut der Weltorganisation für geistiges Eigentum von 2,7 auf 2,9 Millionen gestiegen: http://www.wipo.int/portal/en/ (24.03.2025).

9 In https://www.ganttic.com/blog/why-do-projects-fail-miserably (24.03.2025) werden verschiedene Quellen für diese Zahl zitiert, die von 25% bis 83% (zumindest teilweise oder ganz erfolglos) reichen.

10 https://www.investopedia.com/articles/personal-finance/040915/how-many-startups-fail-and-why.asp (24.03.2025).

11 Die Verwendung des Wortes „Design" ist zweideutig. Es gibt eine Design-Phase im Lebenszyklus der Systementwicklung. Dies ist jedoch nicht das, was Grafikdesigner, Architekten, Künstler usw. unter diesem Begriff verstehen. Sie verstehen unter „Design" wahrscheinlich eine Ansammlung von Skizzen, während ein Ingenieur unter „Design" ein viel detaillierteres Maschinenmodell (wie ein UML Aktivitätsdiagramm oder ein Prozessmodell) verstehen würde.

12 Entscheidend in einem solch schwierigen Entscheidungsraum ist es, ein inneres Gespür für das zu bewahren, was Evagrius Ponticus (345–399) „Apatheia" genannt hätte; das heißt, sich nicht von vornherein zu einer Seite hinreißen zu lassen, sondern zuzuhören und zu versuchen zu verstehen, was in diesem Zusammenhang ein wertvoller Weg sein kann, wobei die Ansichten offen gegeneinander abgewogen werden sollten.

13 Die Friedman-Doktrin wird immer noch von vielen Unternehmen diskutiert, die sich in der Praxis an ihr orientieren. Doch selbst konservative Medien haben begonnen, sich von ihr abzuwenden. *Der*

https://doi.org/10.1515/9783111633930-012

Economist stellte 2016 fest, dass die Konzentration auf den kurzfristigen Shareholder Value „zu einem Freibrief für schlechtes Verhalten geworden ist, einschließlich knauseriger Investitionen, exorbitanter Gehälter, hoher Verschuldung, dummer Übernahmen, buchhalterischer Tricksereien und einer Begeisterung für Aktienrückkäufe, die sich in Amerika auf 600 Milliarden Dollar pro Jahr belaufen." Im Jahr 2019 haben einflussreiche Wirtschaftsgruppen wie das Weltwirtschaftsforum und der Business Roundtable ihr Leitbild aktualisiert und die Friedman-Doktrin zugunsten des „Stakeholder-Kapitalismus" aufgegeben (zumindest auf dem Papier, wenn auch nicht in der Praxis).

14 Beachten Sie, dass hier der Begriff „Blöcke" verwendet wird. Es könnte auch von drei „Stufen" oder „Phasen" der Systementwicklung gesprochen werden. Diese Begriffe werden jedoch vermieden, da die Systemtechnik lange Zeit von einem sequentiellen „Systementwicklungs-Lebenszyklus"- Denken, wie dem Wasserfallmodell, beherrscht wurde, das heute als zu starr und schwerfällig für Technologieprojekte empfunden wird. Stattdessen sind hochgradig iterative und agile Formen der Systemanalyse, des Designs und der Implementierung zur Industrienorm geworden, die sich von der Art des Sequenzdenkens entfernen, das durch Worte wie „Stufen" oder „Phasen" signalisiert wird.

15 Beachten Sie, dass Wertqualitäten in der IEEE 7000™ als „Wertdemonstratoren" bezeichnet werden.

16 Beachten Sie, dass der Begriff „konzeptionelle Analyse" von wertorientierten Designern wie Batya Friedman (Friedman & Kahn, 2003), die diese Analyse seit langem fördert und verwendet, als wichtig erkannt wurde.

17 Dieser letzte Prozess der Validierung, Überwachung und Iteration wird in IEEE 7000™ nicht besonders ausführlich behandelt. Hier weicht Value-Based Engineering von der Norm ab, indem es mehr Anleitungen zum risikobasierten Design für hochsensible Systeme bietet.

18 In seinem Übersichtsartikel über „Entanglement HCI" zitiert Chris Frauenberger (Introna, 2009) und schreibt: „Menschen und Dinge sind ‚ontologisch von Anfang an untrennbar'" (Frauenberger, 2019).

19 Der IEEE 7000™-Standard definiert eine Wertdisposition in Übereinstimmung mit dieser Sichtweise als „eine Systemeigenschaft, die einen oder mehrere Werte ermöglicht oder hemmt" (S. 23 in IEEE, 2021a).

20 Mark Sagoff stellt klar, dass die Verwendung des Wortes „Subjekt" oder „Intersubjektivität" nicht mit einer individuellen (subjektivistischen) Auffassung gleichzusetzen ist. Er schreibt: „Wenn Sie und ich zum Beispiel denselben Tisch wahrnehmen, sind unsere Wahrnehmungen als Akte von Geisteszuständen subjektiv; das Wahrgenommene, der ‚Inhalt' des Wahrnehmungsakts, existiert jedoch objektiv, als das, was wir beide sehen. Obwohl also Wahrnehmungsakte subjektiv sind, ist das wahrgenommene Objekt intersubjektiv und gehört zu einer Welt, die nicht meine oder Ihre ist, sondern unsere in einem erkenntnistheoretischen Sinne" (S. 314 in Sagoff, 1986).

21 Beachten Sie außerdem, dass Wertqualitätsgestalten mentale Bewusstseinsobjekte sind, die die Potenzialitäten der physischen Entitäten, die sie tragen, aktualisieren. Sie befinden sich ontologisch auf einer höheren „Ebene" als die Wertdispositionen. Diejenigen, die sich philosophisch mit der geschichteten Ontologie des Lebens befasst haben, haben gezeigt, wie sich die Realität aus verschiedenen Schichten zusammensetzt und wie höhere Schichten Eigenschaften tragen, die niedrigere Schichten nicht besitzen (Hartmann, 1953). Nehmen Sie das Beispiel des Körpers einer Fliege, das Wittgenstein weiter ausführt. Er macht deutlich, dass jedes normale Lebewesen in der Lage ist zu erkennen, dass der Körper einer toten Fliege sich von dem einer lebenden Fliege unterscheidet. Der Unterschied besteht darin, dass der Wert des „Lebens" die Potenziale der zugrundeliegenden Materie aktualisiert, die nicht gewogen, berührt, kombiniert oder auf Newtonsche Weise zu etwas gebracht werden können. Das Leben aktualisiert eine zusätzliche „Schicht" zur darunter liegenden Materie, wie Nicolai Hartmann es ausdrückt, und diese Schicht hängt zwar von den Eigenschaften der darunter liegenden materiellen Schicht ab, enthält aber dennoch Eigenschaften, die die darunter liegende Schicht nicht hat (Hartmann, 1953).

22 Beachten Sie, dass diese geistigen Wertqualitäten oder Phänomene, die dem menschlichen Bewusstsein zur Verfügung stehen, nicht physisch sind. Wie Edmund Husserl schrieb: „Der Wert ist kein Wesen, der Wert ist etwas, das sich auf das Sein oder Nicht-Sein bezieht, aber er gehört in eine andere Dimension" (S. 340 in Husserl, 1908–1914 [1988]). Unabhängig von ihrer realen Beschaffenheit sind diese beiden Wertschichten jedoch objektiv gegeben. Auch wenn die Wertebenen nicht physisch greifbar oder sichtbar sind, haben wir den Werten Namen gegeben. Und wie könnten Menschen dem Nichtexistenten einen Namen geben? Die Art und Weise, wie sie gegeben werden, ist jedoch als „prätheoretischer Grund" in einer Urteilssituation (S. 59 in Hobbs, 2017). Nur wenn es nötig ist, können sie „nachverstanden" werden (S. 65 in Hobbs, 2017). Beachten Sie, dass es in den kognitiven Neurowissenschaften und der Philosophie auch wissenschaftliche Positionen gibt, die behaupten, dass die Welt nicht wirklich existiert, sondern lediglich in unserem Gehirn als eine Art Simulation erschaffen wird. Aus dieser Perspektive würden Werte von Individuen erdacht werden. So schrieb Thomas Metzinger 2009, dass „unsere Gehirne eine Weltsimulation erzeugen", oder Francis Crick (1994) behauptete, dass „[w]as Sie sehen, ist nicht wirklich da, sondern das, was Ihr Gehirn glaubt, dass es da ist." Dieses Bild eines körper- und weltlosen Subjekts, das in einem anthropomorphen Ego-Tunnel gefangen ist, ist immer noch recht einflussreich, zumal es von Science-Fiction-Geschichten wie *The Matrix* oder *Transcendence* aktiv genährt wird. Und wie in Kapitel 7 gezeigt wird, nährt Science-Fiction aktiv IT-Investitionen und ist daher recht einflussreich. Das VBE folgt nicht dieser neuro-konstruktivistischen Perspektive. Hierfür gibt es drei Gründe: Erstens scheint der Konstruktivismus sowohl durch die Neurowissenschaften selbst als auch durch die Psychologie und die Kognitionswissenschaft wissenschaftlich angefochten zu werden (für einen guten Überblick siehe Fuchs, 2017; Noe, 2005). Das VBE stützt sich auf Max Schelers's *Materialwert-Ethik*, wo er sagt, „... das Ich ist weder der Ausgangspunkt für die Erfassung noch der Produzent von Essenzen" (Scheler, 1921 [1973]). Drittens scheint es, dass die konstruktivistische Perspektive auf die Realität in Zeiten enormer ökologischer Herausforderungen für die Nachhaltigkeit auch eine äußerst gefährliche Perspektive ist. Die wissenschaftliche Position, dass die Welt nur eine Simulation ist, würde der Menschheit eine Rechtfertigung dafür liefern, sich nicht um sie zu kümmern, da sie ohnehin nur eingebildet ist. Der Neurokonstruktivismus entbindet die Menschheit von ihrer Verantwortung gegenüber der Natur.

23 In der Informatik befassen sich Ontologien nicht mit der realen Natur des Seins, sondern versuchen, Vorstellungen vom Sein in einer reduzierten, von Menschen geschaffenen und maschinenlesbaren Metadatenstruktur darzustellen. Diese Metadatenstruktur (Ressource Description Framework genannt) enthält logische Beziehungen zwischen von Menschen vordefinierten Dateneinheiten, die ein Computer verarbeiten kann, was nur dann der Fall ist, wenn diese Beziehungen in der Modellierungs- und Programmiersprache bereitgestellt werden, die der Computer versteht. Ein Beispiel dafür ist die Friend-of-a-Friend (FOAF) Ontologie, die es Maschinen ermöglicht, Familien- und Freundschaftsbeziehungen in ihre Überlegungen einzubeziehen.

24 Die Unterscheidung von Werten und Wertqualitäten ist von Scheler übernommen, der schrieb (S. 13 in Scheler, 1921 [1973]): „So wenig wie die Farbennamen auf bloße Eigenschaften von körperlichen Dingen gehen – wenn auch in der natürlichen Weltanschauung die Farbenerscheinungen meist nur so weit genauer beachtet werden, als sie als Unterscheidungsmittel verschiedener körperdinglicher Einheiten fungieren -, so wenig gehen auch die Namen für Werte auf die bloßen Eigenschaften der dinglich gegebenen Einheiten, die wir Güter nennen. Wie ich mir ein Rot auch als bloßes extensives Quale z. B. in einer reinen Spektralfarbe zur Gegebenheit bringen kann, ohne es als Belag einer körperlichen Oberfläche, ja nur als Fläche oder als ein Raumartiges überhaupt aufzufallen, so sind mir auch Werte, wie angenehm, reizend, lieblich, aber auch freundlich, vornehm, edel, prinzipiell zugänglich, ohne daß ich sie mir hierbei als Eigenschaften von Dingen oder Menschen vorstelle. Versuchen wir dies zunächst in Bezug auf die einfachsten Werte aus der Sphäre des sinnlich angenehmen

zu erweisen, d. h. da, wo die Bindung der Wertqualität an ihre dinglichen Träger wohl noch die denkbar innigste ist. Eine jede wohlschmeckende Frucht hat auch ihre besondere Art des Wohlgeschmackes. Es verhält sich also durchaus nicht so, daß ein und derselbe Wohlgeschmack nur mit den mannigfachen Empfindungen verschmölze, die z. B. die Kirsche, die Aprikose, der Pfirsich beim Schmecken oder beim Sehen oder beim Tasten bereitet. Der Wohlgeschmack ist in jedem dieser Fälle von dem anderen qualitativ verschieden; und weder die mit ihm jeweilig verbundenen Komplexe von Geschmacks-, Tast- und Gefühlsempfindungen, noch auch die mannigfachen in der Wahrnehmung jener Früchte zur Erscheinung kommenden Eigenschaften derselben sind es, die jene qualitative Verschiedenheit des Wohlgeschmackes erst zur Differenzierung bringen. Die Wertqualitäten, die das ‚sinnlich angenehme‘ in diesen Fällen besitzt, sind echte Qualitäten des Wertes selbst. Dass wir sie in dem Maße, als wir die Kunst und die Fähigkeit haben, sie zu erfassen, ohne Hinblick auf das optische, taktile, oder durch eine andere Sinnesfunktion außer dem Schmecken gegebene Bild der Frucht zu unterscheiden vermögen, ist ohne Zweifel; wie schwierig es auch z. B. sein mag, ohne jede Mitwirkung z. B. des Geruches eine solche Unterscheidung dann zu vollziehen, wenn wir an diese Mitwirkung gewöhnt sind. Für den Ungeübten mag es bereits schwierig sein, im Dunkeln Rot- und Weißwein zu unterscheiden. Aber diese und eine Menge ähnlicher Tatsachen, wie z. B. die mangelnde Unterscheidungskraft der Wohlgeschmäcke bei Ausschaltung der Geruchsempfindung, zeigen nur die sehr mannigfach abgestufte Geübtheit der betreffenden Menschen und ihre besondere Gewöhnung an eine Art der Aufnahme und der Fassung der betreffenden Wohlgeschmäcke.“

In dieser phänomenologischen Reflexion vergleicht Scheler zunächst die Natur der Werte mit der Natur der Farben. Das ist hilfreich, denn der Vergleich ermöglicht es uns, den metaphysischen Unterschied zwischen einem Wertträger mit „bloßen Eigenschaften" und dem Wert selbst zu begreifen: Nur weil grünes Gras in einem heißen Sommer gelblich wird, bedeutet das nicht, dass die Farben Grün und Gelb ihre unabhängige Existenz verlieren, wenn der Boden trocknet. Die Wellen, die auf unsere Netzhaut treffen, verändern sich in ihrer Struktur, wenn sich der Boden verändert, aber das unabhängige Verständnis von Farbe und die Fähigkeit, Farben zu erkennen, bleiben unangetastet. Außerdem können wir, genau wie bei Farben, die Augen schließen und Werte vor das innere Auge bringen. Ein Wert ist „mir prinzipiell zugänglich, ohne dass ich ihn als Eigenschaft darstellen muss [...].“ Diese Möglichkeit des gedanklichen Zugriffs auf Werte ist wichtig für die moralische Antizipation oder Folgenabschätzung von Werten, die sich aus der Technik ergeben. Scheler geht dann weiter und nimmt den exemplarischen Wert der „sensorischen Annehmlichkeit" einer Frucht, die „authentische Qualitäten" „besitzt", und macht die ontologische Unterscheidung, die im VBE aufgegriffen wird (eingeführt durch das Wertbeispiel der Sicherheit). Er erklärt, dass, wenn bei drei verschiedenen Kirschbäumen Einigkeit darüber besteht, dass sie alle gut schmecken (sensorisch angenehm sind), kann dennoch sein, dass alle drei Kirschsorten leicht unterschiedlich schmecken. Bei dem einen Kirschbaum wird die sensorische Annehmlichkeit seiner Kirschen vor allem von der Qualität der Süße herrühren, während bei dem anderen Kirschbaum vielleicht die Qualität der Saftigkeit hervorsticht. „Jede dieser Früchte hat einen Geschmack, der sich qualitativ von dem der anderen unterscheidet [...]“ Da es jedoch in allen Fällen ein Mensch ist, der die drei verschiedenen Kirschsorten verkostet und die „Komplexe der Geschmacks-, Berührungs- und Sehempfindungen" dieses Menschen nicht verändert werden, kann der Unterschied in der Saftigkeit und Süße der Kirschen (die Qualitäten) offensichtlich nicht von diesem menschlichen Richter oder „Subjektpol" herrühren. Die geschmacklichen Unterschiede kommen auch nicht daher, dass der menschliche Esser alle „verschiedenen Eigenschaften dieser Früchte" prüft und dann die Kirsche als saftig beurteilt, weil er oder sie einen relativ hohen Wasseranteil in der Frucht erkennt (etwa durch ein Messgerät). Stattdessen nimmt der menschliche Esser die Kirsche in den Mund und schmeckt sofort die verschiedenen Qualitäten auf einer höheren Bewusstseinsebene, als wenn er die Details der Eigenschaften (die Wertdispositionen) wahrnehmen würde. Die menschliche Erfahrung integriert also die verschiedenen Qualitäten, die einen Rückschluss auf die allgemeine sensorische Annehmlichkeit der Kirschen zulassen. Bei Kirschen ist diese Integration einfach. Bei Technologie und einem Wert wie Sicherheit ist Fachwissen erforderlich, um einen „Geschmack" der verschiedenen Qualitäten zu bekommen.

25 James Gibson, der Erfinder des Begriffs „Affordanz" (auch: Angebotscharakter einer Sache), schrieb bekanntlich: „Die Affordanzen der Umwelt sind das, was sie dem Tier bietet, was sie zur Verfügung stellt oder liefert, entweder zum Guten oder zum Schlechten" (Gibson, 1986 (1979)). Zukünftige Forschungen könnten untersuchen, welche Teile der Ontologie des Wertes den Begriff der Affordanzen, die mit Werten in Verbindung gebracht werden, tatsächlich am besten erfassen (Klenk, 2019). Sind Affordanzen von idealer Wertnatur, die eine allgemeine Wertgestalt verkörpern? Sind sie das, worauf das menschliche Tier reagiert, das heißt die Wertqualitäten? Oder sind Affordanzen Wertdispositionen (Eigenschaften, Merkmale), mit denen Ingenieure tatsächlich arbeiten können und die bestimmen, wie das Objekt genutzt werden kann, wie Don Norman, der das Konzept der Affordanz im Technologiedesign populär gemacht hat, argumentieren würde (Norman, 1988).

26 Hartmann und Scheler wurden für ihre Wertkonzeption von Heidegger kritisiert, der darauf bestand, dass jede Wertanalyse des Seins stärker im „Wesen der Sache" selbst verankert sein sollte. Aus Heideggers Sicht „kann eine Analyse des wertvollen Charakters wertvoller Dinge [nur] ein Nebenunternehmen zu einer gründlichen Untersuchung des Wesens dieser Objekte selbst sein; Werte wären nichts weiter als Abstraktionen, die fälschlicherweise von unserer tatsächlichen Erfahrung der Objekte abgeleitet werden" … Für Heidegger ersetzt jeder Versuch, Werte in ihren eigenen Begriffen zu denken, notwendigerweise eine ungerechtfertigte Abstraktion anstelle einer echten Analyse des Wesens wertvoller Dinge. Wie er im Humanismus-Brief schreibt: „Vielmehr ist es wichtig, endlich zu erkennen, dass gerade durch die Charakterisierung von etwas als ‚Wert' das, was so geschätzt wird, seines Wertes beraubt wird … [Das Schätzen] lässt die Wesen nicht: sein." (zitiert nach S. 32 in Hobbs, 2017). Es könnte argumentiert werden, dass wir den philosophischen Disput überwinden können, wenn wir den Prozess der Bewertung als ein ganzheitliches Phänomen verstehen, bei dem Wertdispositionen in der Sache Wertqualitäten tragen, die ideale Werte aktualisieren. Die Wirklichkeit ist vielschichtig (für eine nuanciertere Diskussion dieser philosophischen Position siehe Hoff, 2021).

27 Es sollte der Unterschied zwischen Lead User und Design Thinker beachtet werden, denn Lead User sind in der Regel Domänenexperten und Visionäre, die eine tiefe Erfahrung im Milieu und technisches Wissen in eine Innovation einbringen, die es ihnen ermöglicht, schlummernde Wertpotenziale zu erfassen. Dies ist eine andere Ausgangssituation als beim Design Thinking, wo solche Lead User normalerweise nicht vorhanden sind.

28 Hier könnte argumentiert werden, dass die Schnittstelle zum Design Thinking am besten ist, wenn ein Projekt noch nicht mit dem Bau des Minimum Viable Product begonnen hat. Ein fortgeschrittenes Prototyping zum Bau eines Minimum Viable Product versetzt die Projektteams bereits tief in einen Kreationsprozess, der zu einem Produkt führt, in das sie sich verlieben, auch wenn der technische Kontext noch nicht vollständig erforscht wurde, wie es das VBE vorsieht. So wurden beispielsweise das SOS, die Partner, die rechtliche und ethische Machbarkeit, die indirekten Stakeholder, usw. noch nicht untersucht. Daher ist es ratsam, den Prototyp nicht über ein erstes Mock-up hinaus einzurichten.

29 Um die Analogie eines Gartens zu verwenden: Wenn Sie einen Garten mit bestimmten Blumen haben, die in einem bestimmten Boden (Wasserstand, pH-Wert usw.) wachsen, und Sie diesen Garten umgestalten möchten, indem Sie vielleicht andere Blumen und Bäume pflanzen, dann müssen Sie zunächst verstehen, ob dies möglich ist; ob die Boden-, Wasser- und Wetterbedingungen dies zulassen. Vielleicht stellen Sie fest, dass Ihre neue Gartenvision unter den gegebenen Bedingungen nicht funktioniert. Oder Sie stellen fest, dass Ihr bestehender Garten nicht so funktioniert, wie Sie es wollten, weil die Bedingungen nicht berücksichtigt wurden.

30 Eine Herausforderung besteht darin, dass viele aktuelle Managementinstrumente, die von Werten sprechen, diese mit Bedürfnissen gleichsetzen oder nach Bedürfnissen fragen, wenn sie nach Werten suchen. Dies scheint mir ein logischer Trugschluss zu sein.

31 https://www.statista.com/statistics/204123/transmission-type-market-share-in-automobile-production-worldwide/ (zuletzt besucht am 21. März 2025).

32 Es ist ein Unterschied, ob mitten in einer arabischen Stadt ein vierfacher Garten angelegt oder in Frankreich Gemüse angebaut wird.

33 https://www.forbes.com/sites/neilpatel/2015/01/16/90-of-startups-will-fail-heres-what-you-need-to-know-about-the-10/?sh=2819568c6679 (zuletzt besucht am 21. März 2025).

34 Es könnte danach gefragt werden, ob die Existenz einer Technologie bei VBE nicht im Widerspruch zum letzten Kapitel dieses Buches über Innovationen von echtem Wert steht. Dort habe ich dargelegt, dass disruptive Innovationen, die Lead User vorantreiben, mit dem Eros und nicht mit einer Technologie beginnen. Stattdessen treiben der persönliche Wunsch und das Bedürfnis eines Lead Users und seine Fähigkeit, verborgene Wertpotenziale aufzudecken, ein Projekt voran. Dieser Drang des Innovators und Lead Users (nicht des Marktes!) bedeutet, dass etwas bisher Ungesehenes in die Welt kommt. Obwohl dies als ein Phänomen bei Innovationen beobachtet werden kann, scheint es kein Prozess zu sein, der von einem Unternehmen verwaltet oder erzwungen werden kann. Der Eros ist Gnade. Er kann nicht mit Gewalt herbeigeführt werden. VBE als Prozess und Methode muss auf dem aufbauen, was zuverlässig vorhanden ist und als zuverlässiger und wiederholbarer Prozessauslöser dienen kann. Dies ist in der Regel eine Art SOI oder ein erstes Betriebskonzept.

35 Beachten Sie, dass Design Thinking im Gegensatz dazu oft als eine Methode dargestellt wird, die die Welt zunächst nach Bedürfnissen durchsucht. Dieser Unterschied mag gering sein, ist aber wichtig: Value-Based Engineering durchleuchtet die Welt nicht mit dem Ziel, Probleme, Schmerzpunkte oder Bedürfnisse zu identifizieren, die mit Technologie gelöst werden können. Stattdessen geht es davon aus, dass die Welt bereits mit Werten gesättigt ist. Angesichts einer neuen Technologie fragt sich VBE jedoch, ob das, was bereits so reichlich vorhanden ist, noch positiv mit Werten angereichert werden kann. Natürlich kann es vorkommen, dass ein VBE-Projekt auch negative Werte identifiziert, die sich in der realen Welt entfalten, und eine Chance sieht, das SOI zu nutzen, um diese bestehenden Negative abzumildern. Auch das ist natürlich sehr wichtig. Die Welt ist voll von fehlgeleiteten Projekten, die genau die Schmerzpunkte geschaffen haben, die wir jetzt wieder loswerden müssen. Aber es ist wichtig, den Unterschied in der Einstellung zwischen VBE und Design Thinking zu verstehen: ob Sie glauben, dass die Realität unzureichend ist und eine Technologie benötigt, oder ob Sie glauben, dass das derzeitige Spielfeld gesättigt und ausgeglichen ist und daher nicht unbedingt eine Technologie benötigt.

36 Bei einem Brownfield-Projekt wird bereits ein „Betriebskonzept" existieren, das viel detaillierter skizziert, wie ein System bereits aufgebaut ist und wie die Daten darin fließen. Diese detaillierte Dokumentation kann verwendet werden, um das Gesamtbild zu rekonstruieren, das ein Betriebskonzept für eine erste Machbarkeits-, Stakeholder- und Kontextanalyse bietet.

37 Für eine Beschreibung der UML-Komponentendiagramme siehe z. B.: https://agilemodeling.com/artifacts/componentdiagram.htm.

38 Ein schönes Anleitungsvideo zum Zeichnen von Kontextdiagrammen finden Sie in Karl Wiegands Online-Tutorial: https://www.youtube.com/watch?v=iY7xZ8Nut5A&list=PLA1dXT4tBFfcRj7WmtSbIMlhKHWWUuktk&index=9 (zuletzt besucht: 21. März 2025).

39 Um festzustellen, ob ein externer KI-Dienst qualifiziert ist, lohnt es sich, die Definition zu betrachten, die im Verordnungsentwurf der EU-Kommission aus dem Jahr 2021 über KI eingebettet ist. Darin heißt es, dass die Nutzung von KI von der Verwendung bestimmter Techniken und Ansätze abhängig ist, „die für eine gegebene Reihe von durch den Menschen definierten Zielen Ergebnisse wie Inhalte, Vorhersagen, Empfehlungen oder Entscheidungen erzeugen, die die Umgebungen beeinflussen, mit denen sie interagieren" (S. 39 in EU-Kommission, 2021b). Bei diesen Techniken handelt es sich um „(a) Ansätze des maschinellen Lernens, einschließlich überwachtem, unüberwachtem und verstärktem Lernen, unter Verwendung einer Vielzahl von Methoden, einschließlich Deep Learning; (b) logik- und wissensbasierte Ansätze, einschließlich Wissensdarstellung, induktiver (logischer) Programmierung,

Wissensdatenbanken, Inferenz- und Deduktionsmaschinen, (symbolisches) Schließen und Experten-systeme; (c) statistische Ansätze, Bayes'sche Schätzungen, Such- und Optimierungsmethoden" (An-hang 1 in EU-Kommission, 2021b).

40 „Personas sind archetypische Benutzer oder Beteiligte an einem System. Sie repräsentieren die Be-dürfnisse einer größeren Gruppe in Bezug auf ihre Ziele, Erwartungen und persönlichen Eigenschaf-ten. Personas stehen stellvertretend für reale Stakeholder und helfen so, Entscheidungen über System-funktionalität und Designziele zu treffen" (Pruitt & Grudin, 2003, zitiert in S. 221 in Spiekermann, 2016).

41 Forbes: „50 Statistiken, die zeigen, warum Unternehmen dem Verbraucherschutz Priorität einräumen müssen": 84 % der Verbraucher wünschen sich mehr Kontrolle über die Verwendung ihrer Daten (Cisco); 81 % der Verbraucher sagen, dass die potenziellen Risiken, die ihnen durch die Datenerfassung von Unternehmen entstehen, die Vorteile überwiegen (Pew Research Center); 79 % der Amerikaner sind besorgt darüber, wie ihre Daten von Unternehmen genutzt werden (Pew Re-search Center); 78 % der Verbraucher achten am meisten auf ihre Finanzdaten (RSA) und 92 % der Amerikaner fürchten um ihre Privatsphäre, wenn sie das Internet nutzen (TrustArc) (entnommen aus: https://www.forbes.com/sites/blakemorgan/2020/06/22/50-stats-showing-why-companies-need-to-prioritize-consumer-privacy/?sh=1094c03737f6; (zuletzt besucht am 21. März 2025).

42 So kann ein Benutzer von IEEE 7000™ die Aktivität 7.3 verstehen. g) „Identifizieren und lösen Sie Lücken und Diskrepanzen zwischen den Annahmen und Ergebnissen der wertbasierten ConOps und alternativen ConOps Beschreibungen" (S. 38).

43 Es ist umstritten, inwieweit Maschinen moralisch sein können. Natürlich gibt es Papiere und Vor-schläge mit Titeln wie „Moral machines", aber konzeptionell ist es zweifelhaft, ob Objekte ohne Be-wusstsein das haben können, was wir im menschlichen Sinne „Moral" nennen.

44 Was richtig oder falsch ist, lässt sich aus unserem Verständnis von Gut und Böse ableiten. Es ist daher dem Guten untergeordnet.

45 Beachten Sie, dass die Definition von IEEE 7000™ etwas anders ist. In der Norm wird Ethik defi-niert als „ein Zweig des Wissens oder der Theorie, der die richtigen Gründe dafür untersucht, dass dieses oder jenes richtig ist." Mit dieser Definition erweckt IEEE 7000™ beim Leser den Eindruck, dass sie stark in der Moral verwurzelt ist, aber das trifft nicht auf den Ansatz der Material Value Ethics zu. Das VBE überwindet den Mangel der Definition des Standards, indem sie die Definition an die Natur des Standards anpasst.

46 Eine unveröffentlichte Untersuchung am Institut für Wirtschaftsinformatik und Gesellschaft der WU Wien hat gezeigt, dass Stakeholdern diese Dynamik bewusst ist. Wenn sie gebeten werden, sich die ethischen Auswirkungen einer monopolistisch betriebenen SOI vorzustellen, identifizieren sie deutlich mehr Wertfragen, als wenn sie nicht von dieser Annahme ausgehen.

47 Beachten Sie, dass der genaue Wortlaut im Standard für tugendethische Erhebungen leicht ab-weicht (Abschnitt 8.3 b] S. 40): „Führen Sie eine detaillierte und kritische Analyse der Art und Weise durch, wie das SOI oder Funktionen innerhalb des SOI den Charakter des Nutzers potenziell verän-dern (tugendethische Analyse), und identifizieren Sie den potenziellen Schaden für den Charakter der einzelnen Beteiligten, der entstehen kann, wenn das System in großem Maßstab implementiert wird [...]".

48 Beachten Sie, dass der genaue Text im Standard für die utilitaristische Wertermittlung etwas an-ders lautet (Abschnitt 8.3 b] S. 40): „Führen Sie eine detaillierte Nutzen- und Schaden-basierte Wert-analyse (utilitaristische Ethik) wie folgt durch: i) Identifizieren Sie den Nutzen für einzelne Stakehol-der, der durch das SOI entstehen kann, wenn das System in großem Umfang implementiert würde. ii) Identifizieren Sie den Schaden für einzelne Stakeholder, der durch das SOI entstehen kann, wenn das System in großem Umfang implementiert würde [...]".

49 Beachten Sie, dass der genaue Text im Standard für die utilitaristische Werteerhebung etwas an-ders lautet (Abschnitt 8.3 b] S. 40): Führen Sie eine detaillierte und kritische Analyse durch, wie das

SOI oder Merkmale innerhalb des SOI die wahrgenommenen ethischen Pflichten der Stakeholder potenziell in Frage stellen.

50 *Apatheia* (griechisch: ἀπάθεια; von a „ohne" und pathos „Leiden" oder „Leidenschaft") bezeichnet im Stoizismus einen Geisteszustand, der nicht von den Leidenschaften gestört wird. Er wird am besten mit dem Wort Gleichmut und nicht mit Gleichgültigkeit übersetzt. Die Bedeutung des Wortes *apatheia* ist ganz anders als die des modernen englischen Wortes *apathy*, das eine deutlich negative Konnotation hat. Den Stoikern zufolge war *apatheia* die Eigenschaft, die den Weisen auszeichnete (entnommen aus Wikipedia, 2. November 2021, https://en.wikipedia.org/wiki/Apatheia). Der Begriff apatheia wurde ursprünglich von dem Wüstenvater Evagrius Ponticus geprägt. „Für Evagrius ist Apatheia das Ziel der monastischen Askese. Apatheia ist ein Zustand der Integration, wo Feinde nicht stören können, wo Angst nicht stört, wo Verletzungen mit Geduld begegnet wird, wo die Veränderungen und Chancen der Sterblichkeit nicht erschüttern, wo der Wille losgelöst und unerschütterlich ist, weil er auf Gott ausgerichtet ist" (Richard Byrne „Cassian and the Goals of Monastic Life." In: *Cistercian Studies Quarterly* 22 (1987), 3–16, 11; entnommen aus Johannes Hoff, „Verteidigung des Heiligen", Herder, 2021, S. 395/396).

51 Die Cluster-Figuren können ausgedrückt, ausgebreitet, ihre Auswirkungen diskutiert und von den Workshop-Teilnehmern und Unternehmensleitern verschoben werden, bis eine Einigung auf eine endgültige Reihenfolge erzielt worden ist.

52 Das Beispiel deutet darauf hin, dass Rentabilität in der Tat ein zentraler Wert sein kann, der in einem VBE-Werteerhebungsprozess ermittelt wird. Wenn ein Unternehmen bereit ist, zu veröffentlichen, dass Rentabilität sein wichtigster Wert ist, der vor allen anderen Werten wie Gleichheit, Vertrauen oder Würde steht, dann kann es das tun. Jedoch muss die Unternehmensführung diese Rangfolge der Prioritäten unterschreiben und veröffentlichen und sie für alle zugänglich machen. Es fragt sich, ob eine Führungskraft dazu wirklich bereit ist.

53 Der Standard IEEE 7000™ enthält eine umfangreiche Liste von Quellen für branchenbezogene Wertverpflichtungen.

54 IEEE 7000™ definiert ein Werteregister als „[einen Informationsspeicher, der aus Gründen der Transparenz und Rückverfolgbarkeit erstellt wurde und der Daten und Entscheidungen enthält, die bei der Erhebung und Priorisierung ethischer Werte und der Rückverfolgbarkeit in ethische Wertanforderungen gewonnen wurden" (S. 23).

55 In IEEE 7000™ wird diese Integration in Abschnitt 9.3 b) vorgenommen. IEEE 7000 legt fest (S. 45): „Validieren Sie die EVRs zusammen mit anderen Stakeholder-Anforderungen in Zusammenarbeit mit ausgewählten Stakeholdern, einschließlich des Topmanagements und des Projektteams."

56 Beachten Sie, dass die ISO/IEC/IEEE 15288-Systemanforderungen als funktionale, Leistungs-, Prozess-, nicht-funktionale und Schnittstellen-Anforderungen definiert, einschließlich der Design-Einschränkungen. Nur durch das Wort „nicht-funktional" könnte ein Hinweis auf Managementmaßnahmen gegeben sein. VBE und IEEE 7000 weichen von dieser Sichtweise ab.

57 Ein Beispiel für eine soziotechnische Maßnahme ist die Festlegung von Service Level Agreements mit Partnern.

58 In 9.3 d) 2) und 3) umreißt IEEE 7000: „2) Analysieren und harmonisieren Sie die EVR und die wertorientierten Systemanforderungen mit den Anforderungen, die aus nicht-wertorientierten Mitteln abgeleitet wurden, und identifizieren und rationalisieren Sie konkurrierende oder unterstützende Anforderungen an das SOI. 3) Analysieren Sie die wertbasierten Systemanforderungen der EVR in Verbindung mit den Anforderungen, die aus nicht-wertbasierten Mitteln für die technische und organisatorische Kontrolle über das System abgeleitet wurden" (S. 45–46).

59 Eine bestimmte Lösung, für die sich ein technisches Team bereits entschieden hat, kann externe Partner und Komponenten (z. B. KI-Fähigkeiten, die von außerhalb des SOI bezogen werden) oder

Architekturentscheidungen beinhalten. Wenn solche Entscheidungen bereits getroffen wurden, dann kommt das VBE zu spät und es kann zu Konflikten kommen.

60 Der Entwurf der EU-KI-Verordnung sieht beispielsweise in Artikel 9 vor, dass eine solche Risikomanagementfunktion eingerichtet wird (siehe S. 46 in EU-Kommission, 2021b).

61 Einige Experten argumentieren, dass das „Risikomanagement" die Art von Risikologik oder Bedrohungskontrollanalyse, die ich hier beschreibe, zusätzlich zum Projektmanagement umfasst. Ich ziehe es jedoch vor, zwischen dem Management und dem risikobasierten Systemdesign zu unterscheiden, da die Personen, die an diesen beiden Aufgaben beteiligt sind, in der Regel in verschiedenen Abteilungen des Unternehmens arbeiten. Risikomanager sind oft eher auf der administrativen Seite der Dinge angesiedelt, während das risikobasierte Design die Beteiligung von System- und Softwareingenieuren erfordert. Das schließt nicht aus, dass System- und Softwareingenieure innerhalb von Organisationen oft auch Risikomanager sein können. Aber das Wesen der zu leistenden Arbeit ist unterschiedlich: Der eine kümmert sich um das Management eines Projekts, der andere darum, was konkret in die technische Roadmap aufgenommen wird.

62 https://www.wu.ac.at/ec/projects/privacy-brochure-a-benchmark-study-1.

63 https://people.cs.kuleuven.be/~koen.yskout/icse15/catalog.pdf.

64 Diese Aufzeichnung der von Werten abgeleiteten Systemanforderungen wird wahrscheinlich auch von dem Entwurf der KI-Verordnung gefordert, der von Organisationen, die KI-Systeme mit hohem Risiko bauen, verlangt, den „beabsichtigten Zweck" eines Systems darzulegen. Der „Zweck" eines Systems ist jedoch nicht seine Funktionalität, sondern die Werte, die durch ein System verfolgt werden. Die Whistleblowerin Frances Haugen hat beispielsweise Facebook vorgeworfen, den Profit über die Sicherheit zu stellen. Wie kann eine Organisation beweisen, dass sie nicht dem Profit den Vorrang vor der Sicherheit gegeben hat? Die Aufsichtsbehörde wird wahrscheinlich von den Unternehmen erwarten, dass sie darlegen, wie sie bestimmte Ziele in einem System verankert und/oder ihnen Vorrang vor anderen eingeräumt haben.

65 Mir ist bekannt, dass es eine neuere (2021) ISO/IEC/IEEE-Version dieses Standards gibt, die das Risiko auf die gleiche Weise wie IEEE 7000 definiert, und zwar als „Auswirkung der Unsicherheit auf die Ziele".

66 Die Darstellung ist von https://www.supportadventure.co.nz/risk-management/risk-management-processes/ übernommen.

67 https://en.wikipedia.org/wiki/There_are_known_knowns.

68 „Die Schwere des Schadens hängt entscheidend von der Art der Entscheidungsfindung ab – über was entschieden wird und was die möglichen Ergebnisse der Entscheidung sind. ADM-Systeme, die für Verbraucherempfehlungen verwendet werden, beeinträchtigen das Wohlergehen des Einzelnen deutlich weniger als solche, die für die Einstellung von Mitarbeitern oder medizinische Eingriffe verwendet werden. Außerdem spielt es eine Rolle, wie viele Personen von der Entscheidung betroffen sind. Selbst geringfügige nachteilige Auswirkungen eines ADM-Systems können zu einem erheblichen Schaden führen, wenn eine große Anzahl von Personen betroffen ist. Außerdem können einige ADM-Systeme aggregierte, kollektive nachteilige Auswirkungen haben, die sich nicht ohne weiteres auf individuelle Auswirkungen reduzieren lassen" (S. 11 in Krafft, Zweig, & König, 2020).

69 Beachten Sie, dass Risiko in IEEE 7000™ im Sinne von „Unsicherheit" definiert wird, genauer gesagt als „Auswirkung von Unsicherheit auf die Ziele" (3.1 „Risiko" S. 20).

70 https://www.theguardian.com/technology/2021/sep/14/facebook-aware-instagram-harmful-effect-teenage-girls-leak-reveals.

71 Es ist auch wichtig, dass die gesamte Kontrolllandschaft (wie in Abbildung 6.11) die Strenge der einzelnen Kontrollen ergänzt. Mehrere Ebenen schwächerer Kontrollen können manchmal effektiver sein als eine einzelne starke Kontrolle: „Tausend Grashalme können den härtesten Stein brechen." Der Ablauf bei der Festlegung von Systemkontrollen wurde bereits für die Datenschutz-Folgenabschätzung beschrieben als „driven designs" (in Oetzel, M., & Spiekermann, S., 2013). Eine systematische Methodik für Datenschutz-folgenabschätzungen: ein designwissenschaftlicher Ansatz. *Europäische Zeitschrift für Informationssysteme*, 23(2), 126–150.

72 Die natürlichen Grenzen des digitalen Gefüges wurden in Spiekermann (2019) erörtert und umfassen die Fehleranfälligkeit von Softwaresystemen im Allgemeinen und die Probleme, die immer mit der Datenqualität verbunden sind. Wenn es um KI geht, die Big Data Illusion, das Problem der Bedeutung, das Fehlen einer Verkörperung, das Fehlen einer sozial eingebetteten Autonomie, das Fehlen von Intelligenz im Sinne von Nous usw. (all dies wurde in Feser, 2013; Fuchs, 2020; Spiekermann, 2021b diskutiert).

73 Innovationen aus reinem Willen können als Produkte und Dienstleistungen definiert werden, die einer körperlosen menschlichen Fantasie entspringen, die mit den regulativen kulturellen Erzählungen und Normen einer Zeit übereinstimmt. Der Begriff „entkörperlichte menschliche Fantasie" deutet auf einen starken Subjektivismus hin, der nur in relativ geringem Maße mit den Bedürfnissen der Umwelt in Einklang steht. Mit anderen Worten, Entkörperlichung bedeutet, dass die innovative Idee eines Subjekts nicht in einen gelebten und subjektiven Körper eingebettet ist, der sich in die Bedürfnisse der Umwelt einfühlt. Stattdessen entspringt sie der persönlichen Fantasie des Innovators. Die Quelle dieser Fantasie, wenn sie nicht in Empathie verwurzelt ist, scheint die kulturelle Erzählung einer Zeit und/oder einer Branche zu sein. In unserer Zeit und in der Tech-Branche ist dies oft die Science-Fiction (Laakasuo et al., 2018).

74 Der kantische Begriff der „regulativen Idee" wird hier verwendet, weil die Menschen so tun, als ob die technologischen Ideen und Innovationen die Zukunft bestimmen und dadurch das Verhalten beeinflussen oder sogar regulieren würden, z. B. das Investitionsverhalten, die Bildung, die Prioritäten bei der Arbeit usw.

75 Eine Studie von Prof. Nik Franke und seinen Kollegen an der WU Wien aus dem Jahr 2019 hat gezeigt, dass Entscheidungsträger in neun Branchen den Anteil von Bottom-up-Nutzerinnovationen an allen Innovationen in ihrer Branche unterschätzt haben, während sie in Wahrheit 44–87 % der Produkte und Dienstleistungen ausmachen, die wir heute konsumieren (Bradonjic et al., 2019).

76 Strategische Überlegungen, die nicht aus einem echten natürlichen Bedürfnis erwachsen, laufen Gefahr, einen Technologiedeterminismus zu fördern; einen Determinismus, der dann nicht mehr als eine „Akzeptanz" bei zukünftigen Kunden erreicht. Es mag nicht überraschen, dass Wirtschaftsinformatiker nur selten davon sprechen, dass die Nutzer eine Technologie schätzen, sondern stets den Terminus der „Technologieakzeptanz" verwenden. Aus linguistischer Sicht ist dies recht aufschlussreich. Etwas zu „akzeptieren" ist etwas ganz anderes als es zu wollen, wie die Literatur zur Technologieakzeptanz ausgiebig gezeigt hat (Venkatesh, Morris, Davis, & Davis, 2003). Es könnte argumentiert werden, dass Akzeptanz eher damit vergleichbar ist, etwas zu „schlucken", als es tatsächlich zu genießen. Und genau hier liegt der Unterschied zwischen Pure Will Innovations und Innovationen mit echtem Wert. Die Innovatoren des Pure Will „gestalten die Welt, wie sie ihnen gefällt", indem sie die „Nutzer" einbeziehen, um die Akzeptanzkriterien herauszufinden und zu optimieren. Echte Wertinnovatoren hingegen wollen etwas wirklich für sich selbst und bauen es für sich selbst. Abgesehen davon beginnen die Design-Thinking-Schulen ihre Projekte (zumindest theoretisch) ausdrücklich mit einer Phase, die sie „Empathizing" nennen. Dieses Empathizing zielt konkret darauf ab, sicherzustellen, dass Technologien oder Innovationen, die in einen Markt eingeführt werden, auf Bedürfnissen basieren und nicht einfach nur akzeptiert werden.

77 Eine interessante Frage ist, ob Eros in die Irre geführt werden kann. In diesem Buch wird über Pure Will Innovations nachgedacht und es ist leicht, Eros mit dem reinen Willen zu verwechseln. Ist Eros nicht etwas, das unseren reinen Willen antreibt? Eros sollte ein Streben nach positiven Wertpotenzialen sein, das im Einklang mit der Welt geschieht, während der reine Wille eine weitgehend körperlose Fantasie ist. Bei Pure Will Innovations phantasiert eine Person in ihrem Kopf darüber, was er oder sie sich wünscht, ohne „in der Welt zu sein".

78 Beachten Sie, dass diese Verwendung des Wortes „Milieu" im Sinne eines individuellen Resonanzraums etwas anderes ist als ein soziales Milieu, das in einer Gemeinschaft wie dem Silicon Valley existieren kann.

79 Die VBE Academy ist eine 2024 gegründete Akademie zur Ausbildung von „Value Leads" für das VBE.

Abkürzungen

KI	Künstliche Intelligenz
BAT	Beste verfügbare Technik
COT	Kommerziell erhältliche Technologie
CSR	Soziale Verantwortung der Unternehmen
CV	Curriculum Vitae
HCI	Mensch-Computer-Interaktion
IEEE	Institut der Elektro- und Elektronikingenieure
IS	Informationssysteme
ISO	Internationale Organisation für Normung
EVR	Ethische Wertanforderung
BIP	Bruttoinlandsprodukt
SDLC	Lebenszyklus der Systementwicklung
SLA	Service Level Agreement
SOI	System von Interesse
SOS	System der Systeme
VBE	Wertebasiertes Engineering
WQ	Wertqualität

https://doi.org/10.1515/9783111633930-013

Register

https://doi.org/10.1515/9783111633930-014

www.ingramcontent.com/pod-product-compliance
Lightning Source LLC
Chambersburg PA
CBHW061416210326
41598CB00035B/6234